城市轨道交通运营车辆系统岗位培训教材

城市轨道交通运营安全管理

丛书主编：张　辉　谭文举　柳　林

主　　编：王　亮　肖辉胜　明　洪　罗　敏

主　　审：祁　勇　韩　嘉

U0297729

中国建筑工业出版社

图书在版编目（CIP）数据

城市轨道交通运营安全管理/张辉，谭文举，柳林丛书主编，王亮等分册主编. —北京：中国建筑工业出版社，2017.10

城市轨道交通运营车辆系统岗位培训教材

ISBN 978-7-112-20934-7

Ⅰ.①城… Ⅱ.①张… ②谭… ③柳… ④王… Ⅲ.①城市铁路-交通运输安全-交通运输管理-岗位培训-教材 Ⅳ.①U239.5

中国版本图书馆 CIP 数据核字（2017）第 158618 号

本书包括 7 章。分别是运营安全管理概述、运营安全规章制度、运营组织、车辆检修安全管理、工艺设备安全管理、运营应急救援管理、典型案例分析等内容。本书根据城市轨道交通运营安全岗位标准和培训规范进行编写。内容丰富，通俗易懂。

本书可作为城市轨道交通运营车辆系统岗位培训考试用书，也可作为运营管理部门、设计部门、科研单位和教育机构的参考书。

责任编辑：胡明安
责任校对：焦 乐 党 蕾

城市轨道交通运营车辆系统岗位培训教材
城市轨道交通运营安全管理
丛书主编：张 辉 谭文举 柳 林
主　编：王 亮 肖辉胜 明 洪 罗 敏
主　审：祁 勇 韩 嘉

*

中国建筑工业出版社出版、发行（北京海淀三里河路 9 号）

各地新华书店、建筑书店经销

霸州市顺浩图文科技发展有限公司制版

北京同文印刷有限责任公司印刷

*

开本：850×1168毫米　1/32　印张：11½　字数：319千字
2017 年 10 月第一版　2017 年 10 月第一次印刷
定价：**38.00** 元
ISBN 978-7-112-20934-7
（30568）

本书编委会

丛书主编：张　辉　谭文举　柳　林

主　　编：王　亮　肖辉胜　明　洪　罗　敏

主　　审：祁　勇　韩　嘉

编　　委：（排名不分先后）

唐宇斌　高大毛　张　竞　毛松平

黄仕致　黄振胜　李国苹　黄东来

罗来勇　莫厶矿　李大洋　王　磊

向伟彬　郑吴富　肖玉梅　李燕艳

秦开全　曹连鹏　刘志强　李军生

邱士正　张振东　张　度　王交奇

董文成　韦庭三　李中涛　旷文茂

张　睿　孙会良　何　君

参编单位：南宁轨道交通集团有限责任公司

中国建筑股份有限公司

序

目前，随着我国城市轨道交通事业的快速发展，城市轨道交通的运营、管理及安全已经摆到了首位。轨道交通系统一旦建成，就必须夜以继日地保持系统的安全和高效运营。城市轨道交通系统设备先进、结构复杂，高新技术应用越来越普及，要保障这样庞大系统的安全和高效，必须依靠与之相协调的高素质的人员。轨道交通行业职工素质的高低直接关系到企业的生存和发展。因此，企业必须拥有一支高素质的技术队伍，培养一批技术过硬、技艺精湛的能工巧匠，才能确保安全生产，提高工作效率，提升非正常情况下的应急应变能力。

岗位培训是人才培养的重要途径，是提高企业核心竞争力的重要手段，而岗位培训需要适合的培训教材，在对国内城市轨道交通行业进行广泛调研的基础上，推出了"城市轨道交通运营车辆系统岗位培训教材"，涉及城市轨道交通标准化作业教程、电客车驾驶、工程车驾驶、工程车检修技术、厂段调度、车辆系统功能与组成、车辆检修技术、设备维修技术、设备操作原理、运营安全管理等内容。

本套教材由南宁轨道交通集团和中国建筑股份有限公司组织从事城市轨道交通建设和运营管理的专家编写。在教材内容方面，力求实用技术和实际操作全面、完整，在注重实际操作的基础上，尽可能将理论问题讲解清楚，并在表达上能够深入浅出。本套丛书不仅是城市轨道交通工程运营专业人员的岗位培训、技能鉴定的培训教材，也可以作为城市轨道交通大中专院校、职业学校学生的教学参考用书。

相信该套培训教材，能在广泛吸收国内、外同行技术与管理经验的基础上，结合国内行业实际情况，为城市轨道交通车辆系统，提供一套完整而系统的参考读物，亦为我国城市轨道交通运营管理的基础理论和实用技术填补空白。

张　辉

前　言

　　城市轨道交通运营安全，是城市轨道交通运营过程中最重要、最核心的部分。对于轨道交通运营本身而言，运营安全不仅是生产的基本要求，也是运营公司产品质量的第一个重要特征。在运营过程中发生的任何事故，都必然在造成生命财产损失的同时，也造成乘客心理和生理机能的损伤并降低轨道交通企业在公众中的形象。安全生产是长效工作，进一步强化对轨道交通建设及运营突发事件的预防和应急等各项安全保障工作，确保百姓安全出行，是运营人孜孜不倦、乐此不疲的终极目标！

　　对于城市轨道交通运营岗位的员工来说，正常运营过程中，要严格按照规则制度和岗位职责进行操作，当出现突发事件时，要按照应急预案的要求迅速、合理的处理各种突发事件。这种技能的配有不仅需要扎实的专业知识，更需要将理论知识和实践技能紧密结合，力求做到"理论知识扎实，实践技能娴熟"。本书是编者多年来对城市轨道交通的实践进行的较为科学全面的总结，具有较强的实用性和操作性，可作为城市轨道交通院校的职业培训教材，也可供城市轨道交通系统的技术管理人员参考和借鉴。

　　本教材共分 7 章，第 1 章，运营安全管理概述，主要从运营安全管理概述方面进行介绍。第 2 章，运营安全规章制度，主要是从运营安全规章制度、规章实例两个方面进行介绍。第 3 章，运营组织，主要是从行车及乘务组织、车厂施工组织、应急设备介绍及事故应急处理、行车安全管理、行车事故预防 5 个方面进行介绍。第 4 章，车辆检修安全管理，主要是从危险源控制；车辆作业安全注意事项；隔离开关合闸、分闸及安全工器具注意事项；救援演练安全注意事项；生产运作注意要点；架大修安全注意事项 6 个方面进行介绍。第 5 章，工艺设备安全管理，主要是从安全管理知识、工艺设备安全管理、现场作业安全管理 3 个方面进行介绍。第 6 章，运营应急救援管理，主要是从运营应急管理体系、应急救援目的与响应处理两个方面进行介绍。第 7 章，典型案例分析，主要是从行车典型事故案例分析及介绍、车辆检修典型安全案例分析、工艺设备典型案例分析 3 个方面进行介绍。各章内容深入浅出，简明易懂。

本书在编写过程中得到了南宁轨道交通集团及运营分公司领导专家的大力支持，在此一并致谢。在成文过程中，也参考和引用了部分同行的相关成果，特向相关作者表示感谢。鉴于编者水平有限，书中纰漏和不足之处在所难免，恳请广大专家、读者批评指正！

编　者

目　　录

1 运营安全管理概述

1.1 运营安全管理概述

1. 安全管理的定义

安全生产管理就是生产经营单位的主要负责人、生产管理者和企业的全体员工为了实现企业预定运营的目标，按照一定的组织原则，通过科学的计划、组织、统筹指挥、协调实施，达到预期的效果，而开展的各项活动，以保护职工的安全与健康，保证企业生产的顺利发展，促进企业提高生产效率。

2. 安全管理的意义和作用

安全工作的根本目的是保护职工的安全与健康，防止人员伤害、职业危害和财产损失。为了实现上述目的，需要从安全技术和安全管理两方面采取措施，而安全管理往往起到决定性作用，所以搞好安全管理具有重要的意义和作用。

（1）搞好安全管理是防止事故的根本对策，任何事故的发生不外乎 4 个方面的原因：即人的不安全行为、物的不安全状态、环境的不安全条件和安全管理的缺陷。而人、物和环境方面出现问题的原因常常是安全管理出现失误或存在缺陷。因此，可以说安全管理缺陷是事故发生的根源。所以，要从根本上防止事故，必须从加强安全管理做起，不断改进安全管理技术，提高安全管理水平。

（2）搞好安全管理是全面落实安全生产方针的基本保证。"安全第一，预防为主"是我国安全生产的根本方针，是长期安全生产工作中经验和教训的科学总结。为了落实安全生产方针，一方面需要企业加大安全生产投入，加强对危险源的辨识、评价和控制，提高对各种灾害的控制水平，创造本质安全化作业条件和环境；另一方面，需要各级领导具有高度的安全生产责任感和自觉性，广大职工应有较强的安全意识，自觉遵守安全生产法律、法规和规章制度，努力提高自我保护能力和安全技术水平。所有这些都有赖于先进有效的安全管理工作。

（3）安全与卫生技术作用的发挥需要以有效的安全管理为基础。安全与卫生技术措施对于改善劳动条件，提高生产率，实现生产作业的本质安全有巨大作用，但安全与卫生技术措施需要通过精心的计划、组织、实施、督促、检查等行之有效的安全管理活动才能发挥出其应有的作用。

（4）搞好安全管理才能促进企业生产的发展和经济效益的提高安全管理是企业管理的重要组成部分，与企业的其他管理密切联系、互相制约、互相促进。搞好企业安全管理需要对企业各方面进行综合整治，包括人员素质的提高，作业条件的改善等。实现这些对策势必对企业的其他各项管理提出更高要求，进而推动整个企业的管理工作。企业管理工作的进步又反过来为安全管理创造优势条件。

3. 安全管理的基本特性

（1）**政策性**：安全管理必须贯彻党和国家的安全生产方针，坚持"安全第一，预防为主"，执行安全生产政策，用方针导向，靠政策管理。

（2）**法规性**：安全法规是指关于安全生产方面的各种规程、条例、决策、命令、规定、办法、技术标准等，它是人们在生产过程中的行为准则。

（3）**权威性**：根据"安全具有否决权"的原则和"强制"的观点，安全管理必须在实际工作中建立权威，做到有令则行，有禁则止。

（4）**思想性**：生产系统是由"人、事、物、环"所组成，安全管理的重中之重是人，关键是做好人的思想工作，建立安全意识。

（5）科学性：安全管理必须按照客观规律办事，才能获得成功，达到应有效果。

（6）全面性：安全管理是一个动态的管理工程，忽视任何一个方面都不行。

（7）复杂性：安全管理是一个由自然、社会、工程三大系统所组成的复杂而庞大的系统，涉及方方面面。安全管理工作具有复杂性，但有规律可循，有规章可依，是可以搞好的。

（8）长期性：生产的长期性决定了安全管理工作的长期性，因此，安全管理绝不是一时一事的工作，而是长期的工作。

（9）连续性：安全生产的连续性决定了安全管理的连续性，必须随时随地连续不间断地为实现安全生产做好安全管理工作。

（10）应急性：任何事故的出现都是具有随机性和偶然性的，随时随地发生问题时都必须有相应措施加以妥善处理。如矿山救护、创伤急救、避灾硐室等，就应具有应急所必须采取的措施。

4. 安全管理的基本观点

（1）系统观点：在轨道交通企业生产过程中不安全、不卫生的因素是多方面的，且错综复杂，必须系统地综合考虑与安全有关的各种因素（自然环境、物的状态、人的行为和管理情况），运用系统工程的理论和方法，有效地开展全部门、全过程、全方位和全员性的安全管理工作。

（2）预防观点：安全管理应该贯彻落实"安全第一，预防为主"的方针，坚持"管理、装备、培训并重"的原则，把检查监督与积极预防结合起来，加强和落实各项安全技术措施，消除隐患，防患于未然。这是防止事故发生的根本途径，也是安全管理的基本观点。

（3）强制观点：安全法规是安全管理工作的依据和保证。安全管理必须依据安全法规的要求，运用法律规范的强制手段来保护职工的安全和健康。所以安全管理的许多方面带有强制性，与其他管理不尽相同。

（4）准确观点：安全管理必须按照客观规律办事，采用科学的方法，不管是信息收集、还是问题决策和实施措施，都必须做到准确无误。

5. 安全管理的基本原则

（1）"安全第一，预防为主"的原则："安全第一，预防为主"是我国安全生产的方针，又是安全管理的原则。

（2）"管生产必须管安全"的原则：这一原则体现了安全与生产的辩证统一关系，明确了安全生产是一个有机统一的整体。各级领导和组织者，在计划、布置、检查、总结、评比生产工作的同时，要计划、布置、检查、总结、评比安全工作。

（3）"专管群治，全员管理"的原则：安全生产是一项综合性、群众性工作，必须坚持群众路线，贯彻专业管理和群众管理、民主监督相结合的原则，做到安全生产大家管理，各个重视、人人自觉、互相监督、制止"三违"，消除隐患。

（4）"安全具有否决权"的原则：安全管理是贯彻执行党和国家安全生产方针、政策、法规的监督性工作，安全工作是衡量企业工作好坏的一项基本内容，必须放在首位，应具有"否决权"。

（5）"管理、装备、培训并重"的原则。

6. 安全管理的基本原理

（1）人本原理：既一切为了人、依靠人、以人为本的原理。在生产建设的整个过程中，人是最宝贵的，必须把职工的生命与健康作为根本，放在第一位来抓。

（2）系统原理：既把管理的对象看成一个有机的"人、事、物、环"统一系统，对问题的各方面和各种关系进行全面和系统的综合分析和研究，采取相应对策。体现在全企业、全部门、全过程、全员的安全管理。

（3）整分合原理：既安全管理要构成有序的管理体系，各层次各司其职。下一层次要服从上一层次的管理，下一层次不能解决的问题，由上一层次来协调解决。

（4）反馈原理：既把安全管理工作的产出传输回来，以便及时相应调整，使工作达标。

（5）封闭原理：既任何一个系统内的管理手段必须构成一个连续的封闭回路，才能有效地进行管理活动。

（6）统一原理：既在一定时空条件下，工作内容、法规、标准、制度必须统一，才能有效地进行工作。

（7）弹性原理：对待不同的条件有不同的措施，以达到安全管理应急性的需要，即在保证安全的条件下，解决工作中的问题。

（8）动力原理：既安全管理要运用一些动力去推动工作有效地进行下去，如开展安全检查，进行竞赛活动，严格奖惩等。

7. 安全生产管理

安全生产是为了使生产过程在符合物质条件和工作秩序下进行的，防止发生人身伤亡和财产损失等生产事故，消除或控制危险，有害因素，保障人身安全与健康，设备和设施免受损坏，环境免遭破坏的总称。

（1）安全生产"五要素"

安全生产"五要素"是指安全文化、安全法则、安全责任、安全科技和安全投入。

其中安全文化即安全意识，是存在于人们头脑中，支配人们行为是否安全的思想。安全法则是指安全生产法律法规和安全生产执法。安全责任主要是指搞好安全生产的责任心。安全科技是指安全生产科技与技术。安全投入是指保证安全生产必需的经费。

（2）安全生产管理

安全生产管理是安全科学的一个分支，就是针对人们在生产过程中的安全问题，运用有效的资源，发挥人们的智慧，通过人们的努力，进行有关决策、计划、组织和控制等活动，实现生产过程中与机器设备、物料、环境的和谐，达到安全生产的目标。

（3）安全生产管理的目标

减少和控制危害，减少和控制事故，尽量避免生产过程中由于事故所造成的人身伤害，财产损失，环境污染以及其他损失。

（4）安全生产管理，包括

1）安全生产法制管理；

2）行政管理；

3）监督管理；

4）工艺技术管理；

5）设备设施管理；

6）作业环境管理；

7）条件管理。

（5）安全生产管理的内容，包括

1）安全生产管理机构；

2）安全生产管理人员；

3）安全生产责任制；

4）安全生产管理规章制度；

5）安全培训教育；

6）安全生产档案。

（6）我国安全生产管理现状

1）我国的安全生产方针

我国的安全生产工作的基本方针为：安全第一，预防为主。

2）安全生产法律法规体系

改革开放以来，我国相继制定并颁布了近二十部有关安全生产的法律和行政法规，如《中华人民共和国海上交通法》、《中华人民共和国公路法》、《中华人民共和国建筑法》、《中华人民共和国消防法》、《中华人民共和国铁路法》和《中华人民共和国安全生产法》等。这些法律和行政法规对依法加强安全生产管理工作发挥了重要作用，促进了安全生产法制建设。其中，2002年颁布实施的《中华人民共和国安全生产法》，全面、完整地反映了国家关于加强安全生产监督管理的基本方针、基本原则，确定了各行业、各部门和各企业普遍适应的安全生产基本管理制度，并对安全生产管理中普遍存在的共性的、基本的法律问题作出了统一的规范。以《中华人民共和国安全生产法》为核心，包括法律、行政法规、部门规章及地方性安全生产法规和规章在内的我国安全生产法律法规体系正在逐步建立并完善。

1.2　运营安全管理知识

1. 安全管理的内容

（1）加强对人的管理，控制违章、违纪行为

伤亡事故一般是由人的不安全行为和物的不安全状态所致。在人机系统中，人起着主导作用，物的不安全状态和操作紧密联系。人的行为受其生理、心理、环境和素质等因素的影响，易产生违章、违纪行为，导致因人的不安全行为和物的不安全状态而发生的事故。因此，必须严格强化现场管理，控制违章、违纪，防止事故的发生。

（2）加强对设备作业环境的管理，控制物的不安全状态

不安全状态主要是以能量的形式对外泄放，作用于人体或者被人体吸收，消耗人体能量，致使人体生理机能部分损伤或者全部损伤。现场不安全状态主要有以下几种形式：

1）安全设施、安全装置缺陷。

2）物体的放置或者工作场所的缺陷。

3）劳动防护用品的缺陷。

4）生产设备没有处于完好的技术状态。

因此，加强对设备的管理，及时发现、消除上述物的不安全状态，以保证安全生产。

2. 行为管理

人的不安全行为是造成安全事故的直接原因之一。人的不安全行为就是不符合安全生产客观规律，有可能导致伤亡事故和财产损失的行为。人的不安全行为分为有意的不安全行为和无意的不安全行为两类，有意的不安全行为是指有目的的、有意图、明

知故犯的不安全行为，是故意的违规行为。无意的不安全行为是指无意识的不安全行为，是不存在需要和目的的不安全行为。

人有自由意识，容易受环境的干扰和影响，生理、心理状态不稳定，其安全可靠性就比较差，往往会因为一些偶然因素而产生事先难以预料和防止的错误行为。人的不安全行为的概率是不可能为零的。

为控制人的不安全行为，可以采取以下措施：

（1）对员工进行职业性检查；

（2）合理选拔和调配人员；

（3）制定安全操作规程，明确哪些是不安全行为，禁止员工以不安全行为操作；

（4）制定安全操作标准，执行标准化作业；

（5）做好安全生产教育工作，使员工增强安全意识，提高遵章守纪的自觉性，提高安全操作技能水平；

（6）实行确认制；

（7）切实加强现场安全操作检查，及时发现、制止和纠正违章作业；

（8）竞赛评比，奖优罚劣。

3. 生产设备及安全设施管理

加强生产设备及安全设施的管理，对消除或控制物的不安全状态十分重要。要使生产设备安全可靠地运行，使安全设施有效地运行，就必须认真做好安全设备及安全设施的管理、使用、保养、维修等技术管理工作，使其处于完好的技术状态。设备管理工作主要由生产经营单位的设备管理部门负责。设备及安全设施现场安全管理，就是要严格按照安全检查制度的规定，按照安全检查表进行日常安全检查，以及时发现生产设备、安全设施出现的故障和使用过程中遭受的破坏，及时予以修复，确保在用的生产设备、安全设施保持完好的技术状态。

4. 作业过程

作业过程指以一定方式组织起来的人群，在一定的作业环境内，使用设备和各种工具，采用一定的方法把原材料和半成品加工、制造、组合成为产品，并安全运输和妥善保存的过程，大部分职工伤亡事故是在作业过程中发生的。因此，分析和认识作业过程中的不安全因素并采取对策加以消除和控制，对实现安全生产管理至关重要。作业过程是以人为主体进行的，实现作业过程安全化应主要着眼于消除人的不安全行为，为此而采取的对策和措施应该包括：合理安排劳动和休息时间，调节单调性作业，确定适当的工作节奏，实行标准化作业。

（1）合理安排劳动时间和休息时间

1）工作时间制度

我国法定实行 8h 工作制，为保证 8h 工作制的实施，必须严格限制加班加点。企业由于生产需要，经过与工会和劳动者协商之后，每日加班时间也不得超过 3h，每月累计加班时间不得超过 36h。

有下列情况之一的，加班、加点时间不受有关法规限制：发生自然灾害、事故或者其他原因的；威胁劳动者生命安全健康和财产安全的，需要及时处理的；生产设备、交通运输线路、公共设施发生故障必须及时抢修的；法律、行政法规规定的其他情况。

2）工作休息

工作时间适当安排一定的休息，能缓解疲劳，避免因疲劳而引发事故。根据我国的实际情况，以每半天安排一次 15～20min 的工作休息为好。

（2）调节单调性作业

单调性作业会使人感到枯燥乏味，容易产生心理疲倦，使生理疲劳提前到来。如果从事危险较大的作业，就有可能发生事故，完全消除单调是困难的，但可以减轻其影响，改善措施有：

1）在进行操作设计时，应力求把一些简单的操作适当地合并，使每个工人能从事不同的工作。

2）单调的工作格外容易疲劳和沮丧，而把工作分为许多阶段，每个阶段设置一个工作目标，就能改善这种状况。

3）定期轮换工作，创造工作新鲜感。

4）实行色彩和音乐的调节。

（3）确定适当的工作节奏

工作节奏过快会增加劳动的强度，使工人感到紧张，导致疲劳加剧。并诱发操作失误，造成事故；工作节奏过慢会使工人因等待而焦躁不安，注意力分散，反应速度下降，对安全也是不利的。

确定适当的工作节奏应该兼顾提高工作效率和减轻工人劳动强度两方面的要求。

（4）实行标准化作业

在总结实践经验和科学分析的基础上，对作业方法加以优化，制定作业标准，按照作业标准进行作业就是标准化作业。

标准化作业的作业标准是安全生产规章制度的具体化，作业标准不但规定了不准干什么，更加是规定了具体的操作程序和方法，这些方法都是安全行为。实行标准化作业可以让工人的操作形成习惯，避免不安全行为和违章行为。

5. 作业环境管理

（1）合理设计作业空间

作业空间的合理设计就是按照人的操作要求，对机器、设备、工具合理地进行空间布置，以及在机器、设备上合理地安排操纵器、指示器和零部件的位置。

作业空间设计的基本原则是按照为操作者创造舒适、安全的作业条件的要求，合理地设计、布置机器、设备和工具。

（2）作业场所的清理、整顿

作业场所的清理整顿是保证作业场所清洁、整齐，实现文明生产，保证作业高效安全的重要条件。清理即把需要的和不需要的物品区分开来，并且清除不需要的物品，生产过程中产生的垃圾应及时清除，除了因生产不得不带进作业场所的少量生活、学习用品外，其他个人用品都不可以带入生产作业场所。整顿就是把需要的东西以适当的方式放在该放的地方，以便于使用。

（3）安全信号装置、安全标志的完善

安全信号装置、安全标志是警告装置，它在不能消除、控制危险的情况下，提醒人们避开危险的装置。虽然是一种消极被动的、防御性的措施，但是对于防止伤亡事故、实现安全生产仍然有十分重要的作用。

安全信号装置分声、光信号装置和各种显示设备。安全标志即用简单明目的颜色、几何图形符号并辅以必要的文字说明，以提醒、警告人们防止危险，注意安全。

企业应视生产的实际情况，按国家安全法规的要求设置安全信号装置和安全标志。

6. 危险作业的现场管理

（1）危险作业的基本特点

危险作业的特点是临时性、不固定性和危险性，具体表现在：

1）作业时间、地点不固定；

2）临时组织作业人员，彼此不熟悉，难以配合默契；

3）作业程序不固定，不熟悉，甚至完全生疏；

4）使用的设备、工具不固定，甚至不合适，缺乏安全保障；

5）一般都难度大、复杂，技术要求高，危险性大。

（2）危险作业的控制管理

1）提出申请。需要对进行危险作业的部门向上级提出申请，说明要求作业的理由及作业时间、地点和内容。由厂级控制的危险作业由厂主管领导审批，由车间级控制的危险作业由车间负责人审批。

2）危险识别和危险评价。接受申请的领导应组织有关部门的有关人员和专职安全管理员，对作业的全过程进行危险辨识和危险评价。

3）制定控制危险的措施。针对危险辨识找出的不安全因素，制定相应的消除、控制措施。

4）审批。如落实上诉措施后可确保消除、控制了这些不安全因素，则可批准作业。

5）下达作业任务。下达、布置进行危险作业的任务时，应同时布置需要采取的消除、控制不安全因素的措施，并明确批准作业的时间、地点、参加的人员、作业的分工及指定作业的负责人。

6）作业前的准备。由作业负责人和作业单位安全管理人员负责对参加作业的全部人员进行培训，使他们熟悉作业安全措施及要求，掌握作业的操作技能，经考试合格后才能进行作业。作业前必须经过检查，确认已落实了应采取的消除、控制不安全因素的各种措施后方可进行作业。

7）监督检查。审批单位应派出安全管理人员到作业现场进行监督检查。监督检查应使用安全检查表进行。一旦发现有违反安全措施的情况，应立即制止、纠正甚至停止作业。

危险作业的现场安全管理的终点是确保上诉第6）点和第7）点的落实。

1.3 运营安全管理构架概述

1. 运营安全管理构架

运营安全管理构架分别由：人力资源部、财务部、企业管理部、物资部、综合部、党群部、安全技术部、维修中心、调度中心、票务中心、客运中心、通号中心、车辆中心组成，安全技术部是运营安全管理的机构，各部门（中心）负责人是各部门安全管理第一责任人，对各部门安全生产负责。

（1）运营公司安全生产职责

1）建立健全安全质量责任制和管理规章制度，制定各工种的安全技术操作规程，逐级落实安全生产责任。

2）设置安全质量管理机构，配备与运营规模相适应的安全质量管理人员，保证安全生产投入的有效实施。

3）组织制定并实施安全生产教育和培训计划。

4）负责地铁运营设施、设备的管理，定期进行检测、维护和及时维修，确保其处于安全状态。

5）负责对地铁运营设施、设备的对外委托维护保养工程进行监督与检查，在对外委托工程的合同中列明安全管理协议条款。

6）组织对地铁运营关键部位和关键设备的长期监测工作，定期进行安全性评价，并针对薄弱环节制定安全运营对策。

7）根据实际情况制定地震、火灾、浸水、特殊气象、停电、防恐、防爆、大客流等专项应急预案，建立应急救援组织，配备救援器材设备，并定期组织演练。

8）采取多种形式，向乘客宣传安全知识和要求；组织开展对员工的安全生产教育与培训，定期进行安全生产检查，接受政府有关部门和集团公司的安全生产督导。

9）地铁运营过程中发生安全事故时，及时启动应急预案，组织抢险救援，及时如实报告安全生产事故；组织、参与或配合安全事故的调查、处理。

10）负责职责范围内的地铁保护工作。

11）保证生产经营所需的各种物资及资金。

（2）运营公司安全委员会组织架构（图 1.3-1）

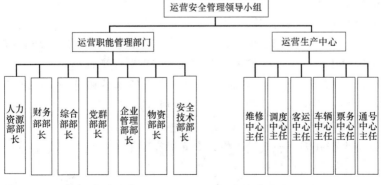

图 1.3-1　运营公司安全委员会组织架构

（3）运营公司总经理安全职责

1）贯彻执行国家和地方相关法律、法规、规章、规定、方针、政策和上级指示。

2）建立、健全和落实公司安全生产责任制。

3）建立、健全公司安全生产管理体系和机构，成立公司安全生产委员会，按规定配齐公司安全生产管理和监督人员及相应的设施。

4）定期召开安全生产委员会会议，听取安全生产工作汇报，对公司安全生产管理方面的提案和重大问题进行研究决策。

5）组织制定本公司安全生产规章制度和操作规程。

6）组织制定并实施本单位安全生产教育和培训计划。

7）保证本公司安全生产投入的有效实施。

8）督促、检查本单位的安全生产工作，及时消除生产安全事故隐患。

9）组织制定并实施本单位的安全生产事故应急救援预案。

10）发生安全生产事故时，及时组织指挥抢救，采取有效措施防止事故扩大，保护事故现场，并按国家有关规定对安全生产事故及时报告和处理。

（4）运营公司党委书记安全职责

1）贯彻执行国家和行业、上级有关安全生产、环境保护等法律法规和规章制度。按照"党政同责，一岗双责"的原则，做好分管业务范围内的安全生产工作。

2）宣传贯彻党和国家有关安全生产的方针、政策及法规，把安全生产、劳动保护等工作纳入党委重要议事日程。

3）协助建立、健全公司安全生产管理体系和机构，按规定配齐公司安全生产管理和监督人员及相应的设施。

4）宣传"安全第一，预防为主，综合治理"的方针，围绕安全生产开展思想政治工作，全面提高职工的安全意识，增强职工遵章守纪的自觉性。

5）参加公司的安全生产会议，协助解决涉及安全生产的重大问题，提出改进意见，总结推广安全生产先进经验。

6）发生安全生产事故时，按公司应急预案要求赶赴事故现场，参与安全生产事故抢险救援和事故处理。

（5）分管生产副总经理安全职责

1）贯彻执行国家和行业、上级有关安全生产、环境保护等法律法规和规章制度。

2）按照"管行业必须管安全、管业务必须管安全、管生产经营必须管安全"的原则，做好分管部门（单位）的安全生产工作，对分管业务范围内的安全生产工作负直接领导责任。

3）督促所管辖范围内各方依法、依规、依约履行安全质量职责。

4）组织实施分管业务范围内的安全生产隐患排查治理工作。

5）在布置生产工作的同时布置安全质量管理工作。

6）督促有关部门落实建设工程安全设施、职业健康的"三同时"制度。督促所管辖部门及其负责人落实安全生产责任及完成安全生产目标。

7）发生安全生产事故时，按公司应急预案要求赶赴事故现场，组织或参与生产安全事故抢险救援和事故的调查处理工作。

（6）分管安全副总经理安全职责

1）贯彻执行国家和行业、上级有关安全生产、环境保护等法律法规和规章制度。

2）对公司安全生产工作负综合监管领导责任。

3）督促本公司安全生产隐患排查治理工作。

4）按要求召开安全质量工作例会，对工程安全生产形势进行分析并做出相应的安全质量管理工作部署。

5）督促有关部门落实建设工程安全设施、职业健康的"三同时"制度。督促所管辖部门及其负责人落实安全生产责任及完成安全生产目标。

6）发生安全生产事故时，按公司应急预案要求赶赴事故现场，组织或参与生产安全事故抢险救援和事故的调查处理工作。

7) 组织公司安全生产目标管理责任考评工作。

（7）总工程师安全生产责任

1) 贯彻执行国家和行业、上级有关安全生产、环境保护等法律、法规和规章制度。

2) 按照"管行业必须管安全、管业务必须管安全、管生产经营必须管安全"的原则，做好分管部门（单位）的安全生产工作，对分管业务范围内的安全生产负领导责任。

3) 督促所管范围内参建各方依法、依规、依约履行安全质量职责。

4) 参与安全生产大检查和审查重大安全隐患整改计划。

5) 在布置生产工作的同时布置安全质量管理工作。

6) 督促有关部门落实建设项目"三同时"中的安全技术措施。

7) 督促所管辖部门及其负责人落实安全生产责任及完成安全生产目标。

8) 发生安全生产事故时，按公司应急预案要求赶赴事故现场，参与重大生产安全事故调查处理，负责分析事故技术原因，制定技术防范措施。

（8）运营安全监察部部长工作职责

1) 贯彻执行国家和行业、上级有关安全生产、环境保护等法律法规和规章制度。

2) 协助分管安全副总经理开展本公司安全生产监督管理工作。

3) 督促建立、健全公司安全生产责任制、安全生产管理制度、安全预警机制与应急管理体系。

4) 督促组织本公司安全生产隐患排查治理工作。

5) 指导、协调公司安全生产管理机构履行相关安全职责。

6) 督促有关部门落实建设工程安全设施、职业健康的"三同时"制度。

7) 发生安全生产事故时，按公司应急预案要求赶赴事故现场，组织或参与生产安全事故抢险救援和事故的调查处理工作。

8）协助开展公司安全生产目标管理责任考评工作。

（9）部门负责人安全生产责任

1）贯彻执行国家和行业、上级有关安全生产、环境保护等法律法规和规章制度。

2）负责落实本部门安全生产责任，组织制订本部门安全生产管理规定、安全操作规程和安全技术措施计划。

3）组织、督促检查部门员工的安全生产教育、培训和应急救援演练。

4）督促落实部门安全防范措施，确定部门消防责任人，组织部门安全检查，落实隐患整改。

5）发生安全生产事故时，按要求进行事故报告并按应急预案要求赶赴事故现场，参与施生产安全事故抢险救援和事故的调查处理工作。

2. 运营安全管理人员网络架构组成与工作职责（图 1.3-2）：

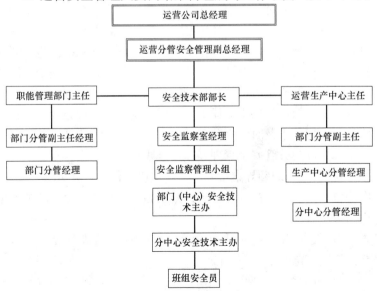

图 1.3-2　运营安全管理人员网络架构组成与工作职责

（1）部门各级负责人安全工作职责

负责贯彻上级颁发的有关安全生产的政策、法规、指示、要求；负责组织公司各项安全规章制度的实施。认真贯彻执行国家、省市及公司有关安全生产的法规和规章制度；对保证企业员工在生产过程中的安全负全面责任。总结所辖分中心（室）安全工作情况，针对当前存在的问题，分析并制定解决办法及防范措施。组织安全生产检查，对查出的事故隐患要及时采取消除或控制措施，以避免事故发生。必要时下发安全整改通知书，对拒不执行的部门、车间或个人追究其责任。总结推广安全生产先进经验，对安全工作有突出贡献者给予表扬和奖励。对事故责任者秉着"四不放过"的原则（即事故原因没有查清不放过；事故责任者没有严肃处理不放过；防范措施没有落实不放过；广大员工没有受到教育不放过），严肃认真处理。组织研究制订本单位安全生产管理规章制度、各项安全技术措施和操作规程、应急预案、安全奖惩与责任制考核。负责研究决策、解决车辆中心安全生产的具体问题，对部门安全工作进行安排、组织，综合协调部内各分中心（室）安全生产工作。定期组织对车辆中心安全生产工作进行检查、分析、评价，并采取针对性、操作性强的措施，对问题和隐患进行整改；对涉及外部接口、相关结合部的安全问题进行协调或及时向上级汇报。负责组织和参与对各类安全事故（事件）进行分析，找出事故原因和责任，制订防范措施，提出处理意见，并按要求及时上报公司。

（2）部门分管安全管理经理安全职责

1）负责组织领导本中心的安全生产工作，负责组织分公司、中心各项安全规章制度、措施在分中心（室）各个生产环节和生产岗位认真落实。

2）负责组织制订分中心（室）安全生产管理制度、安全实施措施、安全奖惩考核办法。

3）负责组织定期和不定期地对本中心的安全工作进行检查，及时发现问题并进行整改。

4）负责对本中心发生的各类安全事故、安全隐患进行分析，并写出分析报告，提出处理意见，报车辆中心领导和综合技术室。

（3）车辆中心安全生产领导小组组长及副组长安全职责。

1）全面负责车辆中心的安全生产管理工作。

2）负责上级安全生产法规、制度、标准、指示在车辆中心认真贯彻执行。

3）负责安全生产工作的"五同时"，即在计划、布置、检查、总结、评比生产工作的同时，计划、布置、检查、总结、评比安全工作。

4）负责组织规划、实施中心各项安全规章、组织应急抢险，考核实施情况、效果。

5）组织审核车辆中心安全教育、培训和救援演练计划。

6）负责组织车辆中心安全生产领导小组开展工作。

7）负责对本分中心（室）、班组的安全管理工作进行检查，发现问题督促整改。

8）负责与分公司以外部门在安全管理工作方面的协调。

9）负责组织调查安全事故，提出对事故的处理意见。

（4）分中心经理安全职责

1）保证国家和上级安全生产法规、制度、指示在本分中心贯彻执行。

2）全面负责本分中心的安全生产管理工作，每月牵头参与分中心安全检查工作。

3）负责组织建立本分中心安全管理网，大力支持分中心安全员和班组安全员的工作。

4）合理安排组织生产，并把安全生产工作列入分中心（室）日常工作，做到"五同时"。

5）组织制定切合本中心实际的安全生产规章制度、安全操作规程和措施计划，并保证实施。

6）组织对本分中心进行安全生产检查，落实整改措施，保证设备、工具、安全装置、消防、防护器材等设施处于完好状态；组织整顿工作场所，保证符合安全生产要求，消除事故隐患。

7）负责组织本分中心安全生产工作小组开展工作。

3. 专（兼）职安全技术主办（安全员）职责

（1）中心专职安全技术主办职责

1）协助中心领导落实车辆中心安全工作目标和相关要求，提出改进安全工作的意见和建议。

2）制定、完善安全管理规章制度。

3）负责组织承担的应急预案、演练方案的编制工作。

4）组织新员工安全教育培训、员工年度安全教育复训和日常安全教育工作。

5）组织安全检查；汇总并上报检查结果；督促落实整改措施。

6）作业现场的监督检查（检查内容包括：现场存在的安全隐患、检修工艺纪律、标准化作业、员工掌握应急预案的情况、应急技能、特种作业人员持证上岗情况、劳动纪律等），并及时向分管领导汇报检查结果。

7）现场监控直接涉及运营安全的技术改造、系统升级和重点监控作业项目。

8）查处违章、违纪行为。

9）发现重大安全问题时，须立即向本中心、安全监察部或直接向分公司领导报告。

10）制定安全工作计划；编写安全工作总结。

11）组织策划中心安全工作会议。

12）调查或协助上级部门调查安全事故、事件。

13）组织对危险源进行识别和评估，并制定控制措施。

14）对安全管理、安全生产方面做出突出贡献的中心、班组、个人提出奖励建议。

（2）分中心安全技术主办职责

1）协助分中心领导落实车辆中心安全工作目标和相关要求，提出改进安全工作的意见和建议。

2）制定、完善安全管理规章制度。

3）负责组织承担的应急预案、演练方案的编制工作。

4）组织新员工安全教育培训、员工年度安全教育复训和日常安全教育工作。

5）组织安全检查；汇总并上报检查结果；督促落实整改措施。

6）作业现场的监督检查（检查内容包括：现场存在的安全隐患、检修工艺纪律、标准化作业、员工掌握应急预案的情况、应急技能、特种作业人员持证上岗情况、劳动纪律等），并及时向分管领导汇报检查结果。

7）现场监控直接涉及运营安全的技术改造、系统升级和重点监控作业项目。

8）查处违章违纪行为。

9）发现重大安全问题时，须立即向本分中心、中心、安全技术部或直接向分公司领导报告。

10）制定安全工作计划；编写安全工作总结。

11）组织策划安全工作会议。

12）调查或协助中心调查安全事故、事件。

13）组织对危险源进行识别和评估，并制定控制措施。

14）对安全管理、安全生产方面做出突出贡献的班组、个人提出奖励建议。

（3）班组兼职安全员职责

1）全面负责本班组的安全生产工作。

2）负责组织班组员工学习和贯彻落实各级安全规章制度、安全作业规程，教育员工严格遵守劳动纪律和技术作业纪律。

3）组织对新员工或转岗员工进行班组级安全教育，并指定专人负责指导。

4）经常教育和检查班组员工按规定正确操作使用设备、工具、原材料、安全装置、个人防护用品等，定期检查设备、工器具是否处于良好状态。

5）督促检查工作场地的安全卫生，并保持已修件、待修件、材料及废料的合理放置，做到整齐清洁，保证员工有一个安全、整洁的工作环境。

6）负责组织班组安全生产和质量故障分析会，定期分析班组安全生产情况，提出改进措施。

7）支持班长的工作，组织班组员工积极开展安全活动，学习推广安全生产先进经验和做法。

8）带领组员搞好安全工作的班前预想、班中预防、班后分析活动。

4. 各级安全技术主办（安全员）工作要求

（1）安全技术主办（安全员）工作要求

1）每月对各分中心（室）、班组、作业现场检查不少于4次，其中至少跟班检查一次夜间作业，每次检查不少于0.5个工作日。

2）每月至少查处2起违章违纪行为（以列入绩效考核或安全罚款为准），并督促责任分中心（室）落实整改。

3）每月对分中心（室）安全员当月工作任务完成情况进行检查（以检查原始记录和安全检查记录表上的签名为依据），检查结果经中心分管安全工作负责人签字后，报安全技术部。

4）编制、完善中心重点监控作业项目，首次作业时，必须到现场进行安全监督，且对后续作业进行抽查。

5）每月25日前将部门当月检查发现的问题、上月安全问题整改情况汇总报安全技术部。

6）及时将日常检查中发现的重大安全问题上报分公司分管领导、本中心、安全技术部。

7）负责牵头组织各分中心安全员进行日常巡查工作，填写安全检查相关记录表。

8）负责牵头组织每月一次的中心综合安全检查工作，并对检查发现的问题要求各分中心及时整改，对整改进度进行跟踪。

9）负责采用突击检查、抽查、抽问、设置假设故障等形式，牵头组织部门"两纪一化"检查。

10）对员工的检修工艺纪律执行情况进行检查。每周组织专业工程师对各种检修作业进行工艺纪律检查，抽问作业者相关工艺规程、技术通知单、作业注意事项等，检查其是否按照标准工艺进行作业。

11）每天下现场检查，并对分中心安全员工作进行指导、检查、督促。

12）定期组织开展专项普查，彻查安全隐患，重大节假日前，由安全员组织专业技术主办根据列车运营状态及列车关键项目制定列车机械、电器设备专项普查通知单，下发各分中心开展关键点普查工作。

13）完成与外部门相关安全接口工作及日常安全管理工作（如安全培训、安全文件学习、安全台账管理、承包商管理、新车调试安全管理等）。

（2）车间安全技术主办（安全员）工作要求

1）每月对各班组、作业现场进行安全检查不少于8次，抽问不少于2次，其中每月至少跟班检查2次夜间作业（若本分中心无夜间作业可不进行），每次检查不少于0.5个工作日。

2）每月至少查处2起违章违纪行为，并督促责任班组落实整改。

3）每月对班组安全员工作职责落实情况进行检查。

4）本中心既有设备系统技改、技措或新增设备的首次安装、调试、检修时，必须到现场进行安全监督。

5）编制、完善本中心重点监控作业项目，且作业时，必须到现场进行安全监督。

6）每月25日前将本中心当月检查发现的问题、上月安全问题整改情况、按要求报中心安全主办。

7）及时将日常检查中发现的重大安全问题上报所在中心、

分中心领导。

8) 负责组织开展每月一次的分中心综合安全检查工作，并完成本中心专业安全检查工作，配合中心完成综合安全检查、日常安全巡查工作、节假日专项安全检查等检查工作。

9) 每天通过生产计划和中心交班会了解首次作业、关键作业、危险作业如转轨、车顶作业、架车作业等作业的具体作业安排及相关安全提醒工作，并进行现场监控。

10) 每天下现场进行"两纪一化"检查。

11) 每周对分中心（室）各班组在库区巡查发现问题整改情况进行跟踪落实。

12) 每月定期对分中心辖区的安全隐患进行排查识别，对所使用的安全工器具、劳保用品、计量工器具进行台账管理及现场检查确认，确保作业环境处在安全状态。

13) 完成安全培训、安全文件学习、安全台账管理等日常性工作。

14) 按时保质量完成中心要求上报的各种台账，并及时更新安全相关台账，如涉及中心的台账要及时上报。

15) 做好班组安全提醒监督工作，并负责定期完善分中心（室）相关作业安全提醒工作。负责对本分中心（室）上岗资格证审核及对即将过期资格证复审进行提醒工作。

16) 对首次作业及关键作业制定安全卡控措施，并对现场进行安全监护。

（3）班组安全员工作要求

1) 作业过程中，对班组各成员遵章守纪、标准化作业等情况进行监督，及时制止违章、违纪行为。

2) 对班组长的安全管理情况进行监督，及时制止班组长违章指挥行为。

3) 每天班前会，负责对当日作业安全注意事项进行说明、提醒；班后会对作业过程中的安全情况进行点评。

4) 每天对本班组作业现场进行巡查，对危及行车和人身安全的行为予以制止，确保作业过程中行车、人身的安全。

5）每天交车前和班长一起对走行部、车上车下悬挂部件、各类盖板等可能涉及伤害旅客及行车安全的重点部件进行检查、确认。

6）每天对包保区域安全巡查，负责将发现的安全问题向相关负责人进行汇报，并对该问题处理结果进行跟踪。

7）组织开展班组安全文件学习、召开班组安全会议、安全台账管理等日常性工作。

8）负责做好新进员工安全教育传、帮、带工作。

1.4　运营安全管理核心关键点

1. 班组作业安全管理

班组是生产的第一现场，公司安全管理的效果的好坏关键在于班组的实际作业效果，班组是运营的基层组织，是安全文明生产的基础，企业安全生产中的安全和控制措施，都是依靠班组长组织班员具体实施。大多数事故都发生在班组，班组长作为"兵头将尾"，对控制事故的发生起着非常重要的作用。如果班组长管理不善，或者责任心不强，对违规违章施工听之任之，发生事故的概率将会大大增加，因此，做好班组作业安全管理至关重要。

加强班组安全建设的基本要求：

1）班组长要牢固树立"以人为本、安全第一、预防为主"的思想观念，带领班组全体员工为实现"安全、优质、低耗、高效"的目标努力完成各项生产任务。班组长是班组的安全第一责任人，负有抓好安全文明生产监督管理，开展好群众性的"查隐患、堵漏洞、保安全"活动的重要责任。

2）安全文明生产要有一个明确的奋斗目标。班组长在任职期间要实行目标责任制，在确立工作目标时，要有安全文明生产的内容，并按"生产无隐患，个人无违章，班组无事故"的要求，结合班组的具体实际情况，深入开展创"安全合格班组"等群众活动，制定出实现"安全合格班组"的目标。

3）有一套完善的安全制度：

① 建立、健全安全文明生产责任制。班组每个员工都要在各自职责范围内明确安全生产要求，推行安全操作责任制。

② 建立岗位巡回检查制度。使职工在自己岗位的管辖范围内，对生产设备的运转情况进行定时、定点、定路线、定项目的巡回检查，以便及时发现异常情况，采取措施消除隐患，排除故障，防止事故发生。

③ 建立严格的交接班制度。交接班人员必须面对面将安全生产情况交接清楚，切实把设备运转情况、工艺指标、异常现象、处理结果，存在问题、处理意见和生产原始记录、岗位维修工具等——交接清楚，做到不清楚就不交班、不接班，防止因交接班不清楚而危及生产安全。

④ 健全安全岗位练兵制度。要通过技术练兵，使职工熟练地掌握安全生产操作技能，努力提高职工的安全生产技术水平和事故的应变处理能力。

⑤ 健全设备维护保养制度。必须遵守并严格执行设备的维护保养制度，防止因设备的突发性故障而诱发事故。

⑥ 严格劳动保护用品使用制度。班组长应要求员工正确穿戴使用劳动保护用品，对不按要求穿戴劳动保护用品的人员应不准上岗；定期对安全帽、安全带等防护用品进行检查，对不合格的要及时进行更换。

4）努力实现生产作业规范化。开展安全作业标准化、规范化活动，实行标准化作业，各岗位都要有完善的，符合生产实际的生产操作规程、设备检修保养规程和安全技术规程，教育员工按照安全操作规定进行作业，新项目开工前，组织进行安全技术交底，让每个施工人员掌握本项目的安全规范，严格按作业程序指导书组织施工。

5）班组安全活动要做到经常化、制度化。安全活动要贯穿于日常生产的全过程，班组长应组织开好班前会和"安全提醒"活动，班组长根据当天的施工任务，向作业人员交代工作内容和安全注意事项，对作业施工中人、机、环境的不安全因素，要交代清楚。交代安全注意事项要简洁、实用，针对性、可操作性要强。检查安全防护用品是否正确使用，操作证（上岗证）等是否佩戴是班前5min活动的重要内容。班长或兼职安全员要认真检查每个操作员工防护用品配备和使用情况，经检查符合要求后，方可上岗施工。做到班中有巡回检查和安全防范对策，班后有安全小结和点评，每周有安全活动日，每月有巡回检查总结和安全对策；年终总评有安全内容，把安全生产与经济效益统一起来考核。把安全活动与群众性的技术革新、提合理化建议等活动结合起来，并建立有关台账登记备案，对成绩显著的有功人员，建议上级管理部门给予奖励。

6）开展经常性的安全教育活动。班组长要做好职工的安全思想教育工作，有针对性地开展班组安全技术培训，做到岗位操作正确、熟练，有计划地在班组中普及现代安全科学管理的基础知识，使班组的安全管理上升为科学管理。

2. 用电安全管理

车辆运行、车辆设备、车辆检修、隔离开关等生产工作离不开要用电，用电安全关系公司人身财产安全、生命安全，因此做好用电安全管理至关重要。

（1）对高于36V且低于220V（不含220V）电压的设备进行作业时，原则上必须断电，且有两人同时进入，互控互助；须使用具有绝缘性能的工器具，穿戴好劳保用品；不得同时接触导电和接地部分；未脱离导电部分时，不得与站在地面的人员接触或相互传递工具、材料。

（2）当采用24V以下的安全电压时，必须采取防止直接接触带电体的保护措施。

（3）对于绝缘防护用品，如绝缘手套、绝缘鞋等在使用前必须确认其状态是否正常，有无破损、是否干燥、是否在有效期内。严禁使用不符合安全规定的绝缘防护用品和逾期使用。

（4）对列车牵引逆变器、直流斩波器、辅助逆变器等具有大功率储能元器件（电感、电容）的设备进行检修时，必须在断电后等待 10min，待放电完成后，方可开始工作，避免产生残留的高电压击穿设备和危及人身安全。

（5）在列车受电的状态下，任何人不得接触列车高压回路、列车辅助电源回路、蓄电池充电回路及蓄电池单体、110V 控制回路，特别是 1500V 高压回路。

（6）办理临时用电手续参照《运营分公司临时用电管理办法》。

（7）发现用电设备失常、有焦味或（及）冒烟现象，要立即断电，及时通知相关人员检查处理，严禁带故障运行，严禁私自处理。

（8）严禁使用挂钩线、破股线、地爬线和绝缘不合格的导线接电；办公场所严禁使用电饭锅、电炉等电器。

（9）室外露天场所应使用防水灯具和开关，具有爆炸危险的场所应使用防爆灯具和开关。

（10）使用的移动电缆线应做好保护，防止机械损伤或破损，造成短路。

（11）使用电器时，须先插入插头，再打开电源开关。使用完毕后，须先关掉电源开关，再拔下插头。

（12）使用电热器具，应与可燃物体保持安全距离，人离开时应断开电源。照明灯具下方禁止堆放可燃物品。

（13）用电器具的外壳、手柄开关、机械防护有破损、失灵等有碍安全情况发生时，应及时修理，未经修复不得使用。

（14）熔断器的熔体等各种过流保护器、漏电保护装置，必须按技术规定装配，保持其动作可靠；严禁带电更换熔断器和自动开关。

（15）用电器具本身要求采取接地保护或其他保护的，必须按要求安装。

（16）新购置和长时间停用的用电设备，使用前应检查绝缘情况。长时间（24h以上）停用的电器，必须断开电源。

（17）严禁累计功率超过插座额定功率的多台用电设备共用于一个插座上，一般情况下累计功率不得超过插座额定功率的85%。

（18）移动插座属于临时接电，若用电设备需要24h不间断供电的，必须使用固定插座。

（19）发现有人触电时，严禁赤手接触带电人员的裸露部位，应尽快断开电源，并立即进行抢救。

（20）电气设备无论带电与否，凡未经验电、放电，都应视为有电，没有做好安全技术措施的，均视为有电状态，不得随意移开或越过遮拦进行作业。

（21）试验台相关作业时应按照试验台操作规程规定进行作业。

3. 特种设备安全管理

（1）特种设备安全管理

1）特种设备和特种作业安全管理办法参照运营公司《特种设备和特种作业安全管理办法》执行。

2）每年最后一季度，各部门根据次年本中心实际生产需求，由培训管理员提报特种作业培训取证（复审）需求计划，需求计划包括目前各种特种作业人员情况、提报各种特种作业人数及具体姓名，特种作业包括：电工作业、叉车司机、电瓶车司机、金属焊接切割作业、制冷作业、起重机械作业司机、起重机械作业维修、压力容器、探伤工、车工、铣工等，需送外培训的特别备注，报中心培训管理员。

3）部门培训管理员汇总各车间次年特种作业培训取证（复审）需求计划后，形成中心次年特种作业培训取证（复审）需求计划，报人力资源部。

4）人力资源部负责特种作业操作证的培训、考试、复审、管理；各部门应建立、健全本部门特种作业安全管理规章，负责本部门特种作业人员安全监管、年审。

5）按照"谁主管，谁负责"原则，实行逐级安全责任制，特种设备使用、管理部门主管领导是部门特种设备安全管理责任人。

6）特种设备使用、管理部门是特种设备安全管理的第一责任者，对特种设备使用和运行的安全负责；应配备专业人员，负责特种设备的安全管理，建立特种设备的安全监管制度，健全特种设备管理台账。

7）特种设备使用、管理部门必须制定并严格执行以岗位责任制为核心，包括技术档案管理、安全操作、常规检查、维修保养和定期报检等在内的特种设备安全使用和运行的管理制度；必须保证特种设备技术档案的完整、准确。

8）使用、操作特种设备的特种设备作业人员必须严格执行特种设备的安全使用操作规程，严格执行国家、省及市特种设备监管部门有关特种设备的管理规定，严禁违章作业。

9）由部门安全技术主办提报次年特种设备作业人员中心内部培训计划，各分中心（室）应每年至少组织2次本部门特种设备作业人员的安全教育和技能培训，并做好教育、培训记录。

（2）特种设备作业人员职责

1）持有效《特种设备作业人员证》上岗操作；

2）操作的设备项目必须与《特种设备作业人员证》上所规定的作业项目相对应，严禁操作不在作业范围内的设备；

3）对所操作的特种设备进行经常性检查，发现问题应当立即处理并向特种设备安全管理人员报告；

4）做好设备的运行记录；

5）定期参加培训，熟悉操作规程，增强安全意识；

6）保证不使用"三无"（无证制造、无证安装、无证使用）特种设备。

（3）特种设备作业人员应当遵守以下规定：

1）作业时，随身携带《特种设备作业人员证》原件或复印件，并自觉接受安全管理和监督检查；

2）参加特种设备安全教育和安全技术培训；

3）严格执行特种设备操作规程和有关安全规章制度；

4）拒绝违章指挥；

5）发现事故隐患或者不安全因素，应当立即向安全管理人员或中心（总部）有关负责人报告；

6）特种作业人员若有下列情形之一，由其所属部门暂时保管其特种作业操作证或资格证，并不得从事相应的特种作业：

① 未按规定接受复审或复审不合格的；

② 违章操作造成严重后果或违章操作记录达 3 次以上的；

③ 弄虚作假骗取特种作业操作证的；

④ 经确认健康状况已不适宜继续从事所规定的特种作业的；

⑤ 未按规定接受考核或考核不合格的。

（4）起重机操作管理

1）严格遵守起重机操作规程，操作人员必须持证操作，严禁无证操作；

2）两台起重机在同一跑道上作业时，在接近 2m 前，应互鸣警铃；

3）当司机接受指挥信号后，须鸣铃示意后再启动。如遇危险情况，不论任何人发出停车信号司机均应立即停车；

4）超过规定负荷或重量不明时不吊；

5）吊具不完整，不符合安全要求不吊；

6）吊具与起重物不垂直，斜拉时不吊，捆绑不牢不吊；

7）工作场地昏暗，无法看清场地、指挥信号、被吊物情况时不吊；

8）被吊物从人体上方越过和被吊物上有人或浮置物不吊；

9）起重机有故障时严禁使用；

10）每一吊具上都应有允许承载重量标示及编号；

11）每次使用前必须对吊具进行检查确认，按规定组织定期鉴定。

（5）厂内机动搬运车作业要求

1）机动搬运车需持证驾驶，严禁无证驾驶，违者按部门考核管理规定进行考核。

2）开车前应检查车辆各部件状态，试验刹车、方向盘及喇叭状态良好方可动车。

3）机动搬运车仅作为搬运工具，与搬运无关人员不准搭乘机动车，搭乘人身体任何部位不得伸出车外。

4）不允许超载，装载超宽时应有人监护，车上装载物品应摆放平稳。搬运化学物品时，应了解其性质及搬运注意事项，搬运氧气瓶时要确认氧气瓶上须有安全帽和防振圈。

5）禁止叉车在起重状态进行检修。

6）机动车不得停在道口和侵入轨道限界。

7）机动搬运车驾驶室内只准叉车一人（即司机）、电瓶车两人（包括司机）乘坐，除驾驶室外一律不准搭乘人员。

（6）蓄电池作业要求

1）在配制、加注电解液及酸碱溶液时，操作者要穿戴好防护用品。

2）当配制硫酸溶液时，要在耐酸容器内进行；先注入蒸馏水，然后缓慢注入硫酸，并用耐酸棒不断搅拌。

3）充电间要保持通风良好，消防器材状态良好，严禁烟火，无关人员不得入内。

4）充电时，充电人员不得离岗，并注意观察，做好记录。

（7）固定式架车机操作

1）操作人员应按《固定式架车机操作规程》并经过专门的架车机培训合格方可操作，未经批准不得启动架车机，车顶、车内、车下有人时不得启动架车机，出现异常情况，要立即停止操作，通知维修人员处理。

2）当进行架车作业时，要有辅助人员协助，并与操作者保持呼唤应答。

3）使用前，应检查架车机是否正常、同步，并做空载启动检查。

4）移动架车机时，要保证起升架在最低位置。

5）架车前，先用单起模式操作，利用每个架车机的起升按钮，使每个架车的起升座与地铁车辆架车点接触良好。架车地基平实，架车载荷不作用在架车机的走行轮上。

6）架车线进车前要保证架车机处于最低位置，并清轨。

7）地铁车辆应准确停在架车位置上，架车作业前，操作人员必须在移动轨桥上放置制动楔，以防车辆滑动。

8）起抬高度在 30mm 时，操作者应检查所有的起抬柱运动是否正确，起抬高度 100mm 时，操作者应检查转向架上防滑锁是否展开。

（8）移动升降平台

1）移动升降平台操作人员须受过专门的培训。

2）操作者在启动前应先检查液压系统的液位，保证液压油在规定水平。

3）升降平台须放置在坚实水平的地面上，在使用前要进行空载操纵，发现安全缺陷时立即停用，并通知维修人员。

4）升降平台工作时下方不得有人。

（9）砂轮机操作安全

1）砂轮机操作人员应知道砂轮机的结构和性能，并遵守操作安全注意事项，佩戴防护眼镜，严禁戴手套操作。

2）使用前应先检查砂轮有无裂损，防护罩是否完好。

3）开机后启动砂轮试运转正常后才能使用，磨工件时应缓慢接近砂轮，不能用力过猛或撞击砂轮。身体应站在侧面。

4）不准用砂轮侧面研磨，不准一个砂轮两人同时研磨。过小工件应使用手钳夹，夹牢固后方可作业。

5）砂轮不圆、过薄或接近夹盘时应更换新砂轮。

（10）钻床操作安全

1）开机前应先检查安全防护装置是否齐全牢固，低速运转3～5min。

2）钻床不得超负荷使用，工作中严禁戴手套操作，长发者须戴工作帽。

3）清除铁屑时严禁用嘴吹，要用刷子及其他专用工具。

4）不准在旋转的刀具下翻转、卡压或测量工件，手不准触摸旋转的刀具。

5）钻头上严禁缠绕长铁屑，应经常停车清除钻头上的铁屑，以免伤人。

6）距钻床、摇臂 1.5m 内严禁堆放物品。移动摇臂时应确认摇臂范围内无人。

（11）焊工操作安全

1）禁止焊接、切割受力构件和内有压力的容器。

2）焊接、切割场所 10m 以内不得存放易燃、易爆物品。

3）雨天时不得露天焊接、切割作业。

4）氧气瓶、乙炔瓶禁止在阳光下暴晒，禁止靠近热源。

5）氧气瓶、乙炔瓶两者之间必须保持 10m 以上的距离。

6）严禁氧气瓶与油脂或化学药品接触、同室存放或在其附近存放。

7）严禁使用漏泄的气瓶；乙炔减压阀的出口必须安装单向阀。

4. 消防安全管理

（1）消防安全教育培训

1）消防安全教育和培训内容：

① 新员工（含调入人员），在上岗前必须进行三级安全教育培训中含消防内容，使员工懂得基本的消防安全知识。

② 一级教育由中心负责组织，结合安全培训进行教育，介绍中心基本概况、生产特点、火灾的危险性、重点部位、防火制度、消防设施、防火、灭火和逃生自救常识等。

③ 二级教育由分中心负责组织，主要介绍分中心各类岗位的消防职责、场所设备情况。使新员工熟悉重点部位的灭火方案和本分中心消防器材的分布，掌握使用扑救方法。

④ 三级教育由班组负责组织，介绍岗位职责、设备情况，使新员工掌握使用扑救方法。使新员工熟悉本岗位安全操作规程和本岗位周围消防器材的分布。

⑤ 消防安全责任人、消防安全管理人应当接受消防中心的专门的培训。

⑥ 各部门应通过多种形式开展经常性的消防安全宣传教育，宣传教育和培训内容应当包括：

a. 有关消防法规、安全制度和保障消防安全的操作规程。

b. 本岗位的火灾危险性和防火措施。

c. 有关消防设施的性能、灭火器材的使用方法。

d. 报火警、扑救初起火灾以及自救逃生的知识和技能。

2）部门员工的消防安全培训应当至少每年进行一次，培训的内容应当包括消防技能和应急疏散预案。

3）义务消防队员的消防安全培训至少每半年一次。

4）各部门应当至少每月进行一次防火检查，检查的内容应当包括：

① 火灾隐患的整改情况以及防范措施的落实情况；

② 安全出口、疏散通道是否畅通，安全疏散指示标志、应急照明是否完好；

③ 消防车通道、消防水源情况；

④ 灭火器材及应急救援工器具的配置及有效情况；

⑤ 用火、用电有无违章情况；

⑥ 重点工种人员，以及其他员工消防知识的掌握情况；

⑦ 重点防火部位的管理情况；

⑧ 易燃易爆危险物品和场所防火防爆措施的落实情况以及其他重要物资的防火安全情况；

⑨ 防火巡查情况及记录；消防安全标志的设置情况和完好、有效情况；防火检查应当填写检查记录，被检查分中心（室）负责人应当在检查记录上签名；

⑩ 各分中心（室）按照有关规定定期对管辖范围内的灭火

器进行维护保养和维修检查。对灭火器应当建立档案资料，记明配置类型、数量、设置位置、检查维修单位（人员）、更换药剂的时间等有关情况。

5）各班组每日需进行防火巡查，巡查人员按要求填写《班组每日消防、保卫安全检查表》。

6）分中心每周需进行防火检查，填写《分中心安全生产、防火检查记录表》。

7）中心每月需至少进行一次防火检查，并对各分中心巡查、检查情况进行监督检查。

（2）中心消防设施（器材）管理

1）中心消防设施包括室内消火栓、疏散导向、防火门、电源路线护管及开关、灭火器、防烟面具、列车火灾报警系统以及辖属消防控制室等消防设施。

2）各中心、室负责消防责任区域内的消防设施（器材）日常管理工作。

3）日常管理办法

① 检查内容

a. 消火栓：对本分中心消防责任区内的消火栓箱进行日常巡视，若发现封条破损，则应开箱进行检查，如箱内有器材丢失或损坏，则报维修中心处理并做好报修记录，如确认完好，则重新贴上封条。封条有效期一个月，如发现封条过期时应及时通知维修中心处理，并做好报修记录。

b. 疏散导向：检查安全出口、疏散通道是否畅通，紧急疏散门疏散方向是否畅通，安全疏散指示标志、应急照明是否在位、完好。

c. 防火门：检查防火门是否能够关闭和开启，正常应为闭合状态，应在位、完整，门体、框无异常，闭门器无损坏，门锁完好，关闭严密。在日常使用中，各中心应正确使用防火门，严禁用脚踢门、用手推车撞门等行为；不得用物件顶住防火门门体，使门不能正常关闭；应保持门体的整洁，不得在门体上张贴公告、通知、警告等。

d. 灭火器：检查灭火器是否在有效期内、气压指示是否在正常值范围，灭火器插销、手把、压阀是否异常、灭火器箱封条是否完好、灭火器箱封条有效期一个月，封条到期后必须开封检查箱内设施，确认完好后重新贴上封条。若封条破坏或没有，则打开检查箱内设备是否在位、完整、有效，每季度进行一次清洁维护，如发现有失效时应及时更换，并做好更换记录。如发现有丢失或失效时应及时补充、更换，并做好补充、更换记录。

e. 防烟面具：检查防烟面具是否在位、完整、有效，是否在有效期内，每季度进行一次清洁维护，如发现有丢失或失效时应及时补充、更换，并做好补充、更换记录。

f. 灭火器箱：生锈、褪色（露天摆放或受到阳光照射）的灭火器箱由日常管理分中心负责进行刷漆维护（原则上每年一次），若"灭火器箱"标识被油漆覆盖的须重新贴上标识。

g. 电源路线护管及开关：检查安装牢固，配线整齐，线头不松动，无乱拉线，无违规用电。

h. 列车火灾报警系统：检查是否完好无缺；检查显示情况，判断系统是否在正常运行，是否有故障或报警信息。

② 检查记录

a. 各级消防设施检查必须填写相应的巡查、检查表。

b. 各分中心必须定期对消防设施日常检查记录进行检查，分中心每周抽检一次，中心每月抽检一次，每次检查必须做好记录。

c. 检查记录应妥善保管，留存备查。

d. 所有日常检查记录保存时间不得少于 36 个月，发现重大问题或整改的记录应该整理后永久保存。

4）消防设施（器材）维修保养

① 自动消防设施（列车火灾报警系统）维修检测应委托有资质的单位实施，每两年一次对自动消防设施进行全面的检查测试，并出具检测报告，存档备查。

② 各分中心管辖范围内的灭火器、防烟面具由各分中心负责日常维护保养，建立档案资料，记录配置类型、数量、设置位置、有效期、更换期等有关情况。

③ 过期、失效或使用过的灭火器，各分中心到物资管理中心进行更换，同时各分中心在年度预算编制中应考虑消防器材更新、维修的费用。

④ 生锈、褪色（露天摆放或受到阳光照射）的灭火器箱由日常管理中心自行负责责任区内灭火器箱刷漆维护，原则上每年一次，若"灭火器箱"标识被油漆覆盖的须重新贴上标识。

5）加强对易燃、易爆等危险物品和火源、电源的管理；备品、物料仓库严格执行"五不准"的规定（即：不准设火炉，不准乱拉乱搭电线，不准吸烟，不准点灯，不准性质相抵触的物品混存）；定期检查消防设备、器材，消防通道要保持畅通；各办公室（即每间房）都必须确定一人为防火责任人。

（3）消防安全隐患整改

1）对存在的消防安全隐患，应当及时予以消除。

2）对发现违反消防安全规定的行为，检查人员应当责成有关人员当场改正并督促落实，记录并存档备查。

3）对非本部门责任设备的消防安全隐患，由属地部门负责联系设备管理中心整改，必要时以工联单形式报上级部门协调整改。

（4）灭火、应急疏散预案和演练

1）生产技术室负责组织制订和完善中心消防应急预案。

2）各分中心根据自身特点，结合应急预案每年至少组织一次演练，并做好记录。

3）地铁范围内发生火灾时，按运营分公司、中心预案执行。

（5）消防安全事故调查处理制度

1）事故发生后，各相关岗位应按部门标准《车辆中心突发事件信息报告程序》的报告程序进行报告。

2）公安消防部门进行消防安全事故调查时，各分中心应注意保护现场，积极配合相关部门查清事故的原因和损失情况。

3）消防安全事故的定性、定责以公安消防部门的意见为准。

（6）消防设计、竣工验收备案（消防报建）

1）地铁车辆段及其配套工程范围的室内装修工程（包括：室内装修工程、地铁车辆段配套工程范围的改建工程）的消防设计和竣工验收应向公安消防部门备案。

2）消防设计、竣工验收备案（消防报建）工作由工程项目主办部门负责。

3）工程项目主办部门取得备案凭证后应送安全监管部门存档备案。

（7）消防档案管理

1）各分中心应当建立健全消防档案；消防档案应当包括消防安全基本情况和消防安全管理情况，并附有必要的图表，根据情况变化及时更新。

2）消防安全基本情况应当包括以下内容：

① 基本概况和消防安全重点部位情况。

② 建筑物或者场所施工、使用或者开业前的消防设计审核、消防验收以及消防安全检查的文件、资料。

③ 消防管理组织机构和各级消防安全责任人。

④ 消防安全制度。

⑤ 消防设施、灭火器材情况。

⑥ 志愿消防队人员及其消防装备配备情况。

⑦ 新增消防产品、防火材料的合格证明材料。

⑧ 灭火和应急疏散预案和演练记录。

⑨ 火灾隐患及其整改情况记录。

⑩ 防火检查、巡查记录。

⑪ 消防安全培训记录。

⑫ 消防奖惩情况记录。

（8）新线消防器材验交

1）消防器材是指灭火器、防烟面具等非系统性的消防设施。

2）新线车辆段消防器材的验交由安全技术部组织，综合技术室按属地管理的原则，组织各分中心派人参加。验交新线联合检修库、停车列检棚及中心所属办公、生产场所的消防器材。

3）消防器材配置的地点、数量、质量应符合设计要求。

4）各分中心在验交时发现灭火器配置地点、数量、质量不符合要求时，应即时向验交单位提出，在验交单位整改完成前应拒绝在设备移交清单上签字，同时还应通过部门中心，向中心上级管理部门报告。

5）新线车辆段消防器材的移交，由各属地管理分中心派出指定人员与分公司/中心相关部门人员按移交清单进行清点，清点完毕后中心/分中心需留底备案。

5. 危化品管理

（1）危险化学物品定义

化学危险物品：系指中华人民共和国国家标准《危险货物分类和品名编号》GB 6944—2012 范围内的爆炸品、压缩气体和液化气体、易燃液体、易燃固体、氧化物和有机过氧化物、毒性物质和感染性物质、放射性物质和腐蚀性物质等物品。车辆检修作业中的危化品管理需遵循化学危险品安全管理要求。

1）化学危险品的标示

① 贮存的化学危险品应有明显的标志，标志应符合国家《危险货物包装标志》GB 190—2009 有关的规定。容器标示内容：至少包括名称、主要成分、生产日期、有效期、危害警告信息、防范措施等。

② 采购化学危险品时应通知供应商按要求进行分类标示，建立化学危险品清单，明确化学危险品对应的名称、物资编码、安全资料等。

2）材料安全资料表

① 材料安全资料表内容应包括：化学危险物品与厂商资料、危险性概述、应急措施和防护措施、燃烧性、废弃处理要求等。采购单位应向供应商要求提供相关标准表格，并把标准表格随相

关物品发放到使用单位。

② 材料安全资料表应按实际需要及时进行修订。

3）化学危险品的计划

化学危险品的计划应遵循"适量、安全"的原则。"适量"就是分批采购，避免超量存放，减轻仓库安全压力；"安全"就是尽量选用安全的替代品，减少隐患。

4）化学危险品储存、出库管理

① 对不同材料的分区、分类摆放。甲、乙类物品和一般物品以及容易相互发生化学反应或者灭火方法不同的物品，必须分间、分库储存，并在醒目处标明储存物品的名称、化学性质和灭火方法，做好安全警示牌；人离后要切断库（房）内电源。

② 定期检查化学危险品仓库的温度、湿度是否满足化学危险品存放条件，必要时使用专用仪器定时检测，严格控制湿度和温度。

③ 定期检查化学危险品的状态，外包装是否牢固、密封，发现破损、残缺、变形和物品变质、分解等情况时，应当及时进行安全处理，严防跑、冒、滴、漏。防止储存压缩气体和液化气体的钢瓶生锈，若钢瓶上出现水珠，应及时擦干。

④ 经常检查油桶，发现渗漏应立即换桶，防止油品滴漏在库房地面或进入排水沟。

⑤ 化学危险品的出库遵循先进先出的原则执行，物资部门做好出库登记。

⑥ 化学危险品应严格履行发放手续，认真核实，严格控制，安全技术部应经常检查、抽查。

⑦ 化学危险品不能存放在车站、控制中心（大楼）等消防重点单位（部位）。

5）化学危险品使用和人身安全管理

① 配备专用的劳动防护用品和器具，专人保管，定期检修，保持完好。

② 严禁直接接触剧毒物品，严禁用易燃易爆液体擦洗设备、

工具和衣服，禁止在使用、产生剧毒物品的场所饮食。

③ 正确穿戴劳动防护用品，工作结束后必须更换工作服、清洗后方可离开作业场所。

④ 个人防护器具、通风设备应随时保持性能有效。

⑤ 剧毒物品场所，应备有一定数量的应急解毒药品。

⑥ 接触有毒和腐蚀性物品时，要做好防护措施，如戴安全帽、口罩、眼防护具、防护手套等。

⑦ 不要随便接触不清楚的化学物品，因其可能有毒或腐蚀性。

⑧ 如意外被化学危险物质溅着身体，应立即清除并用水清洗。

⑨ 化验分析操作人员应严格依据化验分析操作规程进行作业。

6）化学危险品装卸运输安全管理

① 操作人员禁止穿戴易产生静电的工作服、工作帽以及金属底的鞋进入库区。

② 所用工具必须是不易产生火星的工具，禁止使用铁器以及一切可能发生静电火花的电气工具；对易产生静电的装卸设备要采取消除静电的措施。

③ 使用过的油棉纱、油手套等沾油纤维物品以及可燃包装，应当存放于阻燃的容器箱中，并定时处理。

④ 轻拿、轻放，严防振动、撞击、重压、摩擦、拖拉和倾斜倒置。

⑤ 碰撞、互相接触容易引起的燃烧、爆炸或造成其他危险的化学危险物品，以及化学性质或防护、灭火方法互相抵触的化学危险物品，不得违反配装限制和混合装运。

⑥ 遇热遇潮容易引起燃烧、爆炸或产生有毒气体的化学危险物品，在装运时应采取隔热、防潮措施。

⑦ 进行灌油操作时，为消除静电造成的火灾事故，灌油管应插到油罐、油桶的底部，油品灌装速度必须限制在安全流速范

围内，轻柴油、汽油等的灌装速度应小于 4~5m/s。

⑧ 桶装油品容量一般应保留 5%~7% 的桶内空间，避免高温膨胀。

⑨ 装卸作业结束后，应对库区、库房进行检查，确认安全后，方可离开。

⑩ 温度较高时，装运易燃液体等危险物品，要有防晒设施。

⑪ 化学危险品的装卸、运输附近应配置灭火器材。

7）少量化学危险品运输

少量（甲类危险品每次不大于 20L）化学危险品的运输，应填写《公司少量运输危险品用车申请单》，经本单位安全主管部门同意，安排车辆专门运送，并做好运输车辆的灭火防护措施，全程派人跟车护送。

8）紧急处理

① 发生紧急情况，必须及时妥善处理，同时向上级部门报告。

② 发生爆炸、着火、大量泄漏等事故时，应首先切断危害源，第一时间通知相关岗位并向上级报告。按照相关程序要求处理紧急情况。

9）化学危险品的报废管理

① 库存仓库发现化学危险品外包装破损、残缺、变形和物品变质、分解等情况时，应妥善保管，及时报告上级部门；严防抛、冒、滴、漏，污染环境。

② 物资部负责对回收的化学危险品进行鉴定，并及时进行妥善处理。

10）化学危险品性质施工作业

① 因作业需要使用危险性质物料，根据《危险性质物料作业消耗定额标准》（该定额标准为检修修程的消耗标准，定额为建立前，以作业实际消耗量为准），通过作业令或作业许可单进行常规性申报，并明确作业所需的危险性质物料种类及数量（重量）；对外委托单位进行常规性申报时需向公司主配合部门备案。

危险性质物料超出作业消耗定额标准的，应填写《公司化学危险品性质施工物料临时申报单》进行临时性申报，经作业部门分中心经理审批同意后方能在公司范围使用，对外委托单位需经分公司主配合部门的分中心经理审批同意。

常规性申报有限期不超过一个月，临时性申报有限期不超过7天，需要延期施工的按化学危险品性质物料审批流程再次申报。

作业单位或对外委托单位作业的单位主配合部门严格做好物料的审批、监管工作。

② 物料运送

严禁携带甲类化学危险品（常见的如酒精、汽油、乙炔等）及存在挥发性、异味、包装易碎等可能引起乘客应激反应的危险性质物料进入地铁站乘车。

除上述 10）①规定物料禁止携带外，携带其他危险性物料原则上需搭乘地铁首、末班列车，并且携带数量（重量）不得超过作业消耗定额标准的两倍。

运送化学危险品性质施工物料过程中，应采取安全措施，不同化学性质物料应分开放置，避免发生化学反应。

③ 作业现场管理

现场人员在作业过程中，严格按照化学危险品使用说明操作，做好安全防护措施。当次作业剩余的危险性质物料需带离作业场所，不得存放在地铁内，并严禁随意丢弃剩余物料，严格执行"谁作业、谁负责"的原则。

作业人员作业完毕后，要确保"工清、场清"。对外委托单位作业时，分公司主配合作业部门人员严格履行监督管理职责，做好现场监督确认工作。

6. 外来人员管理

（1）外来人员分类

第一类：车辆及辅助设备供货商、售后服务外来人员。

第二类：外单位施工人员（如：各种对外委托修项目、外来试验、测试人员）。

第三类：非施工作业类外来人员：1）外来培训/实习人员；2）外来单位参观人员；3）除培训/实习、参观的外来人员。

（2）外来人员通用守则

1）任何人禁止在禁烟区吸烟。

2）未经允许，严禁擅自进入非授权允许进入的任何场所。

3）未经允许，严禁使用车辆中心所属的设备。

4）严禁擅自进入行车部位。

5）不得从车辆底下穿越。

6）不得从车辆直接跳跃至地面；不得跳跃越过地沟。

7）必须以安全的方式上下，须戴好安全帽才能穿越列车和地沟。

8）未经许可，不得带走有关公司资料。

9）未经许可，严禁照相、录像、录音等记录有关公司任何资料的行为，对于任何与单位有关的照片、技术资料或文字禁止进行网上发布。

10）严禁在办公楼过道上、楼梯口等堆放物品。

11）严禁不按规定存放易燃、易爆和有毒物品。

12）不得损坏、破坏地铁设备、设施、财产。

13）听从车辆专业指定工作人员指挥，否则，由此引起的一切后果由外来人员负责。

14）外单位接口分中心必须组织针对外单位业务范围、安全控制特点，对外来人员进行相关安全学习，外来人员必须严格遵守。

15）外单位人员进入车辆专业作业均需办理《临时出入证》，参照公司保卫综合治理管理办法办理。

16）根据运营设备、设施外单位施工进场管理相关规定，如需办理外单位施工作业手续，外单位人员自行到 DCC（地铁车辆控制中心）办理外单位施工作业手续（设备对外委托维修另有规定）。

17）外单位车辆不得进入车辆段，确因工作需要进入的，应经门卫或配合部门同意后由门卫办理换证（行驶证换取"外来车辆准行证"）和登记手续后方可进入；车辆驶离时，经门卫检查后换回行驶证。

18）外单位车辆在车辆段内不得乱停乱放，要停放在指定区域；进入库房区域必须经属地管理部门同意后，方可进入。

19）各种机动车辆通过门卫限速 5km/h，在车辆段内不得超过 20km/h。

（3）车辆及辅助设备供货商、售后服务外来人员作业管理规定

作业内容：指在车辆部门管辖范围内进行的车辆及辅助设备调试、安装、整改等售后服务的相关作业。

1）作业前的准备工作

① 主办分中心或受委托的配合分中心负责协助外单位人员到车辆部门办理《临时出入证》。

② 车辆供货商将作业项目及内容、计划以书面的形式提交车辆部门相关分中心，经分中心专业工程师审核后提报综合技术室生产管理岗，经同意后工作方可实施。

③ 确定项目开展计划后，由主办分中心或受委托的配合分中心负责安排对外来厂方人员进行安全培训。

④ 主办分中心或受委托的配合分中心，负责对外来厂方人员进行安全规章、现场施工作业流程和安全作业注意事项培训。培训后组织对外来厂方人员进行安全考试，试卷由车辆中心综合技术室制定，由主办分中心或受委托的配合分中心补充完成，具体形式不限。考试范围包括：车辆中心外来人员管理相关规定、电气安全、消防安全、接触网安全规定等。考试人员及成绩记录由主办分中心或受委托的配合分中心安全员存档，通过考试的人员名单报生产调度，考试结果需上报车辆中心综合技术室。

⑤ 外来厂方人员通过安全规章考试合格并签订安全确认书后，才允许开展工作。

⑥ 当外来厂方人员需要在多个车辆段开展作业时，每个车辆段均需进行安全培训及安全考试，合格后并签订安全确认书后，才允许继续开展工作。

⑦ 外来厂方人员每年需由主办分中心或受委托的配合分中心重新进行安全培训及安全考试，考试合格并重新签订安全确认书后，才允许继续开展工作。

2）作业实施的管理

① 外来厂方人员进行车辆的调试、改造等作业必须由主办分中心安排作业负责人全程负责跟进施工作业的进度和监控。

② 若作业项目需要其他分中心配合完成，主办分中心应办理作业项目委托，以施工作业委托书形式委托给配合分中心负责，同时应将施工作业的内容及要求交代清楚。

③ 配合分中心负责人同意主办分中心的委托申请后，安排作业负责人配合外来厂方人员进行作业。

④ 作业负责人主要负责协助外来厂方人员的作业请点、销点手续和对作业过程的安全监控，以及负责联系作业过程中外来厂方人员的需求等工作。

⑤ 外来厂方人员在施工作业前必须到DCC处报到，DCC根据外来厂方作业情况合理安排作业负责人配合请点。

⑥ 外来厂方人员请点时必须如实向生产调度汇报请点人员数及姓名、作业内容、作业时间，获得同意后，填写作业申请单，生产调度签发后，并根据请点人数发放车辆中心作业证一人一证，请点人员按要求填写车辆中心作业证使用登记表。生产调度需负责审核作业人员是否已通过本分中心安全规章考试合格并签订安全确认书，未通过本分中心安全规章考试合格并签订安全确认书的不予以作业，请点后在得到作业负责人的许可和陪同下方可进行作业。

⑦ 外来厂方人员应将作业的请点内容主动告知作业负责人。

⑧ 根据各单位的作业内容，在互不冲突且符合安全规定的情况下，生产调度原则上可批准多个单位在同一台设备同时作

业，但生产调度必须在请点时向请点人员、作业负责人员说明情况及交代注意事项。

⑨ 作业负责人在作业过程中发现外来厂方人员如存在违章行为时应立即制止；若拒不纠正违章行为时作业负责人应立即责令其停工，并上报生产调度，由调度按程序上报综合技术室生产管理岗。

⑩ 在作业过程中，外来厂方作业人员因人为原因造成恶劣影响的，车辆中心将通报其所属单位，责成其单位领导对违章人员进行处罚；必要时遣送回原单位，要求另派人员进行后续的工作。

⑪ 作业完成后，外来厂方人员必须清理现场，作业负责人要注意检查，确认清空且所有作业人员已离开作业场所后，方能在作业负责人陪同下办理销点手续。销点时需向生产调度归还车辆中心作业证，如有遗失应当以书面形式向调度详细说明情况。

⑫ 外来厂方人员在作业过程中必须佩戴车辆中心作业证，否则不准作业。

⑬ 外来厂方作业人员在作业过程中不得从事与请点作业内容无关的工作。

⑭ 外来厂方作业人员不得在车辆段范围内随意走动，不得擅自动用车辆段范围内的仪器设备。

⑮ 外来厂方作业人员因故离开作业现场时，应向作业负责人告知去向并得到批准才能离开。

⑯ 作业过程中如需更换作业负责人，必须经生产调度同意，作业负责人双方要交接清楚外来厂方作业内容、作业人数及注意事项等。

⑰ 外来厂方作业人员在作业过程如更换、减少或增加作业人员必须要向作业负责人汇报，并在作业负责人陪同下到 DCC 处报到，经生产调度审核批准并登记领取中心作业证后，方可作业。

⑱ 作业分中心调度应掌握外来厂方人员作业的进度，因供车紧张需结束作业时，应提前至少1h通知作业负责人（如能恢复的情况下），要求外来厂方人员在规定的时间内将车辆恢复，以保证供车。

⑲ 作业完成后，主办分中心的专业技术主办应对作业的效果进行跟踪，发现问题应及时通知外单位的项目负责人要求其继续进行整改。

⑳ 项目作业完成后，外来厂方作业人员必须将作业结果以书面提交主办分中心负责人和相关专业技术主办，主办分中心负责人应做好作业记录。

㉑ 涉及正线及外中心的施工作业由主办分中心或受委托的配合分中心按公司的《车厂运作手册》等相关文件规定执行。

㉒ 需要开行列车在正线、车厂进行动车调试、试验作业，其作业计划由主办分中心或主配合分中心进行申报，并主办该项作业。

㉓ 车辆及辅助设备供货商、售后服务外来人员在车厂内的日常管理由售后服务负责人负责管理。

（4）外单位施工人员作业管理规定

1）作业前准备工作

① 责任部门配合公司审核办理到本中心作业的外单位人员的《临时出入证》，呈部门领导签名，写明"同意办证"意见，部门领导签名，加盖部门公章。

② 外单位人员到DCC办理外单位施工作业相关手续（设备对外委托维修另有规定）。

a. 外单位施工作业相关手续办理参照运营设备设施外单位施工进场管理相关规定执行。

b. 外单位取得外单位施工作业相关手续后，才可提报、安排施工作业计划。

③ 办理《施工进场作业令》。

a. 作业令申报要求

外单位施工负责人到主办或主配合分中心提交：外单位施工作业相关手续、施工负责人证、施工安全协议、施工技术方案、具体施工作业计划，由主办或主配合分中心提报施工计划。

b. 提报施工计划注意事项

涉及公司内实施对外委托维修及施工，外单位将相关施工计划提交主办部门，主办部门必须审核施工安全措施、影响情况、提供配合情况，并负责申报施工作业计划。

涉及配合轨道交通集团其他部门、院、子公司的施工及其对外委托项目施工，外单位将相关施工计划提交主配合部门，主配合部门必须审核施工安全措施、影响情况、本部门提供配合情况，并负责申报施工作业计划（如环境公司等不对有限公司所管辖设备及需接管设备进行的施工作业时，主配合部门必须审核施工安全措施、影响情况、提供配合情况，由外单位向生产调控部申报施工作业计划）。

c. 作业令发放

施工计划批准后，外单位《施工进场作业令》由综合技术室签发，外单位领取并凭原件请点作业。如属行车设备维修施工管理相关规定的作业，外单位可凭外单位施工作业相关手续直接到规定的地点、区域值班人员处申请进行施工，获批准并登记后进行作业，不再需《施工进场作业令》。

2）施工作业实施管理

① 外单位施工由主办分中心或主配合分中心负责安全管理、安全监督。作业前需对外单位施工人员进行安全规章、现场施工作业流程和安全作业注意事项培训理论培训。培训后组织施工人员进行安全考试。试卷由主办分中心或受委托的配合分中心制定，具体形式不限。考试范围包括：车辆中心外来人员管理相关规定、地铁运营设备设施外单位施工进场管理相关规定、电气安全、消防安全规定等。考试人员及成绩记录由主办分中心或受委托的配合分中心生产调度存档，考试结果需上报车辆中心综合技术室。

② 外单位施工人员通过安全规章考试合格并签订安全确认书后，才允许开展工作。

③ 由主办分中心或主配合分中心申报的外单位作业，由外单位人员担任施工负责人，主办分中心或主配合分中心协助办理请销点。

④ 外单位作业时，由指定的施工主办分中心或主配合分中心人员协助办理请点后，方可开始作业。

⑤ 外单位进行施工作业，严格控制作业区范围及作业时间符合请点内容要求，不得擅自调整变更。

⑥ 施工作业过程中如要进行动火作业，必须按照消防安全管理办法办理动火令，严禁在无动火令的情况下进行动火作业。

⑦ 外来厂方人员在作业前、后要做好工器具及材料的清点核对工作，并将核对情况报施工配合负责人审核，切实做好"工完场清"的要求。

⑧ 施工结束后，施工负责人负责出清、人员撤离现场，施工负责人经检查确认撤除防护后，办理注销施工登记手续。

⑨ 施工作业时除严格执行以上规定及中心、分公司相关安全防护规定外，并按施工部门的有关施工操作程序的防护规定执行。

a. 检查监督所配合作业的外单位人员的保卫综治问题（防盗、防火等）。

b. 外单位的施工作业管理由施工部门负责。

⑩ 配合外单位作业时配合人员的职责。

a. 协助外单位办理施工请、销点工作，检查外单位人员施工防护、劳动保护情况；

b. 负责清点进出作业区域的施工作业人员；

c. 负责监督外单位的施工作业安全；

d. 负责检查外单位人员、物品（工器具、材料、施工垃圾等）出清线路，并向请点站（厂）反馈；检查、确认施工所动用的运营设备恢复到正常使用状态且已加固不会侵入行车限界，并向请点站（厂）反馈。

7. 三级安全教育管理

（1）员工三级安全教育

员工三级安全教育：即公司的分公司级、部门/中心级、分中心（车间室）/班组级的安全教育。员工必须接受三级安全教育培训，具备必要的安全生产知识。新员工（调入）报到必须通过中心二级安全教育培训和考试（闭卷考试并考试成绩 90 分为合格，不到 100 分的将错误的答案全部改成正确答案并签上自己名字和日期，低于 90 分者，允许一次补考，补考后仍不合格者，按人力资源部相关规定及程序处理），即：中心、分中心（室）级、岗位/班组级；通过考试合格后分中心（室）才能分配下班组跟岗学习。对转岗员工，外部门调入的员工须完成本中心及分中心以下三级安全教育。外分中心（室）调入的员工或需跨车辆段进行作业的员工，须要由调入分中心（室）或属地分中心（室）完成分中心及以下三级安全教育及考试，分中心（室）内不同性质间的员工调动须完成岗位/班组级安全教育，并进行考试，考核合格后才能上岗，所有的安全教育记录必须永久保存。中心安全主办负责监督、落实安全教育工作，提高员工安全意识和技术素质。

（2）分中心级培训要求

分中心级培训要求介绍本分中心（室）的概况，包括分中心（室）生产、工艺流程及其特点，分中心（室）架构，安全生产组织状况及活动情况；分中心（室）危险区域、有毒有害工种情况，分中心（室）劳动保护方面的规章制度和对劳动保护用品的穿戴要求和注意事项；分中心（室）事故多发部位、原因、有什么特殊规定和安全要求；介绍分中心（室）常见事故和对典型事故案例的剖析及文明生产方面的具体做法和要求；根据分中心（室）的特点介绍安全技术基础知识；介绍分中心（室）防火知识；学习安全生产文件和安全操作规程制度。

（3）班组级培训要求

班组级培训要求介绍本班组的生产特点、作业环境、危险区域、设备状况、消防设施、逃生通道等；本工种的安全操作规程和岗位责任；如何正确使用劳动保护用品和安全生产的要求；进行安全规范操作示范。

（4）安全培训实施

1）车辆检修人员每年应至少参加一次检修人员的安全规章考试，考试不合格者（75 分以下），允许一次补考，补考后仍不合格者，按人力资源部相关规定及程序处理。中心不定期对员工进行安全规章、安全学习效果进行抽问，成绩纳入安全奖考核范围。

2）各分中心（室）每年按时组织所有岗位员工参加安全复训，复训内容要求包括本分中心（室）发生的安全事件，要求对安全复训组织考试，并保存好签到表、考试卷；培训完毕后填写安全相关复训卡，上交中心安全员。对违反公司、中心和分中心（室）规章制度、设备操作规程、检修规程的员工，各分中心（室）要对其进行安全教育学习。对于严重违章的员工，要脱产重新学习安全规章，考试合格才能上岗，允许一次补考，补考后仍不合格者，按人力资源部相关规定及程序处理。

3）隔离开关、静调电源柜的操作必须持有相关中心签发的上岗证或培训合格证，才能上岗操作，并按规定参加有关学习和培训。员工在不同线路间调动，隔离开关、静调电源柜的操作需重新进行培训和考试，考试合格后才能操作。特种设备作业人员安全培训，要求中心每年对特种设备作业人员进行至少 2 次安全操作培训，要求有考试、有记录。

4）复工（指由于各种原因脱离原岗位较长时间，又重新上岗操作）、调工即调换工种必须进行相关安全培训和训练。其中脱离原岗位一年以上重新上岗时，须重新接受中心/（分中心、室）、岗位/班组安全教育，如脱离原岗位半年以上重新上岗时，须重新接受岗位/班组安全教育。

5）中心每月下发各类安全信息、案例等安全资料给各分中心学习，班组员工进行安全学习每月不少于两次，重点学习内容或中心内发生案例务必及时完成学习，学习要求有学习记录、心得体会，不得仅有摘抄形式。

6）各类受培训人员如早退、旷课或未通过培训考试，将按照相应的奖惩条例对其进行考核。

7）班前工班长要传达安全信息，讲述安全重点，班后要进行安全总结。在工班长日志上必须有相关记录。

8）车辆中心所有员工必须遵守公司的接触网区域相关安全管理规定，接受接触网的安全教育。

9）外来人员必须严格遵守车厂运作手册及外来人员管理规定，做好相关安全培训并签署安全确认书后才允许作业，调度及监控人员负责检查外来人员的培训情况，培训记录名单调度处需留存备查并及时更新。

10）外来人员安全培训资料除中心规定下发的基础教材外，分中心（室）需要针对作业场所及作业类型的危险源进行安全培训。

11）外来人员的安全培训及考试成绩只在本车辆段有效，跨车辆段作业时必须按属地管理原则重新进行安全培训及考试，并重新签署安全告知书。

12）外来人员考试后试卷由分中心存档，保存时间为两年。每月第五个工作日前，分中心（室）必须把上一个月的外来人员安全培训日志及考试成绩以电子版的形式发到中心综合技术室进行备案。

13）"五新"（即新材料、新设备、新工艺、新技术、新产品）作业，凡新技术、新工艺、新设备投入使用前或进行科研、技术革新改造、技改措施、技术整改、新项目及每一新的检修修程、维修作业标准实施执行前，要求分中心（室）必须有针对性地对安全技术注意事项和要求进行培训。

8. 危险源辨识与控制

（1）危险源的识别

城市轨道交通运营危险源的识别涉及员工的健康与安全、行车安全、设备安全、消防安全、交通安全、乘客及相关方安全、财产损失和列车延误等范畴。

1）危险源识别范围

危险源识别范围包括城市轨道交通覆盖范围内工作区域及其他相关范围内的生产运营活动、人员、设施等。根据城市轨道交通管理及其他活动情况，可分为以下类别：

① 按地点划分：轨道交通沿线各车站、车辆段、OCC（运营控制中心）大楼、办公楼等。

② 按活动划分：常规活动、非常规活动、潜在的紧急情况。

2）确定危险源事故类型

在进行危险源识别前必须把危险源事故类型确定下来，以防止危险源识别不清晰、不全面。通过借鉴国标《企业职工伤亡事故分类》GB 6441—1986 及分析城市轨道交通运营过程可能产生的行车事故/事件、列车延误及财产损失等事故类别，确定了危险源事故类别表，如表 1.4-1。

表中"可能引发行车事故/事故的设备缺陷事件和行为事件"及"行车事件/事故"这两类事故类型是一种从属关系。即"可能引发行车事故/事故的设备缺陷事件和行为事件"事故类型的风险属于"行车事件/事故"事故类型风险的危险源。涉及这种从属关系的事故类型可把运营过程中可能发生的重要风险所涉及的危险源划归到相关部门进行控制。

3）划分危险源识别对象

在各部门列出识别范围内的活动或流程所涉及的所有方面之后，选用合适的设备分析法、工艺流程分析法或其他划分方法，根据事故类型划分危险事件，并根据以下过程划分危险源识别对象：

① 对车辆设备大修的活动，可按照其工艺流程分析法划分识别对象。

② 对设备维护及保养的活动，可按照设备分析法依据划分的设备作为危险源识别对象，并结合活动实施过程划分。

③ 使用设备时可根据具体操作过程。

④ 根据采购、存放、检测设备的过程。

⑤ 根据行车组织、客运组织过程。

危险源事故类型 表 1.4-1

类别编号	事故类别名称	备注	类别编号	事故类别名称	备注
1	物体打击		15	噪声聋	
2	车辆伤害（马路车辆）		16	尘肺	职业病
3	机械伤害		17	视力受损	
4	起重伤害		18	其他职业病	
5	触电		19	健康受损	健康危害
6	淹溺		20	财产损失（2000 元及以上）	无伤害事件/事故
7	灼烫	伤害事故	21	列车延误	无伤害的列车延误事件
8	火灾		22	行车事件/事故	含人员伤亡的行车事件/事故
9	高处坠落		23	可能引发行车事件/事故的设备缺陷事件和行为事件	这里是引发行车事件/事故的危险源
10	坍塌		24	其他事件/事故	无伤害事件/事故
11	容器爆炸				
12	其他爆炸				
13	中毒和窒息				
14	其他伤害				

（2）危险源的控制

1）风险评价

对已识别出的危险源，通常采用风险评价的方法进行分类评价。风险评价的方法一般有以下几种：

① 专家讨论与比较。由专业人员对控制水平进行判断，并

分析确定，一般需要考虑专业性及倾向性。

② 权重与打分法（作业条件危险性评价法）。选择几个评价因子，用公式计算得到。

③ 是非判断法。给出明确的标准，直接判断。

④ 民意测试法。对广泛调查表的结果进行统计分析。

⑤ 事故树或事件树分析法。

2）划分风险等级

根据风险评价的结果，可将风险划分为五级：第一级：极其危险；第二级：高度危险；第三极：中度危险；第四级：一般危险；第五级：可容忍危险。

3）风险控制措施

① 对第一级和第二级的风险，一定要制定职业健康安全目标和职业健康安全管理方案。

② 对第三级风险，视情况制定职业健康安全目标和职业健康安全管理方案。

③ 对第一、二、三、四级的风险，要制定运行控制程序，按程序进行管理。

④ 对第五级的风险可维持现有的风险控制措施。

⑤ 其他认为需要控制的风险则根据实际情况的需要制定管理方案。

⑥ 对于潜在的紧急风险情况，应制定应急准备和响应控制程序，按程序进行管理。

城市轨道交通运营系统的复杂性带来运营风险的多变性。因此，运营风险管理必须要常抓不懈，不断进行自我纠正，为广大职工和乘客提供良好的安全运营大环境。

9. 安全色与安全标志管理

（1）安全色

1）安全色的定义

安全色是被赋予安全意义而具有特殊属性的颜色，用于表示禁止、警告、指令、指示等。其作用是使人们能够迅速注意到影响安全、健康的对象或场所，提示人们注意，以防发生事故。

2）安全色的种类和用途

安全和有红色、蓝色、黄色、绿色4种。其含义和用途见表1.4-2。

安全色的含义和用途　　　　　　　　表 1.4-2

颜色	含义	用 途 举 例
红色	禁止 停止 消防	禁止标志：如轨道交通列车受电弓处涂红色，表示高压危险，禁止触摸； 停止信号：机器、车辆上的紧急停止按钮或手柄，以及禁止人们触碰的部位； 表示防火、灭火器
蓝色	指令必须遵守的规定	指令标志：如必须佩戴个人防护用具，道路上指引车辆和行人行驶方向的指令
黄色	警告 注意	警告标志： 警示标志：如安全帽，行车道中线，城市轨道交通站台安全线
绿色	提示安全状态；通过允许工作	提示标志； 车间内的安全通道； 车辆和行人通过标志； 消防设备和其他安全防护设备的位置； "在此工作"标志牌

（2）安全标志

1）安全标志的定义

安全标志由安全色、几何图形、图形符号或文字所构成，用以表达特定的安全信息。

辅助标志时安全标志的文字说明或补充。辅助标志必须与安全标志同时使用在一个矩形载体上，称为组合标志。在同一个矩形载体上含有两个或两个以上安全标志并且有相应辅助标志的标志，称为多重标志。

2）安全标志的作用

安全标志的作用是引起人们对不安全因素的注意，以达到预防事故发生的目的。但不能代替安全操作规程和安全防护措施。

3）安全标志的类型

安全标志分为禁止标志、警告标志、指令标志和提示标志四类，这四类标志用四个不同的几何图形来表示。

① 禁止标志。禁止标志是禁止人们不安全行为的图形标志。禁止标志的几何图形是带斜杠的圆环，图形符号为黑色，几何图形为红色，背景色为白色。其图形和含义如图 1.4-1 所示。

图 1.4-1　禁止标志

② 警告标志。警告标志是提醒人们注意周围环境，避免可能发生的危险的图形标志。警告标志的几何图形是正三角形边框，图形符号、几何图形为黑色，背景色、衬边为黄色，其图形和含义如图 1.4-2 所示。

图 1.4-2　警告标志

③ 指令标志。指令标志是告诉人们必须遵守"指令标志"规定的图形标志。指令标志的几何图形是圆形边框，图形符号、衬边为白色，背景为蓝色，其图形和含义如图 1.4-3 所示。

④ 提示标志。提示标志是向人们提示某种信息（如标明安全设施和场所等）的图形标志。提示标志的几何图形是矩形，图形符号、衬边是白色，背景色是绿色。其图形和含义如图 1.4-4 所示。

图 1.4-3　指令标志

图 1.4-4　提示标志

（3）城市轨道交通常用标志

城市轨道交通常用标志有公里标、百里标、站名标、坡度标、制动标、圆曲线和缓和曲线始点及终点标、曲线标、竖曲线始点及终点标、水准基点标、警冲标、连锁分界标、预告标、司机鸣笛标、减速地点标、限速标、停车位置标、接触网终点标、降下受电弓标、升起受电弓标等。

隧道内百米标、限速标、停车位置标应设在行车位置的右侧；警冲标应设在两回合线间，其位置应根据设备限界及安全量确定，隧道外的标志可按国家现行规定设置。

1.5　运营安全文化建设

1. 安全文化的概念

相对于广义文化，我国有人将安全文化定义为"人类在生产生活的实践过程中，为保障身心健康安全而创造的一切安全物质财富和安全精神财富的总和"。这一定义所描述的安全文化为广义安全文化。

安全文化的首创者国际核安全咨询组（INSAG）则对安全文化给出了相对狭义的定义："安全文化是存在于单位和人中的种种素质和态度的总和。"英国健康安全委员会核设施安全咨询委员会对 INSAG 的定义进行了修正，认为："一个单位的安全文化是个人与集体的价值观、态度、能力和行为方式的综合产物，他决定与健康安全管理上的承诺、工作作风和精通程度。"这两种定义基本上把安全文化限定在人的精神和素质修养等方面，成为狭义的安全文化。

2. 安全文化的特点

（1）安全文化是硬、软两种文化的结合。安全物质条件是安全文化的硬件，安全精神因素是安全文化的软件。安全文化的发展过程就是硬、软两种文化的相互影响、相互制约而融会贯通的过程。

（2）安全文化是强制性以非强制性的结合。管理制度、行为准则是强制性的要求，必须遵守；而人们的意识、情感和主观能动性又可以通过精神力量去暗示、启发和领悟，进而成为人们的自觉或自发行为。

（3）安全文化是普遍性和特殊性的结合。安全文化追求的安全价值观念体现了普遍的安全文化特征，而每个领域、每个时期、每个行业的个性特点，使得安全文化又呈现出多姿多彩的独特特征。安全文化共性与个性的结合构成了整个社会和谐统一的安全文化机制。

3. 安全文化的功能和作用

（1）安全文化的功能

1）凝聚功能。安全文化是大家的共识，体现着一种强烈的整体意识。具体表现为：全体成员在安全的观念、目标和行为准则等方面保持一致，有利于形成强烈的心理认同力量，表现出强大的凝聚力和向心力。

2）导向功能。安全文化具有巨大的感召力，通过教育培训和安全氛围的烘托，通过潜移默化的作用，使员工的注意力逐步转向企业所提倡的、崇尚的方向，接受共同的价值观，从而将个人的目标引导到企业的目标上来。

3）激励功能。企业安全文化能通过发挥人的积极性、主动性、创造性，使员工从内心产生一种高昂、奋发进取的情绪，作为自然人，每个人都有力量，有基本的思维能力；作为社会人，每个人又都有精神需要，蕴含着巨大的精神力量。在为获得激励时人发挥的只是物质力量，获得激励后，人的精神力量就得到开发激励越大，所开发的精神力量就越大。

4）约束功能。企业安全文化对企业每个员工的思想和行为具有约束和规范作用，这种作用与传统的管理理念所强调的约束不同，它虽有已成文的硬制度约束，但更强调不成文的软约束。他通过文化的作用使信念在员工的心理深层形成一种定势，构造出一种响应机制，只有诱导信号发生，即可得到积极响应，并迅速转化为预期行为。这种约束机制能够有效缓解员工自治心理与被管理现实形成的冲突，削弱由其引发的心理抵抗力，从而产生更强大、深刻、持久的约束效果。

5）协调功能。安全文化的形成，使人们对安全有了共识，有共同的价值观、态度和信念，不仅便于相互的沟通，也便于团结协作。而且，安全文化也能成为协调矛盾的尺度和准则。

（2）安全文化的目的及作用

倡导安全文化的目的是在现有的技术和管理条件下，使人类生活、工作得更加安全和健康。而安全和健康的实现离不开人们对安全健康的珍惜与重视，并使自己的一举一动符合安全健康的行为规范要求。在安全生产的实践中，人们发现，对于预防事故的发生，仅有安全技术手段和安全管理手段是不够的。不安全行为是事故发生的重要原因，大量不安全行为的结果必然是发生事故。安全文化手段的运用，正是为了弥补安全管理手段不能彻底改变人的不安全行为的先天不足。

安全文化的作用是通过对人的观念、道德、伦理、态度、情感等深层次的人文因素的强化，利用领导、教育、宣传、奖惩、创建群体氛围等手段，不断提高人的安全素质，改进其安全意识和行为，从而使人们从被动服从安全管理制度，转变成自觉地按安全要求采取行动，即从"要我遵章守法"转变成"我要遵章守法"。

4. 城市轨道交通企业的安全文化建设

安全文化时普遍性和特殊性的结合。安全文化共性与个性的结合构成了整个社会和谐统一的安全文化机制。城市轨道交通企业的安全文化建设有以下几个特点：

（1）安全文化应作为城市轨道交通企业的核心文化来建设。城市轨道交通企业的安全文化建设有一般企业安全文化建设的共性，同时也有作为运输行业安全文化建设的特性。城市轨道交通系统根本任务就是把旅客安全及时地运送到目的地。城市轨道交通系统运营的作用、性质和特点，决定了轨道运输必须把安全生产摆在各项工作的首要位置，因此，城市轨道交通企业安全文化建设是企业文化建设的首要工作。

（2）城市轨道交通企业安全文化建设应树立大安全的观念。城市轨道交通运营系统是由轨道交通设施设备、行车组织、员工、乘客和周边环境等众多因素组成的一个庞大联动机，运营过程中的各个环节和因素均会对运营安全产生影响，因此，城市轨道交通企业应树立大安全的观念。

（3）城市轨道交通企业安全文化建设应树立"以人为本"的观念。以人为本是科学发展观的本质和核心。城市轨道交通作为大众化交通工具，其服务的主体和对象主要是人，确保人的生命安全，是城市轨道交通企业最基本、最重要的要求。以人为本、尊重人的生命、促进企业的发展为内涵的安全文化在运营安全管理中发挥着重要的作用。实践证明，城市轨道交通运营安全不但要有可靠的安全生产设备，而且必须由高水平的管理和高素质的职工。高的安全素质必须靠企业的安全文化来进行培育。

（4）城市轨道交通企业安全文化建设应树立"全员、全社会安全管理"的观念。城市轨道交通运营安全直接关系到乘客的人身安全和财产安全，与广大人民群众的切身利益息息相关。要实现城市轨道交通运营安全有序，在加强员工安全教育的基础上，必须对广大乘客进行宣传教育，要加大向乘客宣传并督促其遵守轨道交通安全制度，提高全民的安全防范意识。

2　运营安全规章制度

2.1　运营安全管理规章制度

2.1.1　制定安全管理规章制度的意义

运营安全管理规章制度对轨道交通公司运营分公司（以下简称运营分公司）管辖范围内安全管理处理原则、预防管理、信息报告、现场处理、运营组织、应急响应、人员支援、乘客疏散、后勤保障、事件调查、事后恢复、奖惩等应急管理工作做了规定。制定本标准的意义在于预防和减少安全事件的发生，控制、减轻和消除安全事件可能引起的严重危害，规范运营分公司安全事件应对活动，保护乘客、设备设施安全、新线建设、员工生命财产安全，维护地铁运作安全。

2.1.2　运营安全管理规章制度分类

从标准分类来划分，运营安全管理规章制度主要分为管理标准和工作标准。

1. 管理标准

管理标准的规章制度，从模块划分主要有：安全管理、应急管理、保卫综治管理、新线建设与筹备管理。

（1）安全管理主要的规章制度：

1）《运营分公司安全生产管理制度（试行）》；

2）《运营分公司作业通用安全实施守则（试行）》；

3）《运营分公司员工三级安全教育管理规定（试行）》；

4）《运营分公司员工伤亡事故处理规定（试行）》；

5）《运营分公司化学危险品安全管理实施细则（试行）》；

6)《运营分公司生产安全事故（事件）调查处理规定（试行）》；

7)《运营分公司电客车驾驶室登乘管理实施细则（试行）》；

8)《运营分公司设备安装、硬软件更换及调试、试验安全管理实施细则（试行）》；

9)《运营分公司安全标志管理细则（试行）》；

10)《运营分公司安全档案管理办法（试行）》；

11)《运营分公司安全生产隐患排查治理工作管理规定（试行）》；

12)《运营分公司工班安全管理实施细则（试行）》；

13)《运营分公司安全生产管理人员管理实施细则（试行）》；

14)《运营分公司安全管理考核细则（试行）》；

15)《运营分公司安全管理委员会章程（试行）》；

16)《运营分公司有限空间作业安全管理实施细则（试行）》；

17)《运营分公司安全信息报送管理规定（试行）》；

18)《运营分公司建设施工安全管理实施细则（试行）》；

19)《运营分公司安全紧急项目管理规定（试行）》；

20)《运营分公司特殊气象条件作业安全管理实施细则（试行）》；

21)《运营分公司安全生产约谈管理实施细则（试行）》；

22)《运营分公司地铁设施保护管理规定（试行）》；

23)《运营分公司防暑降温措施管理实施细则（试行）》；

24)《运营分公司临时用电安全管理办法（试行）》；

25)《运营分公司外单位轨道车辆管理实施细则（试行）》；

26)《运营分公司职业病危害防治监督管理办法（试行）》；

27)《运营分公司安全生产风险评价管理规定（试行）》；

28)《运营分公司客运伤亡事故（事件）处理规定（试行）》；

29)《运营分公司安全监管与考核管理办法（试行）》；

30)《运营分公司员工劳动防护用品管理办法（试行）》；

31)《运营分公司安全生产检查制度（试行）》；

32)《运营分公司安全生产责任制（试行）》；

33)《运营分公司特种设备及特种作业安全管理实施细则（试行）》；

34)《运营分公司消防安全管理办法（试行）》；

35)《运营分公司办公区域用电安全管理规定（试行）》；

36)《运营分公司消防安全责任区划分和管理规定（试行）》。

（2）应急管理主要的规章制度

1)《运营分公司应急管理规定（试行）》；

2)《运营分公司应急演练管理实施细则（试行）》；

3)《运营分公司应急信息管理办法（试行）》；

4)《运营分公司应急管理考评细则（试行）》；

5)《运营分公司应急信息发布实施细则（试行）》；

6)《运营分公司总值班管理办法（试行）》。

（3）保卫综治管理主要的规章制度

1)《运营分公司保安人员管理办法（试行）》；

2)《运营分公司安检管理办法（试行）》；

3)《运营分公司保卫综治管理办法（试行）》；

4)《运营分公司门禁权限管理规定（试行）》；

5)《运营分公司车辆进出车辆段、OCC大楼管理办法（试行）》。

（4）新线建设与筹备管理主要的规章制度

1)《运营分公司接管新线建设阶段施工管理规定（试行）》；

2)《运营分公司新线介入管理办法（试行）》。

2. 工作标准

管理标准的规章制度，从模块划分主要有应急管理，具体规章制度如下：

（1）《运营分公司突发公共卫生事件专项应急预案（试行）》；

（2）《运营分公司消防专项应急预案（试行）》；

（3）《运营分公司处置踩踏事件应急预案（试行）》；

（4）《运营分公司处置恐吓事件应急预案（试行）》；

（5）《运营分公司综治保卫专项应急预案（试行）》；

（6）《轨道交通1号线给水排水系统应急抢修预案（试行）》；

（7）《轨道交通1号线断轨应急预案（试行）》；

（8）《轨道交通1号线隧道击穿应急预案（试行）》；

（9）《轨道交通1号线道床变形应急预案（试行）》；

（10）《轨道交通1号线轨道胀轨专项应急预案（试行）》；

（11）《轨道交通1号线结构漏水应急预案（试行）》；

（12）《轨道交通1号线结构砌体裂损应急预案（试行）》；

（13）《轨道交通1号线列车挤岔工务应急预案（试行）》；

（14）《轨道交通1号线接触网应急抢修预案（试行）》；

（15）《轨道交通1号线PSCADA系统应急抢修预案（试行）》；

（16）《运营分公司应急公交接驳预案（试行）》；

（17）《运营分公司车辆段火灾应急预案（试行）》；

（18）《运营分公司职业危害事件应急处理总体预案（试行）》；

（19）《运营分公司大面积停电事件应急预案（试行）》；

（20）《运营分公司处置恐怖袭击专项应急预案（试行）》；

（21）《运营分公司外部环境应急预案（试行）》；

（22）《运营分公司车站水灾（水淹）应急处理程序（试行）》；

（23）《运营分公司线路积水（区间水淹）应急处理程序（试行）》；

（24）《轨道交通1号线综合监控系统设备应急预案（试行）》；

（25）《轨道交通1号线FAS系统与气体灭火系统应急预案（试行）》；

（26）《轨道交通1号线低压配电及照明系统应急抢修预案（试行）》；

（27）《客运中心应急处理程序（试行）》；

（28）《乘务安全应急处置手册（试行）》；

（29）《轨道交通 1 号线通信专业重大故障抢修预案（试行）》；

（30）《轨道交通 1 号线车站自动售检票系统重大故障抢修预案（试行）》；

（31）《运营分公司控制中心应急处理程序（试行）》；

（32）《运营分公司突发事件总体应急预案（试行）》；

（33）《运营分公司特殊气象及自然灾害专项应急预案（试行）》；

（34）《轨道交通 1 号线变电设备应急抢修预案（试行）》；

（35）《轨道交通 1 号线信号专业重大故障抢修预案（试行）》；

（36）《自动售检票系统中央计算机故障应急预案（试行）》。

2.2 安全管理规章实例

2.2.1 维修乘务安全管理规定

1. 适用范围

本标准适用于车辆中心安全管理工作。规定了车辆中心安全管理网络、职责、会议、检查、教育、消防、考核制度及员工安全守则、检修作业安全规定、专项操作安全注意事项。

2. 引用标准

下列标准所包含的条文，通过在本标准中引用而构成为本标准的条文。本标准出版时，所示版本均为有效。所有标准都会被修订，使用本标准的各方应探讨使用下列标准最新版本的可能性。

（1）《中华人民共和国消防法》；

（2）《机关、团体、企业、事业单位消防安全管理规定》（中华人民共和国公安部令第 61 号）；

（3）《消防条例》；

（4）《运营分公司工班安全管理实施细则（试行）》；

（5）《运营分公司作业通用安全实施守则（试行）》；

（6）《运营分公司安全监管与考核管理办法（试行）》；

（7）《运营分公司安全生产管理制度（试行）》；

（8）《运营分公司消防安全管理办法（试行）》；

（9）《运营分公司安全生产检查制度（试行）》；

（10）《运营分公司电客车司机手册（试行）》。

3. 车辆中心安全网络组织机构

为加强车辆中心安全生产工作的组织领导，强化管理，确保中心安全生产，车辆中心在运营分公司安全管理委员会的领导下成立安全生产领导小组，构成车辆中心的安全管理网络，车辆中心安全生产领导小组组长由车辆中心主任担任，副组长由车辆中心副主任担任，组员由综合技术室经理、各分中心（室）经理、中心安全技术主办（安全员）组成，管理机构设在综合技术室。各分中心（室）安全生产工作小组组长由分中心经理担任，副组长由分中心副经理担任，分中心安全员、班组安全员任组员，管理机构设在各分中心综合技术组。

4. 安全管理职责及工作要求

（1）车辆中心安全生产领导小组安全职责

1）车辆中心安全生产领导小组安全职责，中心各岗位安全职责参见《运营分公司安全生产管理制度》负责贯彻上级颁发的有关安全生产的政策、法规、指示、要求；负责组织分公司各项安全规章制度在本中心的实施。

2）车辆中心安全生产实行中心、分中心（室）、班组逐级负责制，认真贯彻执行国家、省市及公司有关安全生产的法规和规章制度；对保证企业员工在生产过程中的安全负全面责任。

3）定期召开安全例会，总结所辖分中心（室）安全工作情况，针对当前存在的问题，分析并制定解决办法及防范措施。

4）组织安全生产检查，对查出的事故隐患要及时采取消除或控制措施，以避免事故发生。必要时下发安全整改通知书，对拒不执行的分中心（室）或个人追究其责任。

5）总结推广安全生产先进经验，对安全工作有突出贡献者给予表扬和奖励。对事故责任者秉着"四不放过"的原则（即事故原因没有查清不放过，事故责任者没有严肃处理不放过，防范措施没有落实不放过，广大员工没有受到教育不放过），严肃认真处理。

组织研究制订车辆中心安全生产管理规章制度、各项安全技术措施和操作规程、应急预案、安全奖惩与责任制考核。

6）负责研究决策、解决车辆中心安全生产的具体问题，对部门安全工作进行安排、组织，综合协调部内各分中心（室）安全生产工作。

7）定期组织对车辆中心安全生产工作进行检查、分析、评价，并采取针对性、操作性强的措施，对问题和隐患进行整改；对涉及车辆中心外部接口、相关结合部的安全问题进行协调或及时向分公司汇报。

8）负责组织和参与对车辆中心各类安全事故（事件）进行分析，找出事故原因和责任，制订防范措施，提出处理意见，并按要求及时上报分公司。

9）参与事故的调查、处理。

（2）车辆中心安全生产工作小组安全职责

1）负责组织领导本中心的安全生产工作，负责组织分公司、车辆中心各项安全规章制度、措施在分中心（室）各个生产环节和生产岗位认真落实。

2）负责组织制订分中心（室）安全生产管理制度、安全实施措施、安全奖惩考核办法。

3）负责组织定期和不定期的对本中心的安全工作进行检查，及时发现问题并进行整改。

4）负责对本中心发生的各类安全事故、安全隐患进行分析，并写出分析报告，提出处理意见，报车辆中心领导和综合技术室。

（3）车辆中心安全生产领导小组组长及副组长安全职责

1）全面负责车辆中心的安全生产管理工作。

2）负责上级安全生产法规、制度、标准、指示在车辆中心认真贯彻执行。

3）负责安全生产工作的"五同时"，即在计划、布置、检查、总结、评比生产工作的同时，计划、布置、检查、总结、评比安全工作。

4）负责组织规划、实施中心各项安全规章、组织应急抢险，并考核实施情况、效果。

5）组织审核车辆中心安全教育、培训和救援演练计划。

6）负责组织车辆中心安全生产领导小组开展工作。

7）负责对本分中心（室）、班组的安全管理工作进行检查，发现问题督促整改。

8）负责与分公司以外部门在安全管理工作方面的协调。

9）负责组织调查安全事故，提出对事故的处理意见。

（4）分中心安全生产工作小组组长及副组长安全职责

1）保证国家和上级安全生产法规、制度、指示在本分中心贯彻执行。

2）全面负责本分中心的安全生产管理工作，每月牵头参与分中心安全检查。

3）负责组织建立本分中心安全管理网，大力支持分中心安全员和班组安全员的工作。

4）合理安排组织生产，并把安全生产工作列入分中心（室）日常工作，做到"五同时"。

5）组织制定切合本中心实际的安全生产规章制度、安全操作规程和措施计划，并保证实施。

6）组织对本分中心进行安全生产检查，落实整改措施，保证设备、工具、安全装置、消防、防护器材等设施处于完好状态；组织整顿工作场所，保证符合安全生产要求，消除事故隐患。

7）负责组织本分中心安全生产工作小组开展工作。

（5）车辆中心安全技术主办（安全员）职责

1）协助中心领导落实车辆中心安全工作目标和相关要求，提出改进安全工作的意见和建议。

2）制定、完善安全管理规章制度。

3）负责组织承担的应急预案、演练方案的编制工作。

4）组织新员工安全教育培训、员工年度安全教育复训和日常安全教育工作。

5）组织安全检查；汇总并上报检查结果；督促落实整改措施。

6）作业现场的监督检查（检查内容包括：现场存在的安全隐患、检修工艺纪律、标准化作业、员工掌握应急预案的情况、应急技能、特种作业人员持证上岗情况、劳动纪律等），并及时向分管领导汇报检查结果。

7）现场监控直接涉及运营安全的技术改造、系统升级和重点监控作业项目。

8）查处违章违纪行为。

9）发现重大安全问题时，须立即向本中心、安全监察部或直接向分公司领导报告。

10）制定安全工作计划；编写安全工作总结。

11）组织策划中心安全工作会议。

12）调查或协助上级部门调查安全事故、事件。

13）组织对危险源进行识别和评估，并制定控制措施。

14）对安全管理、安全生产方面做出突出贡献的中心、班组、个人提出奖励建议。

（6）车辆分中心安全技术主办（安全员）职责

1）协助分中心领导落实车辆中心安全工作目标和相关要求，提出改进安全工作的意见和建议。

2）制定、完善安全管理规章制度。

3）负责组织承担的应急预案、演练方案的编制工作。

4）组织新员工安全教育培训、员工年度安全教育复训和日常安全教育工作。

5）组织安全检查；汇总并上报检查结果；督促落实整改措施。

6）作业现场的监督检查（检查内容包括：现场存在的安全隐患、检修工艺纪律、标准化作业、员工掌握应急预案的情况、应急技能、特种作业人员持证上岗情况、劳动纪律等），并及时向分管领导汇报检查结果。

7）现场监控直接涉及运营安全的技术改造、系统升级和重点监控作业项目。

8）查处违章违纪行为。

9）发现重大安全问题时，须立即向本分中心、中心、安全技术部或直接向分公司领导报告。

10）制定安全工作计划；编写安全工作总结。

11）组织策划安全工作会议。

12）调查或协助中心调查安全事故、事件。

13）组织对危险源进行识别和评估，并制定控制措施。

14）对安全管理、安全生产方面做出突出贡献的班组、个人提出奖励建议。

（7）班组安全员职责

1）全面负责本班组的安全生产工作。

2）负责组织班组员工学习和贯彻落实各级安全规章制度、安全作业规程，教育员工严格遵守劳动纪律和技术作业纪律。

3）组织对新员工或转岗员工进行班组级安全教育，并指定专人负责指导。

4）经常教育和检查班组员工按规定正确操作使用设备、工具、原材料、安全装置、个人防护用品等，定期检查设备、工器具是否处于良好状态。

5）督促检查工作场地的安全卫生，并保持已修件、待修件、材料及废料的合理放置，做到整齐清洁，保证员工有一个安全、整洁的工作环境。

6）负责组织班组安全生产和质量故障分析会，定期分析班组安全生产情况，提出改进措施。

7）支持班长的工作，组织班组员工积极开展安全活动，学习推广安全生产先进经验和做法。

8）带领组员搞好安全工作的班前预想、班中预防、班后分析活动。

（8）安全技术主办（安全员）工作要求

1）中心安全技术主办（安全员）工作要求

2）每月对各分中心（室）、班组、作业现场检查不少于 4 次，其中至少跟班检查一次夜间作业，每次检查不少于 0.5 个工作日。

3）每月至少查处 2 起违章违纪行为（以列入绩效考核或安全罚款为准），并督促责任分中心（室）落实整改。

4）每月对分中心（室）安全员当月工作任务完成情况进行检查（以检查原始记录和安全检查记录表上的签名为依据），检查结果经中心分管安全工作负责人签字后，报安全技术部。

5）编制、完善中心重点监控作业项目，首次作业时，必须到现场进行安全监督，且对后续作业进行抽查。

6）每月 25 日前将部门当月检查发现的问题、上月安全问题整改情况汇总报安全技术部。

7）及时将日常检查中发现的重大安全问题上报分公司分管领导、本中心、安全技术部。

8）负责牵头组织各分中心安全员进行日常巡查工作，填写安全检查相关记录表。

9）负责牵头组织每月一次的中心综合安全检查工作，并对检查发现的问题要求各分中心及时整改，对整改进度进行跟踪。

10）负责采用突击检查、抽查、抽问、设置假设故障等形式，牵头组织部门"两纪一化"检查。

11）对员工的检修工艺纪律执行情况进行检查。每周组织专业工程师对各种检修作业进行工艺纪律检查，抽问作业者相关工艺规程、技术通知单、作业注意事项等，检查其是否按照标准工艺进行作业。

12）每天下现场检查，并对分中心安全员工作进行指导、检查、督促。

13）定期组织开展专项普查，彻查安全隐患，重大节假日前，由安全员组织专业技术主办根据列车运营状态及列车关键项目制定列车机械、电器设备专项普查通知单，下发各分中心开展关键点普查工作。

14）完成与外部门相关安全接口工作及日常安全管理工作（如安全培训、安全文件学习、安全台账管理、承包商管理、新车调试安全管理等）。

（9）各分中心安全技术主办（安全员）工作要求

1）每月对各班组、作业现场进行安全检查不少于8次，抽问不少于2次，其中每月至少跟班检查2次夜间作业（若本分中心无夜间作业可不进行），每次检查不少于0.5个工作日。

2）每月至少查处2起违章违纪行为，并督促责任班组落实整改。

3）每月对班组安全员工作职责落实情况进行检查。

4）本中心既有设备系统技改、技措或新增设备的首次安装、调试、检修时，必须到现场进行安全监督。

5）编制、完善本中心重点监控作业项目，且作业时，必须到现场进行安全监督。

6）每月25日前将本中心当月检查发现的问题、上月安全问题整改情况、按提报要求报中心安全主办。

7）及时将日常检查中发现的重大安全问题上报所在中心、分中心领导。

8）负责组织开展每月一次的分中心综合安全检查工作，并完成本中心专业安全检查工作，配合中心完成综合安全检查、日常安全巡查工作、节假日专项安全检查等检查工作。

9) 每天通过生产计划和中心交班会了解首次作业、关键作业、危险作业如转轨、车顶作业、架车作业等的具体作业安排及相关安全提醒工作，并进行现场监控。

10) 每天下现场进行"两纪一化"检查。

11) 每周对分中心（室）各班组在库区巡查发现问题整改情况进行跟踪落实。

12) 每月定期对分中心辖区的安全隐患进行排查识别，对所使用的安全工器具、劳保用品、计量工器具进行台账管理及现场检查确认，确保作业环境处在安全状态。

13) 完成安全培训、安全文件学习、安全台账管理等日常性工作。

14) 按时保质量完成中心要求上报的各种台账，并及时更新安全相关台账，如涉及中心的台账及时上报中心变动情况。

15) 做好班组安全提醒监督工作，并负责定期完善分中心（室）相关作业安全提醒文本。

16) 负责对本分中心（室）上岗资格证审核及对即将过期资格证复审进行提醒工作。

17) 对首次作业及关键作业制定安全卡控措施，并对现场进行安全监护。

（10）班组安全员工作要求

1) 作业过程中，对班组各成员遵章守纪、标准化作业等情况进行监督，及时制止违章违纪行为。

2) 对班组长的安全管理情况进行监督，及时制止班组长违章指挥行为。

3) 每天班前会，负责对当日作业安全注意事项进行说明、提醒；班后会对作业过程中的安全情况进行点评。

4) 每天对本班组作业现场进行巡查，对危及行车和人身安全的行为予以制止，确保作业过程中行车、人身的安全。

5) 每天交车前和班长一起对走行部、车上车下悬挂部件、各类盖板等可能涉及伤害旅客及行车安全的重点部件进行检查、确认。

6）每天对包保区域安全巡查，负责将发现的安全问题向相关负责人进行汇报并对该问题处理结果进行跟踪。

7）组织开展班组安全文件学习、召开班组安全会议、安全台账管理等日常性工作。

8）负责做好新进员工安全教育传、帮、带工作。

5. 车辆中心安全检查制度

（1）车辆中心范围内的所有安全检查、抽查采取灵活的方式进行，发现安全隐患要求及时整改并下发检查通报，按照车辆中心安全奖惩相关管理办法进行考核相关责任分中心。

（2）中心安全领导小组每月对中心进行一次安全检查，以车辆检修质量保行车安全，以完善的规章制度保人身安全，发现问题及时整改。检查重点内容：安全设施、劳动保护用品情况、安全规章制度执行情况、设备状态、安全教育情况、治安消防、危化品等情况。对检查时间、内容、发现问题、整改措施、期限、整改完成情况等应有详细的记录；存在安全隐患分中心（室）需按照检查通报按期整改，不能及时整改的需制订防范措施并传达至每一位员工。中心暂时无法解决的隐患，制订相应的防范措施并及时上报中心综合技术室。

（3）各分中心（室）每周进行 2 次安全生产检查，由分中心安全员负责组织，要有相应的检查记录台账，发现问题及时整改落实，重大问题及时向分中心经理和中心安全领导小组汇报。检查重点内容：规章制度执行情况、作业纪律、安全设施、设备状态、操作场所安全、劳动保护用品情况、防火防盗等。

（4）班组必须坚持每天的安全检查，根据工作内容和生产场所实际，落实作业前安全检查、作业中安全监护、作业后安全清理。

（5）专项检查：由中心综合技术室安全技术主办组织有关人员，根据安全生产的阶段目标、季节性特点、专业性要求等进行检查。

（6）发生事件/事故时，组织事故调查并仔细调查事故原因，采取防范措施，防止事故的进一步扩大，做到"四不放过"。

（7）中心安全检查制度，车辆中心建立从中心到分中心，从分中心到班组的安全检查制度。分为中心综合安全检查、地铁车辆专项安全检查、检修设备（包括工程车辆）专项安全检查、各分中心综合安全检查、节假日专项检查等。

（8）综合安全检查。

综合安全检查由中心安全员组织，车辆中心主管安全主任为组长、由各分中心（室）经理、安全技术主办（安全员）为成员的中心级安全综合检查组，每月 15 日至 25 日负责对车辆中心各分中心（室）进行安全及消防检查，重点（详见附录 B）对车辆中心安全管理台账、检查记录、安全文件传阅、技术通知单执行情况；现场作业劳动安全管理、工艺纪律执行情况；作业劳保用品配备情况；易燃品使用、管理；车辆救援设备、器材及救援车情况；备件材料存储管理；临时动火、用电作业及管理；各区域消防安全管理情况等方面检查；检查结果按照《车辆中心目标考核管理办法》对相关分中心（室）进行考核。

（9）地铁车辆专项安全检查。

地铁车辆专项安全检查由检修分中心负责，具体检查内容及表格由检修分中心制定，每月 15 日至 25 日按照检查内容，检查内容要求包括列车控制系统、火灾报警系统、照明系统、车门系统、受电弓系统、制动系统、转向架系统等重点监控点的技术状态进行检查，重点突出对车辆走行部、电气线路、车门关键点的检查。

（10）特种设备、设备专项安全检查

检修设备专项安全检查由设备分中心负责，具体检查内容及表格由设备分中心制定，每月 15～25 日按照检查内容，检查内容要求包括检修设备（洗车机、架车机、不落轮镟床、静调电源柜等）及工程车技术状态、起重机械设备的技术状态。

（11）乘务运营专项安全检查

乘务安全专项安全检查由乘务分中心负责，具体检查内容及表格由乘务分中心制定，每月 15～25 日按照检查内容：检查内容要求包括（车厂运作手册、行车组织规则、电客车司机手册、技术通知单等）执行情况；现场作业劳动安全管理、工艺纪律、标准化执行情况等方面检查。

（12）安全主办日常安全巡检

安全员日常安全巡检由中心安全主办组织，日常安全巡检小组组长由主管安全主任担任，成员由中心安全员、各分中心安全员组成，巡查方式包括日常巡查和突击检查，检查内容包括作业纪律和劳动纪律、6S（6S 是指整理、整顿、清洁、清扫、安全、素养）等，日常巡查要求安全员每天轮班对车辆中心生产现场进行安全巡查，突击检查要求安全员每月至少 2 次利用夜间、节假日进行检查，及时制止违章违纪、消除安全隐患，检查人员将每次检查的情况记录存档汇总至中心安全员，由中心安全员根据中心目标考核办法对分中心（室）的安全管理进行考核。

（13）各分中心综合安全检查

由各分中心（室）自行建立综合安全检查制度，开展综合安全检查工作，要求每月在 20 号之前完成，检查有记录、有考核、有整改跟踪记录等，检查内容至少包括安全管理台账、安全文件传阅、检查通报执行情况；现场作业劳动安全管理、工艺纪律执行情况；易燃品使用、管理；车辆救援设备、器材及救援车情况；临时动火、用电作业及管理；各区域消防安全管理情况等方面检查。

（14）节假日专项检查

根据分公司下发的相关检查要求，在法定节假日前结合生产现状及现场安全隐患、重要设备状态检查，重点库区、房间的消防隐患检查，节假日值班制度落实情况检查，对现场劳动纪律、作业纪律、标准化作业、劳保用品使用情况、防火、防盗等开展检查，由安全主办制定检查方案下发专项检查通知，开展节假日专项检查，要求中心、分中心检查有记录、有整改、有总结。

（15）安全检查记录

安全检查记录包括检查表，地铁车辆、工程车辆（含检修设备）专项安全检查记录表分别由检修分中心、设备分中心在分中心级安全管理规定中明确）、问题汇总整改跟踪表等能反映检查过程的各项记录，由中心、分中心进行存档，保存五年；各分中心（室）于每月 23 日前将月度和季度安全检查汇总表报中心，节假日专项普查、专项安全检查结果的填报时间以具体通知为准，中心于每月 25 日报安全技术部。

2.2.2　救援设备安全操作规程

1. 范围

为了规范车辆复位救援设备的操作流程，明确安全注意事项，防止因操作不当造成安全事故，特编制此规程。本标准适用于车辆段、停车场内 LUKAS、A 型复轨器的安全操作。

2. 引用标准

本标准是根据《LUKAS、A 型复轨器使用说明书》、《车辆中心救援器材管理规定（试行）》的相关内容经适当修改编写而成。

3. 管理制度

（1）车辆复位救援设备是进行车辆脱轨起复的重要设备，不得用于非抢险方面，不得将车辆复位救援设备挪作他用。

（2）车辆中心各级负责人应加强员工抢险观念的教育，提高工作责任心，养成爱护救援设备的良好习惯，切实做好救援设备的管理工作。

（3）救援设备的管理、保养工作必须纳入保养计划，并认真组织实施。

4. 安全规则

（1）LUKAS 复轨器安全操作注意事项：放置止轮器的车轮和起复车轮不能在同一转向架上；止轮器放置必须推紧，防止车轮发生纵向位移，严禁不打止轮器进行复轨作业；在起复过程中作业人员要在安全地点进行操作，并时刻注意人身安全，注意观察车辆位置变化，防止发生意外事件；在起复过程中，要有专人负责指挥，喊口令。指挥者在车辆复位后，要安排人员检查车辆状态，撤除安全防护，清理现场，指挥者确认后，才能宣布起复完毕。

1) 资质要求：LUKAS 复轨器操作人员须接受设备供应商或检修分中心安全技术主办培训，经考试合格后方可进行作业。

2) 复轨器各部件的状态要求良好，包括连接状态及空载试验状态。

3) 控制台操作者和各小组负责人要由经过 LUKAS 复轨器培训的人员操作。

4) 起复前应确认各部件安装正确，设备、人员安全。

5) 救援设备连接前，安全监督小组及转向架工程师确认各设备功能正常，列车复位扶正前，确认车体顶升与防护枕木码放平稳及顶升缸与顶升点对中，并汇报指挥者。顶升缸起复过程中要保持垂直，底座要平稳，同时有足够的支撑力和支撑面。

6) 在起复前，安全监督组要对脱轨状态进行检查，根据实际状态确认起复方案。

7) 每操作完一步安全监督组要检查、汇报完成状态，起复后安全监督组要对车辆进行检查，转向架工程师对复轨后的运行提出限速意见。

8) 避免任何可能危及起复稳定性的操作，发现故障应立即停止运转并锁位，同时立即校正。

9) 非抢险人员不得进入救援抢险区，抢险人员要严格遵守相关的安全规定。

10) 在有接触网的区域一定要确认接触网断电并挂接地线，作业需做好防护措施，必须戴安全帽和穿绝缘鞋。

（2）A 型复轨器安全操作注意事项

1) 资质要求：A 型复轨器操作人员须接受设备供应商或检修分中心安全技术主办培训，经考试合格后方可进行作业。

2) 放置止轮器的车轮和起复车轮不能在同一转向架上。

3）止轮器放置必须推紧，防止车辆发生纵向位移，严禁不打止轮器进行复轨作业。

4）严禁在接触网有电状态进行起复作业、严禁复轨器超压使用，A型起复器起复重量为50t。

5）在起复作业中，顶托移动位置必须始终保持在两个底座轴销之间，即任何一油缸与底座的夹角角度不能大于75°（目测）。

6）在操作手动泵升压顶升时，要保持左右两侧油缸升幅同步，减少车辆摆动幅度。

7）在轮对升幅较大的情况下，应采用单侧油泵放油复轨的方式，降低轮对高度，以确保安全。

8）操作手动油泵的中央控制阀手轮降压使车辆落下复轨时，要缓扭手轮，两边保持同步，防止降压过猛过快导致车辆摆动。

9）在起复过程中作业人员要在安全地点进行操作，并时刻注意人身安全，注意观察车辆位置变化，防止发生意外事件。

10）在起复过程中，要有专人负责指挥，喊口令。指挥者在车辆复位后，要安排人员检查车辆状态，撤除安全防护，清理现场，指挥者确认后，才能宣布起复完毕。

5. 操作规则

（1）车辆复位救援设备使用前的准备工作

车辆复位救援设备使用前，必须对设备进行认真仔细的检查，不允许设备带故障作业。

（2）操纵台定位和油管连接

在离事故车出轨处3～4m的正前方适当位置定好操纵台。从使用端将油管和顶缸，油管和泵站连接起来。注意在连接油管的同时，将油管的保护套连接好，以防脏物、灰尘进入油管。

（3）复轨桥和顶升缸的放置

在适当位置放置复轨桥，将复轨桥上的顶升缸放置在列车可顶升标志处。注意顶升缸应放置平稳，不得侧置或倾斜使用。

（4）顶升缸的正确使用和防护

1）在顶升缸和车体之间放置垫木，以防顶升缸受力时打滑。但是不能使用粘有油污的木板和铁块。在顶升缸的下方应有足够的承载面积，并使承载通过中心。当数台顶升缸同时使用时，应注意每台顶升缸的负载平衡。各顶升缸动作应同步，使车辆升降平稳。

2）顶升缸起升时应注意其起升高度，不要使顶升缸的起升高度超过额定起升高度，以防密封圈损坏。

3）新的顶升缸在使用前要做负载试验，以防在作业过程中顶升缸性能失常。

4）顶升缸在使用过程中应防止震动，并保持液压油的清澈。

5）注意操纵台上各控制阀的位置和作用，特别在顶升缸起升和回降时要控制好管路的油量。

（5）救援工作的协调、指挥

救援工作中须一人指挥并安排若干人员瞭望，但在工作中对任何人发出的"停止"信号，不论停止信号发自何处，全场都应立即停止工作。

6.救援工作结束后

（1）整理、清扫设备，拆卸油管，清除操纵台、顶升缸、油管、托盘、复轨桥上的油污、沙石泥土。专业技术主办确认车辆状态良好。

（2）检查操纵台、顶升缸、油管、托盘、复轨桥有无受损。

（3）整理、清扫现场，做到安全、整洁。

（4）做好救援工作记录

2.2.3 救援器材管理规定

1. 范围

为了加强车辆中心救援器材的管理、维修和保养工作，保证救援器材状态良好且随时处于待令状态，适应抢险救援的需要，特制定本规定。救援器材是保障轨道列车轮对脱轨后进行快速救援起复作业的各种器材，它包括起复、扶正救援设备、照明设备、工器具及其辅助物件。

2. 管理责任

（1）对于救援器材的管理，必须严格实行责任制。

（2）中心综合技术室负责督查各分中心（室）的救援器材管理工作。

（3）救援器材的保管、使用及保养由检修分中心负责，救援器材的计划及故障维修由设备分中心负责。

3. 管理制度

（1）车辆中心的救援器材包括：车辆复轨设备、车辆扶正设备、救援气袋、空气压缩机、各类破拆设备、垫木、工器具、防护用品等。救援器材的管理、保养工作，必须纳入所属分中心（室）的保养计划，并认真组织实施。

（2）车辆中心救援器材是进行车辆脱轨起复、扶正的重要设备，不得用于非抢险方面使用。对于擅自将抢险救援器材挪作他用的人，将根据《车辆中心目标考核管理实施细则（试行)》《车辆中心绩效考核管理办法（试行)》的相关管理规定处理。

（3）车辆中心各级负责人应加强员工抢险观念的教育，提高工作责任心，养成爱护救援器材的良好习惯，切实做好救援器材的管理工作。

4. 救援器材的使用、维护保养及检验

（1）救援器材的管理

1）各分中心（室）的救援器材必须统一登记、列明清单、逐级负责，严格执行各项管理制度。

2）救援器材由分中心（室）指定专人负责，每年对分中心（室）救援器材进行至少一次清查；

3）救援器材应由各分中心（室）统一标识，并存放在救援汽车上，未装车的救援设备需存放于防雨、防晒的地方。

4）起复设备、扶正设备、垫木、照明灯具等随车器材应牢固地放在规定的位置上。

5）各种库存的救援器材应分类储存，不得混杂堆放。千斤顶、液压泵等，要定期擦拭上油；垫木、雨衣等，要经常检查或晾晒。

6) 如发现救援器材损坏、丢失情况，必须立即报修并填写设备档案记录，并向综合技术室报备。如发现人为损坏或丢矢救援器材，一律按分公司、中心有关规定处理。

（2）设备调动

1) 设备跨分中心（室）的调动，由综合技术室根据情况做出决定。有关分中心（室）要办好相应手续，弄清设备状况，做好相应记录同时报综合技术室负责人备案。

2) 特殊情况下，设备可以临时性调用，但必须按规定使用并做好设备档案的记录。

（3）救援器材保养、维修、报废

1) 所有员工必须严格按操作规程保养设备，未经培训不得擅自操作设备。各分中心（室）要负责督促检查班组员工做好救援器材的保养工作，并负责培训本分中心（室）员工使用救援器材。

2) 救援器材由各所属分中心（室）负责保养，每月不少于一次，所有设备均要试验是否正常。

3) 各分中心（室）没有技术能力维修的救援设备，应对外委托维修。

4) 保修期内的设备不得擅自拆开修理。

5) 救援设备如不能正常使用，应立即报设备分中心维修；若无法修理应报对外委托单位进行维修。

6) 设备报废按公司报废管理规定执行。

（4）对于新购领的救援器材，应根据国家或企业规定的产品质量标准进行严格检验，检验合格后方可使用或入库备用。

（5）抢险现场回来前，中心的救援器材负责人应组织抢险队员对救援器材进行清查。清查中发现救援器材丢失或损坏，应登记造册，查明原因，上报综合技术室处理。救援器材动用后要及时维护保养，损耗的应及时补充。

5. 操作培训及救援演练

（1）救援设备操作培训纳入员工安全教育培训。

（2）检修分中心车辆专业抢险队员每季度至少进行一次救援起复实操培训，并做好培训记录。

（3）车辆专业抢险队员每年参加起复救援演练不少于四次（其中电客车起复演练不得少于两次），主要演练各种车辆的起复和扶正设备使用。

（4）各分中心（室）经理为分中心（室）救援队队长，负责救援现场指挥工作。

（5）演练前应先制定演练方案，演练完毕后应进行现场总结，并编写演练总结报告，以提高救援水平。

6. 救援器材的检查

（1）救援器材检查制度

1）例行的设备检查工作由使用分中心（室）负责，内容为本管理规定的落实情况。

2）救援器材应根据《救援器材技术状态良好的主要标准》（见附录D）进行检验。

3）根据实际需要，还可采取不定期的设备检查（抽查、专项检查）。

4）设备检查（抽查）情况，作为重要指标计年终考核。

（2）对救援器材管得好的单位和个人，应结合检查评比，进行表扬奖励。如因管理不善、保养不好和违反操作规程而发生丢失、损坏设备和人身伤害等事故，应及时查明原因和责任，严肃处理。

2.2.4 乘务行车现场应急处置方案

1. 范围

本标准规定了与电客车司机密切相关的应急预案的处理程序，以及电客车司机在出现应急事件后的汇报流程和内容，适用于轨道交通电客车司机的应急处置工作。

2. 引用标准

下列文件所包含的条文，通过在本标准中引用而构成为本标准的条文。所有文件都会被修订，使用本标准的各方应探讨使用下列文件最新版本的可能性。

（1）《1号线行车组织规则（试行）》；

（2）《运营分公司电客车司机手册（试行）》；

（3）《运营分公司车厂运作手册（试行）》；

（4）《运营分公司生产安全事故（事件）调查处理规定（试行）》；

（5）《电客车故障应急处理指南（试行）》。

3. 总则

（1）参与应急事件处理的员工都应紧急行动起来，及早汇报，及时抢救，迅速开展工作。

（2）坚持"先救人，后救物；先全面，后局部"的原则，优先组织人员疏散、伤员抢救，同时兼顾重点设备和环境的防护，将损失降至最低限度。

（3）兼顾现场的保护工作，以利于公安、消防和事件调查部门的现场取证。

（4）员工在应急事件处理时应沉着冷静，严格执行规定的标准和程序，做好乘客疏导和安抚工作，维持乘客秩序和减少乘客恐慌。

（5）员工在应急事件处理时，坚持对外宣传归口管理的原则，不得擅自发布相关信息。

4. 汇报流程及内容

（1）汇报要求

1）在正线发生应急事件，司机先汇报行调，按其指示执行，必要时汇报乘务派班员。乘务派班员接报后立即通知日勤电客车队长，并汇报分中心经理（副），日勤电客车队长应尽快前往事发地点（列车），了解有关情况，指导电客车司机后续处理。

2）在车厂发生应急事件，司机汇报厂调，按其指示执行，并尽快汇报乘务派班员，乘务派班员应立即通知日勤人员（指日勤电客车队长、派班员）前往现场指导处理。

3）应急事件处理完毕，当值司机填写安全事件报告单，并由当值乘务派班员审核后交乘务综合技术室，乘务综合技术室形成事件分析报告交中心综合技术室，必要时直接向分中心、中心领导汇报。

（2）汇报内容

1）口头汇报可简要说明事件概况、原因（若能初步判断）及造成的影响。

2）行车事件单应详细记录以下内容：

① 当事人姓名、职务。

② 车次、车号。

③ 事件发生的时间、地点、经过和处理的结果。

④ 事件发生的初步原因分析。

2.2.5 弓网事件应急抢险处理方案

1. 范围

本方案适用于车辆中心管辖范围内发生的因弓网缠绕，使列车不能维持正常运行的事件处理。

2. 引用标准

《运营分公司突发事件总体应急预案》。

3. 目的

目的是在发生弓网事件时，高效有序的组织启动应急处理程序，最大限度地减轻事件造成的损失、影响，尽快恢复运营生产。

4. 定义

接触网：供给列车的 1500V 直流供电来源。

弓网事件：指由于接触网或受电弓状态不良，造成列车在运行过程中发生弓网严重拉弧、剐弓、剐网、弓网交织等弓网关系异常的事件。

5. 总则

（1）发生突发事件后，本办法作为运营分公司车辆中心的弓网事件应急抢险工作的指导程序。

（2）车辆发生弓网事件，按《车辆中心突发事件总体应急预案》启动三级应急响应。抢险组织管理参照《运营分公司突发事件总体应急预案》的组织原则。

（3）车辆弓网事件应急处理演练

1）采用弓网受电方式线路的检修分中心负责牵头组织本中心的演练工作，并对演练效果进行总结评估，形成报告交中心综合技术室归档。

2）采用弓网受电方式线路的检修分中心每年至少进行一次弓网应急处理演练（或操作处理培训），演练应纳入分中心年度演练工作计划。

3）在不影响正常运营及安全生产的情况下尽可能接近真实情况进行演练。

6. 信息报告程序

（1）信息报告内容

列车司机报告内容：

1）事件发生地点（线路、车站、上下行线、百米标等）、列车车次、车组号。

2）现场情况及影响程度。

（2）信息报告流程

按照《车辆中心信息通报及处理流程（试行）》信息报告流程进行报告；《突发事件信息电话报告流程图》。

7. 弓网事件应急处理程序

（1）响应分级

根据弓网事件对受电弓、接触网设备损伤程度，对运营服务的影响情况，划分为Ⅳ级、Ⅲ级两个等级。

Ⅳ级：弓网事故造成接触网部分设备受损，接触网可能短路跳闸，但接触线未断，通过对受电弓和接触网设备进行临时应急处理，能够保证线路限速运营。

Ⅲ级：弓网事故造成接触网断线，需中断运营封锁区间进行抢修。

（2）响应程序

1）先期处置：

① 当发生弓网事故时，车厂调度接到 OCC 行调命令后，通知检修调度联系检修分中心抢修人员迅速前往事发地点进行应急处置；

② 检修分中心安排救援应急抢修小组，准备抢险工器具和材料。

2）指挥机构响应

① 指挥机构

在接报弓网事故的事件后，根据事故信息报告流程立即报告车辆中心领导和相关人员，事发车站司机、检修驻站人员第一时间主动承担起相关现场事故处理的职责，然后由现场指挥接替现场事故处理的职责，迅速判断事故的原因和影响范围，启动相应的应急方案，最大限度的维持运营，满足车站服务需求；

② 当发生Ⅲ级弓网事故时，应急领导小组成员赶赴 OCC 和现场，进行决策和协调有关方面提供支援；应急指挥小组成员赶赴事故现场，指挥协调各单位的抢修队伍进行事故抢修和提供技术支持。

③ 当发生Ⅳ级弓网事故时，应急指挥小组成员赶赴事故现场，指挥协调各单位的抢修队伍进行事故抢修和提供技术支持。

3）调度

① 车厂调度做好车辆段出车准备工作，并通知工程车司机做好动车救援准备；

② 检调密切关注正线所有列车的运行状态，并通知检修分中心救援队伍迅速赶赴事发地点组织处理。

4）救援队伍响应

① 车辆中心负责人在接到抢险命令后，应立即通知本中心应急救援工作组成员应急响应，组织本部门应急救援工作。

② 检修分中心、设备分中心、乘务分中心负责人应根据相关应急处置流程，启动本分中心的应急救援现场处置方案。

③ 应急抢险小组接到抢险命令后，应认真记录事故发生地点、时间、初步原因及抢险工作的相关要求，并组织抢修人员集合，要求 10min 内出动，并在要求的时间内到达指定地点。

5）各级响应

① 司机发现接触网供电或受电弓异常时，应首先判断是否

影响行车，在第一时间内上报 OCC；

② 应急指挥小组人员应尽快赶往事发现场，到达后及时与 OCC 取得联系，并负责现场抢修和事件列车动车的指挥工作；

③ 当发生Ⅲ级弓网事故时，应急领导小组成员应尽快到达 OCC 控制大厅和事故现场，进行指挥、决策和协调事故抢修工作；

④ 各相关分中心经理根据现场处置机构指挥要求，立即开展抢险组织工作。

（3）指挥与协调

1）当发生Ⅲ级弓网事故时，现场指挥人服从领导小组的指挥。弓网交织未分开时，由车辆中心分管电客车的副经理负责现场处置指挥，现场指挥到达现场前，由到达现场的车辆中心职位最高的领导或检修分中心（副）经理、技术主办任现场指挥；

2）发生弓网事故时，正在运行的各次电客车司机应加强列车运行状态的监控，严格按照行调指令运行；

3）弓网抢修人员以"先通后复"的抢修原则进行抢修，尽可能减少中断行车时间，在确保安全的前提下，将对运营的影响降到最低。

（4）安全防护

1）根据现场指挥需要，列车两端做好防护措施（如设置红闪灯等）；

2）弓网抢修人员在进行弓网事故抢险作业时，应遵守相关应急处置流程和安全作业规程，确保人身安全；

3）下轨行区进行抢修作业或应急处理时，应征得 OCC 行调同意，确认通信联系通畅，做好安全防护，若有停电挂地线作业时，应按接触网挂地线的要求进行安全作业。

（5）现场处置

抢修响应：

① 相关分中心立即组织抢修队伍，准备材料、工器具和通信工具；

② 检修分中心立即组织应急抢修小组人员赶往现场，根据

现场处置方案对车辆受电弓进行弓网脱离和受电弓的临时处理。

（6）现场救援前准备

1）确认列车所在区域的接触网已停电并做好防护。

2）查看现场，使用单边梯登上故障车辆的车顶，做好高处作业及梯子防刮伤车体的防护措施后再对故障点进行拍摄照片或录像取证。

3）检查车辆损坏情况，并记录各种开关、手柄、操作按钮、旁路开关等现场状态，记录检查情况以备调查。

4）由于所处的现场线路、位置不同造成可作业的空间有很大的差别，救援人员应根据现场空间对处理工具进行合理选择使用，搬运工具时优先搬运轻便工器具，然后再根据现场情况搬运较大工器具。

5）对侵限弓网进行处理时，应尽量对弓网的薄弱点进行切割，以提高处理速度。

（7）现场抢修

1）抢修小组到达现场后采取相应安全措施，根据现场指挥命令正确分工，迅速组织抢修；

2）确认封锁区段，抢修人员做好防护措施；

3）事故区段接触网停电，验电，接地封线（在所有可能来电的方向均应挂接地封线）；

4）检修分中心人员以最快速度配合接触网专业清理/分开受电弓在网上的缠筑物。必要时由检修分中心抢修人员负责拆开或锯开受电弓，具体抢修方案以全力保证接触网能尽快恢复为原则，由现场指挥临时确定，现场指挥尚未到时，由接触网抢修现场负责人确定；

5）以最快速度配合相关中心将事件车拖离事件区；

6）以最快速度配合相关中心按照指令将接触网作业车开行到位；

7）弓网分离后分项目的抢修处理，参照车辆救援等相关现场处置方案处理；

8）事故应急处置完毕，拆除相关安全措施，汇报 OCC，联系电调恢复供电，准备行车。

（8）应急终止

1）应急终止条件

现场指挥与 OCC 共同确认弓网事故应急处理完毕，线路出清，具备（限速）恢复运营条件。

2）救援完毕汇报

现场指挥向 OCC 汇报弓网事故应急处理完毕，列车救援处理完毕，人员、工具、材料出清抢修现场，接触网具备（限速）运营条件。

3）应急终止命令发布

当发生Ⅲ级弓网事故由应急领导小组发布应急终止命令。

8. 应急物资和人力保障

（1）人力资源保障

当发生弓网事故时，相关中心组织应急抢险小组，除正常上班的员工外，应立即召集所有应急抢修小组队员赶赴现场。

（2）应急物资保障

1）车辆保障

救援车辆由检修调度安排，要求在 10min 内到达到制定集合地点并准备就绪。

2）物资保障

① 抢修工器具和抢修材料分别按相关专业相关抢修规定执行，后勤保障由综合技术室负责准备；

② 所有抢修工器具和抢修材料的管理和维护、各中心制定相关管理规定。

（3）技术保障

1）专业技术提高

各相关分中心应针对地铁在运营期间发生弓网事故（故障）中可能会出现的问题，不断完善相应的应急方案，把各种故障的处置方法在实际工作进行比较，寻求效率最高、最可靠的故障检查和排除方法，细化应急处理步骤。

2）应急能力的训练

乘务、检修分中心定期进行弓网事故（故障）应急方案的学习和实际操作能力训练，相互交流经验，每年进行一次综合演练，不断总结提高救援技能。

9.应急方案的培训和演练

（1）培训

乘务、检修分中心要将本项方案内容定期组织学习，积极开展岗位技能理论考试和实做训练，并将培训的执行情况及培训效果纳入员工的绩效考核。

（2）演练

本方案的演练列入车辆中心年度演练计划内，每年至少进行一次演练。

突发事件信息报告流程图见图 2.2-1。

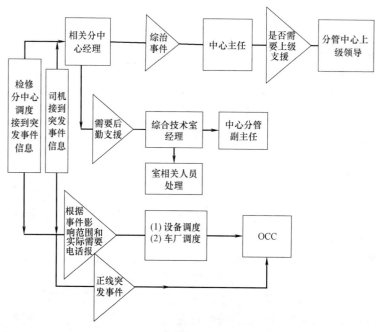

图 2.2-1　突发事件信息电话报告流程图

2.2.6 突发事件总体应急预案

1. 范围

本预案对在运营分公司车辆中心管辖范围内发生车辆专业突发事件时的处理原则、预防管理、信息报告、现场处理、应急响应、人员支援、后勤保障、事件调查、事后恢复、奖惩等应急管理工作做了规定。

2. 引用文件

下列文件所包含的条文，通过在本书中引用而构成为条文。所有文件都会被修订，使用本文件的各方应探讨使用下列文件最新版本的可能性。

(1)《运营分公司突发事件总体应急预案（试行）》；

(2)《运营分公司应急管理规定（试行）》；

(3)《车辆中心信息通报及处理流程（试行）》。

3. 目的

制定本标准的目的是为了预防和减少突发事件的发生，控制、减轻和消除突发事件可能引起的严重危害，保证及时、有序、高效、妥善地处置地铁车辆专业有关的突发事件，规范车辆中心突发事件应对活动，保护人员、设备设施安全和财产安全，维护地铁运作安全，尽快恢复运营。本标准规定了车辆中心处理突发事件的组织原则和基本程序。

4. 应急预案体系

车辆中心突发事件总体应急预案见图 2.2-2。

5. 应急预案工作原则

(1) 以人为本、科学决策 发生突发事件时，贯彻"安全第一，生命至上"的要求，积极采取措施最大限度地减少人员伤亡和财产损失。运用先进技术，充分发挥专家作用，实行科学民主决策，提高救援效率，避免次生、伴生灾害发生。

(2) 参与应急救援的单位在应急指挥机构的统一指挥下，逐级负责，做到各司其职、分级负责。

(3) 各负其责、分工协作 突发事件发生后，事发分中心积

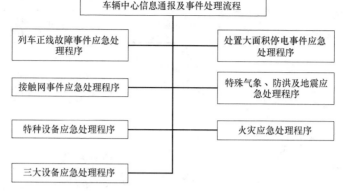

图 2.2-2　车辆中心突发事件总体应急预案

极进行自救，及时通报，车辆中心各分中心要主动配合、密切协作、信息共享、形成合力，保证突发事件信息的及时准确传递，保证突发事件的处置快速有效。

（4）平战结合、有效应对　车辆中心各分中心对地铁突发事件要有充分的思想准备，把应对突发事件落实在日常工作中，加强基础工作，增强预警分析，提高防范意识，做好预案演练，建立应对突发事件的有效机制，做到常备不懈，力争早发现、早报告、早控制、早解决，将突发事件所造成的损失减少到最低程度。应急机制建设和资源准备要坚持平战结合，降低运行成本。

6. 事件风险描述

危险源辨识与风险分析：

车辆中心危险源、诱因、影响范围及后果，如表 2.2-1。

车辆中心危险源、诱因、影响范围及后果　　表 2.2-1

序号	危险源类别	危险源	诱因	后果	影响范围
1	电客车牵引系统	电客车车辆的牵引系统出现控制系统失灵	车辆设计或制造的缺陷、车辆检修不到位、车辆设备故障、车辆设备老化等	列车超速运行、开门走车、夹人夹物走车；列车冲突、脱轨、追尾、冒进信号	运营车站、车辆段、列车内、区间

序号	危险源类别	危险源	诱因	后果	影响范围
2	电客车制动系统	电客车车辆的制动失灵	车辆设计或制造的缺陷、车辆检修不到位、车辆设备故障、车辆设备老化等	列车超速运行、列车冲突、脱轨、追尾、冒进信号；车辆制动系统失灵等	运营车站、车辆段、列车内、区间
3	电客车转向架	电客车车辆的转向架出现悬挂件脱落，或部件松动导致电动机与车轴摩擦	车辆设计或制造的缺陷、车辆检修不到位、车辆震动过大、车辆设备故障、车辆设备老化	列车冲突、脱轨、追尾、冒进信号；悬挂装置脱落、电动机超限；轮轨事故等	运营车站、车辆段、列车内、区间
4	电客车受电弓	电客车车辆的受电弓故障、或脱落、或造成人员触电伤亡	车辆设计或制造的缺陷、车辆检修不到位、司机操作失误、人员违章作业	悬挂装置脱落、触电等	运营车站、车辆段、列车内、区间
5	电客车轮轴	电客车车辆出现轮对抱死或脱轨	车辆设计或制造的缺陷、车辆检修不到位、司机操作失误	列车冲突、脱轨、追尾、电动机超限；轮轨事故等	运营车站、车辆段、列车内、区间
6	工程车、平板车	工程车、平板车出现轮对抱死或脱轨	车辆设计或制造的缺陷、车辆检修不到位、司机操作失误	列车冲突、脱轨、追尾、冒进信号；轮轨事故等	运营车站、车辆段、列车内、区间
7	人为因素	施工作业、人员违章操作、人员误操作	施工人员违反施工管理规定进行施工作业、人员在操作设备时违反规章制度或因疏忽出现误操作	人身伤亡、设备损坏、误动车等	运营车站、车辆段、列车内、区间
8	自然灾害	台风、暴雨、高温、山体滑坡、地震等特殊气象及自然灾害	地震、台风等恶劣天气损坏地铁设施、影响地铁列车正常运行	人员伤亡和重大经济损失	运营车站、车辆段、列车内、区间

序号	危险源类别	危险源	诱因	后果	影响范围
9	公共卫生	公共卫生有关的各种场所与载体,如集体食堂、携带传染病毒的人或人群	由于公共卫生隐患带来的风险	群体性传染病、食物中毒、职业危害等	运营车站、车辆段、列车内、区间
10	社会安全	运营场所进行危害社会安全活动的人或社会组织等	因打架斗殴、参与非法组织活动、三人以上聚集上访、游行等行为带来的风险;恐怖袭击事件带来的风险	地铁声誉损失、危及社会稳定、人员伤亡和重大经济损失等	运营车站、车辆段、列车内、区间

7. 应急组织机构及职责（图 2.2-3）

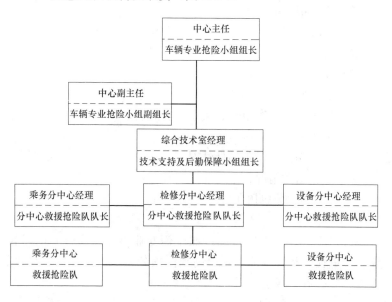

图 2.2-3　应急组织机构及职责

（1）车辆专业抢险小组职责

车辆专业抢险小组在现场应急指挥部总指挥的直接指挥下，由车辆中心主任担任现场车辆专业抢险小组组长，具体负责救援抢险物资、救援抢险队伍的调动和落实。

（2）救援抢险队职责

车辆中心救援抢险队由事发分中心经理担任救援抢险队队长，工班员工组成队员，事故/事件发生时，按相应事故/事件的应急处理程序展开救援抢险工作。

8. 信息报告

（1）车辆中心 DCC 调度是平时监测和收集信息的主要归口，24h 有人值守，发生应急事件/事故时，发现者立即报告事发线路 DCC 报告。

（2）报告原则

1）迅速、准确、真实的原则。

2）逐级报告的原则。

3）中心内部、中心分管领导及协作单位并举的原则。

（3）报告事项

1）发生时间（年、月、日、时、分）；

2）发生地点（区间、百米标和上、下行正线）；

3）列车车次、车组号、关系人员姓名、职务；

4）事故概况及原因；

5）人员伤亡及设备损坏情况；

6）人员出动情况；

7）其他必须说明的内容及要求。

9. 应急响应

（1）应急分级响应行动按照车辆专业事故（事件）的可控性、严重程度和影响范围，由高到低划分为Ⅰ级、Ⅱ级、Ⅲ级、Ⅳ级、Ⅴ级五个级别。

1）Ⅰ级（特别重大）突发事件。是指车辆中心管辖范围内的人员、设备设施对轨道交通安全和社会秩序造成或者可能造成严重危害与威胁，造成或者可能造成人员伤亡或财产损失的事件，需要统一组织、指挥调动相关外部资源和力量应急处置。如：

① 导致 1 人以上中毒（重伤），或 1 人以上死亡事件；

② 一条线路发生晚点或中断（上、下行正线之一）运营 30min 以上事件；

③ 直接经济损失 10 万元以上事件；

④ 地铁范围内发生毒气、爆炸、恐怖袭击等社会安全事件；

⑤ 地铁范围内出现传染病疫情，群体性不明原因疾病，以及其他严重影响公众健康和生命安全的卫生事件；

⑥ 车辆发生颠覆、侧翻、冲出高架线路或列车相撞事件；

⑦ 正线发生车辆脱轨事件；

⑧ 车辆中心管辖列车发生火灾；

⑨ 发生地震、台风、特大汛情等自然灾害事件，造成部分线路中断行车的；

⑩ 运营分公司启动Ⅰ级响应的事件。

2）Ⅱ级（重大）突发事件。是指车辆中心管辖范围内的人员、设备设施发生对运营秩序和安全造成危害与威胁，存在人员伤亡和财产损失的风险，需要调动总部内资源联动处置的事件。如：

① 导致 3 人轻伤事件；

② 一条线发生晚点或中断（上、下行正线之一）运营 15～30min 事件；中心城区主要线路高峰期中断或晚点 10～15min 且预计持续超过 30 min 事件；

③ 直接经济损失 5 万元以上 10 万元以下事件；

④ 电动机与车轴抱死不能动车，或车辆段发生车辆脱轨、挤岔事件；

⑤ 车辆中心管辖库房、办公区域发生火灾；

⑥ 外部环境突发事件，造成部分线路中断行车或车站关闭的；

⑦ 接到可能恐怖事件信息或车站发生严重的社会治安事件；

⑧ 运营分公司启动Ⅱ级响应的事件。

3）Ⅲ级（较大）突发事件。是指车辆中心管辖范围内的人员、设备设施对运营秩序和安全造成一定范围内的影响，需要调动中心内外资源联动处置。如：

① 直接经济损失 1 万元以上 5 万元以下事件；

② 列车运行中断或晚点 10～15min 的；中心城区主要线路高峰期中断或晚点 5～10min，且预计持续超过 30min 事件；

③ 车厢发生乘客踩踏事件，致使乘客受伤的；

④ 正线发生弓网事件或车辆段发生弓网事件；

⑤ 运营分公司启动Ⅲ级响应的事件。

4）Ⅳ级（一般）突发事件。是指车辆中心管辖范围内的人员、设备设施对小范围运营秩序有一定影响的突发事件，造成或者可能造成客流组织压力、列车抽线等影响，需要调动中心内相关分中心处置的事件。如：

① 列车运行中断或晚点 5～10min 的；

② 较为严重的伤客事件；

③ 车辆设备、设施、部件脱落或掉入轨行区，影响行车的；

④ 车辆中心启动Ⅳ级响应的事件。

（2）应急响应

1）Ⅰ、Ⅱ级响应行动，由集团公司应急指挥部组织实施，运营分公司处置地铁突发事件应急抢险领导小组（以下简称"抢险领导小组"）及现场指挥部配合，与车辆有关的事故/事件，车辆中心按运营分公司及各分中心（室）相关应急程序执行。

2）Ⅲ级响应行动，由运营分公司抢险领导小组组织实施，处置方案必要时需报集团公司领导决策，现场指挥部配合，与车辆有关的事故/事件，车辆中心按运营分公司及各中心相关应急程序执行。

3）Ⅳ级响应行动，由运营分公司抢险领导小组组织实施，现场指挥部配合，与车辆有关的事故/事件，车辆中心按运营分公司及各分中心（室）相关应急程序执行。

4）超出本级应急处理能力时，报请上一级应急机构启动更高级应急程序。

5）由车辆运营设备故障引发的Ⅰ、Ⅱ、Ⅲ级突发事件时，车辆专业抢险成员须立即赶赴现场，抢险保障组成立现场指挥部，中心当天值班领导任现场总指挥，副总指挥由抢险保障组车辆设备抢险组长或副组长担任，负责车辆救援抢险组织具体的指挥和协调工作。

6）车辆设备保障组在现场总指挥的直接指挥下，由事发车辆维保部领导担任现场处理小组组长，具体负责救援抢险物资、救援抢险队的调动和落实，其他功能组做好支援与配合的准备。

7）车辆中心各救援抢险队由各分中心经理担任救援抢险队长，各工班员工组成队员，事故/事件发生时，按相应事故/事件的应急预案展开救援抢险工作。

8）当发生应急情况需要车辆中心其他分中心支援时，由车辆专业救援抢险队长通知DCC，再由DCC通知其他分中心DCC进行安排。

9）当车辆中心救援抢险队需要中心内其他部门支援时，DCC检修调度需及时向OCC提出援助需求。如需中心外支援时，由车辆专业现场抢险小组组长向现场总指挥提出援助需求。

（3）后备保障

1）车辆中心的救援设备、应急物资等是必需抢险物资，由应急现场总指挥统一调拨。

2）突发事件发生后，救援抢险队为事发线路检修分中心当班轮值班成员，部门内其他线路当班轮值班成员为第一后备梯队，所有休班轮值员工、定修班员工为第二后备梯队。

3）运营分公司内各部门的其他员工为车辆救援抢险的第三后备梯队力量。

（4）应急要求

1）突发事件发生需要出动应急救援队时，当班DCC检修调度按中心汽车使用管理流程提出紧急汽车使用需求，后勤服务中心按要求派遣运载救援人员汽车和应急设备汽车司机，10min内到达集结地点。DCC检修调度10min内完成应急救援队员集结并出发。

2）车辆救援抢险队接到应急抢险指令后，原则上30min内到达事故现场，抢险队员到达事故现场后向车辆专业现场抢险小组组长报到，如遇车辆专业现场抢险小组组长未到现场时，直接向事故处理主任或现场总指挥报到。

3）车辆专业现场抢险小组组长到达事故现场后需第一时间向现场总指挥（或事故处理主任）报告抢险队名称、人数及设备到达情况。

4）车辆中心管辖范围内的人员、设备设施发生突发事件时有关人员响应要求，见表2.2-2。

突发事件时的响应要求 表2.2-2

响应级别	响 应 条 件	响 应 要 求
I 级	导致1人以上中毒(重伤)，或1人以上死亡事件	中心领导、各分中心(室)经理、线路责任技术主办、质量安全管理人员接报应急信息后必须第一时间赶赴事发现场，车辆救援队员做好随时出发支援的准备
	发生地震、台风、特大汛情等自然灾害事件，造成部分线路中断行车的	
	直接经济损失10万元以上事件	
	车辆发生颠覆、侧翻、冲出高架线路或列车相撞事件	中心领导、各分中心(室)经理、线路责任技术主办、质量安全管理人员、车辆救援队员接报应急信息后必须第一时间赶赴事发现场，同时根据事态发展及时申请线网支援
	地铁范围内发生毒气、爆炸、恐怖袭击等社会安全事件	
	正线发生车辆脱轨事件	
	车辆中心管辖列车发生火灾	
	地铁范围内出现传染病疫情，群体性不明原因疾病，以及其他严重影响公众健康和生命安全的卫生事件	中心领导、各分中心(室)经理、安全管理人员接报应急信息后必须第一时间赶赴事发现场

响应级别	响 应 条 件	响 应 要 求
Ⅰ级	一条晚点或中断(上、下行正线之一)正线行车 30min 以上事件	中心领导、事发线路分中心经理、线路责任技术主办、质量安全管理人员信息后必须第一时间赶赴事发现场,车辆救援队员做好随时出发支援的准备
	运营分公司启动Ⅰ级响应的事件	(1)事发线路受事件影响或可能受事件影响的分中心经理与一名中心领导接报后第一时间赶赴事发现场。 (2)各分中心经理、各专业技术主办、质量安全管理人员、车辆救援队员做好随时出发支援的准备
Ⅱ级	导致 3 人以上轻伤事件	中心领导、各分中心(室)经理、线路责任技术主办、质量安全管理人员接报应急信息后必须第一时间赶赴事发现场,车辆救援队做好随时出发支援的准备
	直接经济损失 5 万元以上 10 万元以下事件	
	车辆中心管辖库房、办公区域发生火灾	
	电动机与车轴抱死不能动车,或车辆段发生车辆脱轨、挤岔事件	中心领导、各分中心(室)经理、线路责任技术主办、质量安全管理人员、车辆救援队员接报应急信息后必须第一时间赶赴事发现场,同时根据事态发展及时申请线网支援
	外部环境突发事件,造成部分线路中断行车或车站关闭的	事发线路分中心(室)经理接报后第一时间赶赴事发现场,中心领导、各分中心经理、线路责任技术主办、质量安全管理人员、车辆救援队员做好随时出发支援的准备
	接到可能恐怖事件信息或车站发生严重的社会治安事件	
	一条线发生晚点或中断(上、下行正线之一)运营 15~30min 事件;中心城区主要线路高峰期中断或晚点 10~15min 且预计持续超过 30min 事件	事发线路分中心(室)经理、线路责任技术主办信息后必须第一时间赶赴事发现场,车辆救援队员做好随时出发支援的准备
	运营分公司启动Ⅱ级响应的事件	(1)事发线路受事件影响或可能受事件影响的分中心经理接报后第一时间赶赴事发现场 (2)中心领导、各分中心经理、车辆救援队员做好随时出发支援的准备

续表

响应级别	响 应 条 件	响 应 要 求
Ⅲ级	直接经济损失 1 万元以上 5 万元以下事件	中心领导、综合技术室经理、安全管理人员、事发分中心(室)经理接报应急信息后必须第一时间赶赴事发现场
	正线、车辆段发生弓网事件	中心领导、各分中心(室)经理、线路责任技术主办、质量安全管理人员、车辆救援队员接报应急信息后必须第一时间赶赴事发现场
	列车运行中断或晚点 10～15min 的;中心城区主要线路高峰期中断或晚点 5～10min 且预计持续超过 30min 的	(1)事发线路受事件影响或可能受事件影响的分中心(室)经理接报后第一时间赶赴事发现场。(2)中心领导、各分中心(室)经理、车辆救援队员做好随时出发支援的准备
	车厢发生乘客踩踏事件,致使乘客受伤的	
	运营分公司启动Ⅲ级响应的事件	
Ⅳ级	车辆设备、设施、部件脱落或掉入轨行区,影响行车的	事发线路分中心(室)经理接报应急信息后必须第一时间赶赴事发现场,综合技术室经理、线路责任技术主办、质量安全管理人员按事件性质进行响应
	列车运行中断或晚点 5～10min 的	事发线路受事件影响或可能受事件影响的分中心(室)经理接报后第一时间安排专业技术主办赶赴事发现场。事发分中心(室)经理做好随时出发支援的准备。车辆救援队员做好随时出发支援的准备
	运营分公司启动Ⅳ级响应的事件	

5) 当发生设备故障且未达到《车辆中心突发事件总体应急预案》响应标准时,技术支持按下列原则执行。

① 设备故障造成行车 2～3min 以上晚点时,由设备责任分中心技术主办组长担任技术支持负责人,组织分中心技术主办为故障处理提供技术支持。

② 设备故障造成中、低峰期行车 3～5min 晚点时,由设备责任分中心经理担任技术支持负责人,组织分中心技术力量,协

调部门内各分中心技术主办为故障处理提供技术支持。

（5）处置措施

1）事故、事件的调查按运营分公司生产安全事故调查处理相关规定执行，设备故障的调查按车辆中心故障调查处理相关管理办法执行。

2）发生车辆脱轨、颠覆、侧翻、冲出高架线路、列车相撞事件时，按《运营分公司突发事件总体应急预案》处理。

3）发生弓网事件时按《车辆中心接触网事件应急处理程序》处理。

4）发生地震、台风、特大汛情等自然灾害事件，造成部分线路中断行车或车站关闭的。或气象台发布橙色和红色天气预警，具体分台风和雷雨大风、暴雨、高温、大雾和灰霾、冰雹和结冰、寒冷气象预警信号，按《车辆中心特殊气象、防洪及地震应急处理程序》处理。

5）出现传染病疫情，群体性不明原因疾病，以及其他严重影响公众健康和生命安全的卫生事件，按《运营分公司突发公共卫生事件专项应急预案》处理。

6）中心管辖范围内出现人员伤亡按《运营分公司职工伤亡事故处理规定》处理。

7）库房、办公区域发生火灾，按《车辆中心火灾应急处理程序》处理。

8）三大设备故障引发的事件按造成人员伤亡或财产损失的级别启动响应并按《车辆中心三大设备应急处理程序》处理。

（6）应急结束

1）车辆救援抢险队按照"先通后复"的原则完成抢险，所有人员和抢险设备撤离到安全区域后，由车辆专业抢险小组组长向现场总指挥报告，现场总指挥按《运营分公司突发事件总体应急预案》要求执行应急终止指令的发布。

2）应急处置行动结束后，应积极配合控制中心尽快组织恢复运营。

3）按照运营时的标准检查车辆设备及各项服务设施情况，做好恢复运营准备，并及时报告相应控制中心调度。

4）积极调查突发事件发生的经过和原因，总结应急处置工作的经验教训，制定改进措施，并落实执行。

10. 后期处置

（1）综合技术室负责组织突发事件的善后调查及处置协调工作，配合中心、运营分公司、集团完成相关的补偿、赔偿等善后处置工作。

（2）调查报告

事件发生后，事发分中心需在 24h 内形成初步调查分析报告交部门综合技术室，各相关分中心应组织分析排查，并将排查结果反馈给中心综合技术室。

（3）物资装备保障

1）救援器材包括：车辆起复设备、车辆扶正设备、切割机、液压剪、扩张器、角磨机、垫木、常用工器具、防护用品等。

2）救援器材的管理、保养工作，由救援器材所属分中心按《车辆中心救援器材管理规定》组织开展，确保救援器材状态正常。

11. 应急预案管理

（1）应急预案培训

1）各分中心安全主办是应急安全教育的责任人，要根据本分中心的实际情况，组织员工学习每年至少学习应急预案及应急处理程序一次，遇预案修订时应及时对修订部分进行补充学习，提高员工的忧患意识。

2）各分中心要结合生产，制订年度应急培训计划，开展自救、互救、逃生的知识和技能培训，组织义务消防队、救援抢险队进行突发事件处置的知识和技能培训。

（2）应急预案演练

1）各分中心定期组织本分中心人员，按照专项预案，制订演练方案，进行专项演练，通过演练不断完善预案的内容，提高员工的应急知识和技能。

2）开展各类应急演练时，参演分中心经理必须到场，并在演练结束后对演练存在的问题进行点评。

3）中心综合技术室负责对突发事件应急预案实施的全过程进行监督。

4）抢险队员每年至少参加 4 次应急实操演练，其他人员每年至少参加 2 次应急实操演练。

（3）应急预案修订

中心综合技术室组织各分中心（室）每年对预案检定一次，并按实际需要对预案进行修订。

2.2.7　列车故障救援专项应急程序

1. 引用标准

（1）《操作手册》，株洲电力机车股份有限公司有限公司编制；

（2）《维修手册》，株洲电力机车股份有限公司编制；

（3）《机车复轨装置》，上海动点机械有限公司编制；

（4）《顶复救援教材》，上海癸荣机电科技有限公司编制；

（5）《运营分公司突发事件总体应急预案（试行）》；

（6）《车辆中心信息通报及处理流程（试行）》。

2. 应急处置基本原则

（1）应尽快处置，以最快的时间将故障列车分离、拖走，出清线路。

（2）科学救援统一指挥原则。列车救援前需制定出可行的救援方案，救援指挥者，必须能够协调各方，能够紧急调配救援过程中所需要的人、财、物。

（3）联动协作原则。按照事故发生的联动协作机制，明确各自的职责，切实做好列车救援配合工作，以实现救援效率最大化。

3. 救援组织

（1）行车突发事件（事故）紧急救援是地铁运营安全生产的

重要组成部分。为加强对事件（事故）紧急救援工作管理，确保救援迅速、组织有序，缩短列车故障对正线的干扰延误时间，尽快恢复正线运营，车辆中心成立救援指挥小组，设列车救援队。

（2）DCC为车辆中心突发事件（事故）信息处理常设办公室。

（3）车辆中心救援指挥小组组长由车辆中心主任担任，副组长由车辆中心分管安全副主任担任，组员由综合技术室经理、检修分中心经理、设备分中心经理、乘务分中心经理、中心安全主办等组成。

（4）车辆专（兼）职救援队由检修分中心救援队及当日值班的轮值班组成，其中专（兼）职救援队主要负责救援设备的操作、各种救援方案的现场具体实施。轮值班主要负责救援设备的搬运。队长、副队长分别由检修分中心经理和副经理担任。

（5）DCC应备有车辆中心救援组织全部人员名单及联系电话、手机号码，如人员发生变更，各分中心（室）应及时通知DCC变更备案。

（6）救援组织架构（图2.2-4）

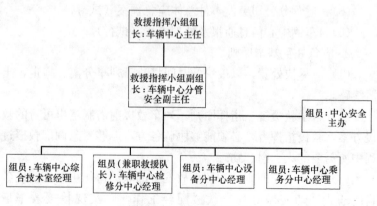

图2.2-4　救援组织架构

4. 职责分工

（1）车辆中心救援指挥小组主要职责。

（2）在分公司的领导和统一指挥下，按照分工，负责救援的组织、指挥、决策。

（3）完善中心救援程序和管理制度，筹划和组织救援演练。

（4）组织救援，尽快恢复运营。

（5）组织事件原因调查、分析。

（6）救援队主要职责。

（7）救援队长（副队长）：在救援指挥小组的领导下，不断完善本队救援程序和管理制度，筹划和组织救援；组织培训一支技术力量强、经验丰富的队伍，检查救援队日常开展各项培训、演练、设备保养等工作。

（8）救援队现场指挥：接到救援（演练）命令后，负责制定救援方案和救援的指挥与协调工作。

（9）专业技术主办：负责对现场列车故障的勘察，协助救援队长制定救援方案。

（10）安全监控员：建立救援设备、工器具台账，督促检查救援设备（包括汽车）的日常保养情况，确保设备齐全和状态良好。在救援（演练）中协助指挥工作，负责安全监控工作，制定每年救援（演练）及设备保养计划，并实施工作。

1）DCC：一旦接到救援（演练）命令后，负责通知相关中心、分中心领导及救援队员，保证10min内召集到所有救援人员集中待命。

2）救援设备保养：由使用部门按设备保养周期定期对救援设备和有关工器具进行清点和保养，确保设备状态良好。

3）救援队队员职责：

① 了解并掌握各种救援程序及操作方法，熟悉救援起复设备的性能及原理，并熟练操作。

② 列车救援队员能快速对地铁列车发生的各类故障和事故进行抢修和恢复。

③ 定期参加中心、分中心组织的救援演练培训。

5. 救援准备工作

（1）接到列车救援命令后，全体救援队员迅速到达集合地点，统一乘车赶赴救援现场；在乘车途中，救援指挥初步对救援队员做出分工安排。

（2）抵达现场后所有救援队员一起卸下救援设备及防护用品，救援队队长做好与外部门的接口工作，根据现场情况，救援队队长在最短时间内制定列车救援方案。

（3）到达现场后立即安装照明设备，为救援现场提供照明。

（4）在救援开始之前，首先确认列车已降弓，接触网断电并挂好接地棒。

（5）切除故障列车两个转向架的B05阀，及制动模块上通往两个转向架空气弹簧的风路塞门，手动缓解故障车两个转向架停放制动。

（6）脱轨严重或倾覆而需要进行解钩才能救援时，先进行解钩工作。

（7）在故障列车两端20m处放置好警示灯。

（8）在事故现场围设操作警戒线。

（9）指定专门监护人员对作业过程进行安全监护。

（10）指定专门记录人员对救援过程进行全程记录。

6. 地铁列车车站内救援方案

（1）列车脱轨救援

采用LUKAS救援设备救援方案：两点顶升，一点平移。

1）救援方案："两点顶升，一点横移"，用LUKAS救援设备先进行两点顶升，顶升位置在转向架两侧车体架车点，将车体顶升至故障转向架轮对轮缘高于钢轨且在车钩顶升点下方可安装复轨桥、横移小车和顶升油缸的高度。然后再在牵引梁下方顶升点放置复轨桥和横移小车等横移设备，进行列车横移操作，达到复轨的目的。

2）使用设备及工具

① 救援用设备

a. LUKAS顶升油缸及配套基础垫板3套；

b. 横移油缸 1 个；

c. 复轨桥（2.2m）1 个；

d. 横移小车；

e. LUKAS 手动操作装置；

f. 油管（3 套顶升油缸专用油管、1 套横移顶升油缸专用油管）；

g. 照明设备 2 个；

h. 枕木 160mm、80mm、55mm 若干。

② 救援用工具

a. 水平仪 1 把；

b. 双面方位灯 2 个；

c. 转向架工装 2 块；

d. 绑带 4 条；

e. 止轮器 2 个；

f. 常用工具箱 1 个。

到现场后立即把所有设备搬到脱轨车旁，并连接好各顶升油缸油管，以便减少在车底下的安装时间，确保安全。

3）作业程序

① 转向架工装安装：拆除高度阀水平杆，空气弹簧排风后，在故障转向架起吊装置钢丝绳处装好转向架工装。

② 顶升点油缸安装：经对顶升点和地面清理后，在列车两侧纵向方向第二个车门车体边梁下铺垫防护枕木，以保证列车架起后的安全。枕木以"井"字形安放四层：第一层与轨方向垂直（600mm×160mm，2 块），第二层与轨方向平行（600mm×80mm，2 块），第三层与轨方向垂直（600mm×160mm，2 块），第四层与轨方向平行（600mm×55mm，2 块），在枕木上直接安放 HP50/T400R 的顶升油缸以及基础垫板，顶升油缸安装应保持垂直状态。

③ 复轨桥安装：在车钩前端钢轨上安装复轨桥，在复轨桥上安装横移小车、横移油缸，横移 HP50/T165R 的顶升油缸

（油管与横移顶升油缸已连接完毕）。

④ 列车顶升：各组上述步骤操作完成后向救援队长报告，在安全监控等人员的监督下，救援队长向控制台操作人员发出顶起列车的命令，控制台人员确认命令后操纵控制台顶升列车，顶升高度至可在车钩下放置复轨桥、横移小车等横移设备，具体要求：

a. 救援队长向控制台操作人员发出车体两侧顶升油缸上升与车体进行接触命令，控制台人员操作油缸快速与车体接触并略抬起车体（先将车体扶水平，再进行列车顶升，水平仪要显示车体在水平位置），操作完毕后向救援队长报告。

b. 救援队长在确定车体在水平位置且平稳后，向控制台操作人员发出顶升列车的命令，操作员操作时速度应缓慢，并随时听从指挥。

c. 负责安装车体两侧顶升油缸人员手持便携式照明灯监控顶升油缸在顶升过程中的状态及轮对与钢轨接触状态。

d. 救援队长注意观察车体等其他有关情况的变化，安全监控员严密监视人身、设备安全及车顶与接触网接触状态情况。

e. 列车顶起的过程中在车体两侧同时加保护枕木，枕木与车体保持小于 20mm 间隔。

f. 列车顶升至转向架四个车轮高于钢轨面 5～10mm，并且在牵引梁下方能够放置复轨桥、横移小车、顶升油缸（HP50/T165R）等设备。

⑤ 三人同时推动复轨桥，将复轨桥连同其上已安装完毕横移设备推至车钩顶升点下方顶升点处进行横移操作（如处于弯道时，应在较低的钢轨内侧放置枕木将复轨桥调整至处于水平位置），复轨桥尽量与下方枕木压实。

⑥ 横移列车：对此时在车钩顶升点的顶升油缸及车体状态进行确认，在安全监控等人员确认人身、设备均出于安全完好情况下，救援队长发出横移列车的命令，由控制台操作人员控制小车缓慢移动，将列车移上钢轨。要求：

a. 安全监控员应加强列车各部分技术状态变化的检查与巡视。

b. 横移列车时应确认列车两侧无闲杂人员。

c. 负责安装车体两侧顶升油缸人员手持便携式照明灯分别负责监控转向架轮对与钢轨接触状态。

d. 列车移上钢轨后确认列车正对钢轨。

⑦ 降下列车：将列车横移至车轮踏面正对于钢轨正上方，然后进行降下横移顶升油缸操作，最终使车轮踏面落在钢轨上。然后再在转向架两侧按照上页③作业程序 b. 顶升点油缸安装步骤要求重新安装 HP50/T400R 顶升油缸将车体再次顶升，至前端车钩顶升点的复轨桥和横移小车等设备可撤出。撤出前端设备完毕后，操作两侧顶升油缸缓慢将列车放在钢轨上，确认列车放置平稳，具体要求：

a. 放下列车的过程中指挥、安全、技术等人员应密切观察各部状态。

b. 在列车的两侧，除操作及监控人员外其他人员不得进入。

c. 降下一定车体高度暂停，逐渐撤下车体两侧防护枕木。

d. 确认列车已平稳放置后，继续降下两侧油缸，当油缸无负荷后，分别将顶升油缸油缸及枕木移走。

⑧ 将③作业程序 a. 转向架施工安装步骤中放置的垫块全部取出，恢复高度阀水平杆安装及制动模块上通往空气弹簧塞门。

⑨ 列车救援结束，救援队长向救援总指挥汇报救援完毕，救援总指挥允许后，清理现场并撤走所有救援相关工器具，装运上救援汽车。

（2）轮对固死救援

采用千斤顶进行轮轴固死救援。即采用在固死轮对两侧轴箱下方放置千斤顶，将固死轮对顶升至适合高度，在固死轮对下安放轮对故障走行器进行救援方式。

1）救援设备及工具

① 千斤顶 2 个；

② 轮对故障走行器 1 套；

③ 照明设备 2 个；

④ 橡胶垫 2 块；

⑤ 各种枕木若干。

2）准备工作

① 救援队分好工后，组装千斤顶、枕木和轮对故障走行器。

② 安全监控员确认现场接触网断电并挂好接地线等各种安全防护措施到位后，向救援队长汇报。

③ 轮对故障走行器组装时打好非轮轴固死转向架端的车轮止轮器，注意要将两个止轮器分别放置在车轮的两边，其中，后面的止轮器推紧打牢，前面的止轮器与车轮保持一定的间隙，确保列车在使用千斤顶顶升过程中往前移动有一定的空间。

3）作业程序

① 救援设备安装

由救援队长发出"安装救援设备"命令，操作过程中安全监控员巡查现场，排除不安全因素，并及时向救援队长汇报。

a. 千斤顶安装

千斤顶操作小组负责在固死轮对两侧轴箱下方放置枕木（600mm×55mm，2 块），方向与轨道垂直，在枕木上方放置千斤顶，千斤顶油缸活塞对准轴箱下方顶升位并放置橡胶垫，操作千斤顶上升，使活塞与轴箱接触，作业完毕后向救援指挥报告。

b. 轮对故障走行器组装

在全自动车钩前，组装轮对故障走行器。

（a）将四个滚轮对分别放于钢轨上，滚轮联轴器分别把左右两个滚轮连接，拧紧螺母，穿好开口销；同侧人员应对所负责的连接件状态进行检查。

（b）左右两个轮对的轮对故障走行器安装完毕，确认紧固件良好后，向救援队长报告。

② 枕木安装

枕木安装小组负责在故障转向架构架固死轮对端制动单元安装位置下方放置枕木（600mm×160mm），以"井"字形安放二层：第一层与轨方向垂直（600mm×160mm，2块），第二层与轨方向平行（600mm×160mm，2块）。第三层与轨方向垂直（600mm×55mm，2块）作业完毕向救援队长报告。

③ 列车顶升

经专业技术主办确认后向救援队长报告，指挥发出顶升命令，两侧救援人员同时操纵千斤顶（动作要同步）顶起固死轮对。待轮缘顶点高于钢轨面230mm左右（或高于230mm顶升高度样板），停止顶升作业。

a. 在顶升过程中，在故障转向架构架两侧固死轮对端制动单元安装位置下方添加枕木，每升高100mm添加600mm×88mm，2块，以保证列车架起后的安全。

b. 在顶升过程中，由两名救援人员负责手持便携式照明灯（24V，18AH）对两侧千斤顶顶升状态及车轮与钢轨接触状态进行监控，并随时将状态汇报给救援队长。

c. 放置轮对故障走行器，将已组装好的轮对故障走行器推入固死轮对下方。

d. 救援队长发出"列车下降"命令，操作千斤顶缓慢将轮对降下，落至轮对故障走行器上，救援作业完成。

e. 下降过程中要求复轨器下降到一定高度时，逐渐撤下车体两侧添加的防护枕木。

f. 取出千斤顶。

g. 工程车试拉列车检查轮对故障走行器是否满足要求。如合格，则撤出枕木、警示带、警示灯、垫木、止轮器等装运上救援汽车，清理现场。至此，列车救援操作结束。

（3）列车倾覆救援

1）救援方案：两点顶升，一点平移。

① 救援方案：两点顶升，一点平移，先扶正列车，然后再交叉地在脱轨列车两端两点顶升，一点平移，先用气垫起重装置

（气囊）依靠隧道壁将车扶正，再用 LUKAS 救援设备进行两点顶升，顶升位置在转向架两侧架车点，将车顶至可在车钩顶升点下方安装复轨桥和横移小车。然后再在车钩顶升点做顶升作业，将车顶升至轮缘略高于钢轨时再进行横移操作。

② 使用设备：顶升气囊，其他设备与本小节 6.（1）1）②相同。

③ 作业程序。

a. 列车扶正

将气囊塞至列车倾覆端与墙壁的接触面，考虑到墙壁上的铁架子会对气囊有影响，所以要用木板隔开气囊。然后给气囊充气，随着压力的上升车体也随之离开隧道壁，再将木块塞于车体与隧道壁之间的间距。之后放掉气囊的气将其取出，如此来回充放气囊内的压缩空气及垫木块，逐步使车体离开隧道壁，直至列车被扶正。

b. 列车复轨方式与本小节 6.（1）1）相同。

c. 因为倾覆时往往两个转向架都脱轨，且脱轨轮对到钢轨的距离比较长，若一次顶升横移作业不能使其复轨，则需回缩顶升油缸使车轮落于地面（必须注意的是：此时应在顶升端四个车轮下面放 160mm 的枕木，以便横移复轨桥，进行再一次的横移）。之后向列车倾覆反方向平移复轨桥，然后重新来一次顶升横移作业，直至轮对踏面正对于钢轨正上方，并最终使车轮踏面放于钢轨上（用直接在小车上放置枕木的方法时，只要移到钢轨正上方即可）。

2）A 型复轨器顶升加横移复位

① 使用设备：顶升气囊，木块，木板。

② 作业程序：

a. 先扶正列车，然后再交叉地在脱轨车两端车轴处顶升横移，直至复轨。先用气垫起重装置（气囊）依靠隧道壁将车扶正：将气囊塞至列车倾覆端与墙壁的接触面，考虑到墙壁上的铁架子会对气囊有影响，所以要用木板隔开气囊。然后给气囊充气，随着压力的上升车体也随之离开隧道壁，再将木块塞于车体与隧道壁之间的间距。之后放掉气囊的气便将其取出，如此来回充放气囊内的压缩空气及垫木块，逐步使车体离开隧道壁，直至列车被扶正。

b. 复轨救援：复轨器顶升

安全监控员对复轨器状态进行检查，确认顶托都已均匀贴住车轴重心，然后向指挥汇报。

救援队长发出"顶升车辆"命令，指挥 A 型复轨器操作小组同时操纵手动油泵向液压缸注入高压油，逐渐升高脱轨车轴，车轴升高至车轮轮缘高出轨面 5mm 左右时，救援队长发出"停止顶升"，命令，A 型复轨器操作小组同时停止操作。

顶升过程中，顶升到一定高度时，分别在固死轮对轴箱两侧添加枕木。第一次添加枕木为当轴箱与下方枕木高度 90mm 左右进添加 600mm×88mm，2 块，以后每升高 100mm 添加 600mm×88mm，2 块，以保证车辆架起后的安全。

安全监控员巡查，确保车轴升高至轮缘高出轨面 5mm 左右。

c. 横移复轨

随后，救援队长发出"横移车辆"命令，逆于车辆横移方向油泵操作人员停止操作，顺于车辆横移方向的油泵操作人员在指挥命令下向液压缸注入高压油，使脱轨车轴逐步横移至复轨位置，当脱轨车轴车轮踏面充分对正轨面时，指挥发出"停止"命令。

在车辆横移过程中，指挥、安全监控员要严密注视顶托移动范围、高度。由两名负责照明人员负责手持便携式照明灯对脱轨车轴及同一转向架没有脱轨的车轮与钢轨接触状态进行监控，并随时将状态汇报给救援指挥。

救援队长发出"下落车辆"命令，A 型复轨器操作小组操作油泵同时缓慢降压，车辆下落，车轴复轨作业完成。

下降过程中要求下降至一定高度时，逐渐撤下车体两侧添加的防护枕木。

d. 车辆复轨后，取出复轨器

e. 压迫各级缸复位，将缸内剩余液压油压回油泵内，再拆去油管，全部复原装箱。

f. 清理现场并撤走警示带、警示灯、垫木、专用铁板、止轮器等，装运上救援汽车。至此，列车救援操作结束。

③ 注意事项：

a. 在 A 型复轨器左右油缸活塞杆伸出长度调节时，注意要一致，长杆的伸出长度不能过多，短杆的倾斜度不能超过 75°，90° 为极限。

b. 在油泵降压时，注意要缓慢，防止降压过猛而导致事故发生。

c. 假若车轴脱轨距离较大，横移量不够，不能一次复轨，可进行多次横移再进行复轨。即先将脱轨车轴横移一段距离，在脱轨车轴两个车轮下方放置好合适的枕木，将脱轨车轴放置在枕木上，再用 A 型复轨器重复上次操作程序进行二次横移，直至可以进行复轨操作。

d. 所有救援队员一定要听清救援指挥的指令，做到安全、有序、节时。

e. 为保证人员安全，非救援队员一律在警示带外，需进入现场需经得安全监控员同意。

④ 按公司救援程序通知相关领导及部门。

7. 地铁列车正线救援方案

(1) 列车脱轨救援

救援方案一：两点顶升，一点平移。

1) 救援方案："两点顶升，一点平移"，用 LUKAS 救援设备先进行两点顶升，顶升位置在转向架两侧架车点，将车顶至可在车钩顶升点下方安装复轨桥和横移小车。然后再在车钩顶升点下方放置复轨桥和横移小车等设备将车顶升至轮缘略高于钢轨时再进行横移操作。

2）使用设备与上述相同。

3）作业程序：

① 首先在两侧，在隧道内的排水水沟内放置专用垫块，高度与道床面水平。

② 复轨方式与上述相同。

③ A型复轨器顶升加横移复位与上述相同。

（2）轮对卡死救援

救援方案与上述相同。

（3）倾覆救援

救援方案与上述相同。

8. 地铁列车列车段内救援方案

（1）列车脱轨救援

救援方案：两点顶升，一点平移与上述相同。

（2）轮对卡死救援与上述相同。

9. 救援作业后工作

（1）拆除所有救援设备；撤除所有救援辅助设备和工具。

（2）救援前解钩的列车要进行车钩的连挂，拆除接地棒和止轮器。

（3）确认所携带的救援工具齐全，未遗留在轨道上。

10. 应急保障

（1）人力资源保障

设备分中心、检修分中心加强对专（兼）职救援队伍的日常管理，有条件时增设专职救援人员，确保发生列车脱轨时救援队员能迅速到位，展开有效救援。

（2）救援设备、设施保障

1）检修分中心建立救援设备维保体系，加强救援设备的维保工作。并根据救援实际需求配置或增加救援设备。

2）当列车出现脱轨、轮对卡死、倾覆情况超出救援队伍救援能力所及的范围时，则需要启动社会化应急救援保障。

（3）救援物资保障

材料主办负责救援物资保障工作，检修分中心每年申报救援物资需求，由材料主办统一提报，演练或应急救援过程中大量消耗的物资，对于汽油以外的救援物资必须当月重新申报补充（材料主办根据需求部门的需求计划及时补充到设备）。材料主办加强对救援专项物资的管理，确保列车事故发生以后救援物资的供应。

（4）技术储备与保障

1）为了提高车辆中心救援队伍的技术和战斗水平，增强救援队的应急处理能力，各分中心日常应加强救援知识学习和培训。

2）每年组织、参加相关中心级救援演练活动不少于 2 次，分中心级救援演练活动不少于 2 次，参加分公司救援演练活动按分公司安全技术部下发的年度救援演练计划执行。

3）分公司级救援演练方案由安全技术部负责编制，中心安全主办负责组织。中心级救援演练方案由中心安全主办负责编制，分中心级救援演练方案由分中心安全主办负责编制。

4）救援演练方案及总结按分公司安全技术部下发的要求执行，要求进行存档。

5）救援演练发现的问题一个月内必整改完毕。

11. 其他保障

综合技术室负责列车事故救援人员的运送以及设备的运送，救援现场的饮用水、食物等由中心综合技术室保障。

3 运营组织

3.1 行车及乘务组织

3.1.1 列车运行组织

1. 列车运行模式

列车在正线运行采用双线单向右侧行车，运营电客车在石埠站至火车东站间循环运行；首、末班车须严格按照运营时刻表规定的时间投入运营，不得早发、迟发。

2. 电客车运行的准备和条件

（1）运营前检查时，行调授权后，车站才能进行屏蔽门、道岔功能测试。

（2）首列车出厂前30min，行调检查各车站和车厂运营前的准备工作。各车站值班站长（值班员）、车厂调度员及时向行调汇报以下内容：

1）运营线路空闲、施工结束、线路出清；

2）行车设备、备品齐全完好；

3）道岔功能测试正常，站台无异物侵入限界，屏蔽门开关正常；

4）当日使用电客车、备用电客车安排及司机配备情况。

（3）行调与电调确认电客车运行线路接触网已送电。

（4）司机与车厂调度员办理电客车接车手续，并按规定于电客车出厂前30min进行整备作业，具体整备作业内容按有关规定办理。

（5）电客车回厂后，司机向车厂调度员汇报电客车运行情况和技术状态，车厂调度与检修调度进行交接。检修调度应于每日04：30前，按运营时刻表的计划向车厂调度提供当日合格上线运行的电客车车组号（包括备用车）。

3. 电客车出入车厂的组织

（1）运营期间电客车出入厂时利用运营间隙组织，不能影响正线电客车运营。

（2）电客车出厂的规定：司机凭出厂信号机显示，自行采用RM模式驾驶电客车运行至转换轨一度停车，列车收到速度码后以ATO/ATPM模式运行进入正线。原则上电客车按运营时刻表计划出厂时，凭地面或车载信号显示直接出厂，无需与行调联系；但运营时刻表中出厂的第一列电客车及其他非运营时刻表计划列车应在出厂信号机前一度停车，用车载无线电台或手持台与行调核实运行有关事项，确认信号开放正确后方可动车。

（3）电客车入厂的规定：各次列车返回车厂时，按原驾驶模式进入转换轨，在转换轨按规定转换驾驶模式后联系信号楼，凭入厂信号机的显示回厂。

4. 列车接发作业规定

（1）正线接发列车线路的使用由行调决定，车厂线路的使用由车厂调度决定，列车经出/入段线进出车厂的线路使用情况，电客车原则上按照运营时刻表、工程车按照《施工行车通告》的规定执行，无规定或临时需要变更进出厂路径时，按照正线优先的原则由行调负责安排。

（2）正常情况下车站不显示接车信号，不办理接发列车作业，遇特殊情况须接发列车时，车站接发列车人员应严格执行接发列车作业程序：

1）接车时应按照运营时刻表及行调命令做好接车工作；

2）车站行车值班员在 HMI 工作站上排列列车进路；

3）特殊情况下接发列车时显示手信号的时机和地点；

①停车信号：在看见列车头部灯开始显示，待列车停车后方可收回。显示地点为列车停车位置头端；

② 好了信号：应待列车动车后方可收回。显示地点为站台司机能够看到的位置；

③ 引导手信号：待列车头部越过信号显示地点后方可收回。显示地点为进站端墙；

④ 道岔开通信号：道岔位置正确后，向司机显示道岔开通信号，必须在司机鸣笛回示后方可收回，显示地点为道岔现场旁安全避让点；

4）车站接发列车其他具体作业程序，按车站运作手册有关要求办理。

（3）列车进出车站时，车站人员发现站台或屏蔽门异常，立即用对讲机通知司机并及时处理；列车进出车站时，司机发现站台或屏蔽门异常，立即用对讲机通知车站人员并及时处理；车站人员或司机同时报告行调。

（4）车站报点的规定

1）控制中心 MMI 不能显示线上列车运行位置时，各站记录各次列车到发点；控制中心 MMI 能显示线上列车运行位置时，车站根据行调要求报点。

2）执行电话闭塞法时，各站均要向行调报各次列车的到发点，发车站须向前方站报发点。

3）电客车在车站的停站时分增晚 60s 以上时，车站要向行调报告原因。

5. 电客车运行的规定

（1）电客车驾驶模式：

1）自动驾驶模式（ATO）；

2）ATP 监督下的人工驾驶模式（ATPM）；

3）限制人工驾驶模式（RM）；

4）非限制人工驾驶模式（NRM）；

5）自动折返模式（ATB）。

ATO、ATPM、RM、ATB 为信号提供的驾驶模式，NRM 为车辆提供的驾驶模式。在信号及车辆均具备 ATP 功能时，列车采用 ATO 或 ATPM 模式驾驶；在信号及车辆不能同时具备 ATP 功能时，列车采用 RM 或 NRM 模式驾驶。ATB 驾驶模式仅在 CBTC 模式下能用，在 BM 模式下不能用。各种驾驶模式之间可采用人工转换，在某种情况下也可自动转换，各驾驶模式间转换条件如表 3.1-1 所示。

驾驶模式间转换条件   表 3.1-1

原驾驶模式	转换后驾驶模式			
	ATO	ATPM	RM	NRM
ATO		列车运行或停车状态,均可人工转换	停车后人工转换	列车停车后切除 ATC
ATPM	列车运行或停车状态均可人工转换		在正线需停车后人工转换	列车停车后切除 ATC
RM		列车获得定位并接收到正确的移动授权后,列车自动转换		列车停车后切除 ATC
NRM			车载 ATP 设备可用时,列车停车后,恢复 ATC 切除开关至正常位	

（2）电客车转换驾驶模式的操作规定

1）列车运营时正常驾驶模式为 ATO 模式，运营过程中需要降级转换驾驶模式时（ATO/ATPM→RM→NRM），需经行调同意；

2）电客车回厂时在转换轨以 RM 模式回厂；

3）电客车需转为 NRM 模式时，需经行调同意后才能切除 ATC 转换，按 NRM 限速要求运行。

（3）电客车进站停车，当未到停车标停车时，司机确认运行前方无异常，以 ATPM 或 RM 模式动车对标，对标停稳后报行调。列车越出停车标时，司机应立即进行车厢广播安抚乘客，并使用无线电话通知车站维持好站台秩序。

1）列车越过停车标 5m 以下时，以 RM 模式后退对标后报行调。

2）列车越过停车标 5m 及以上时，司机报告行调或由车站转报行调，按行调指令执行。行调组织电客车不开门继续运行到前方站时，应及时通知本站及前方站。末班车原则上组织后退对标上下客。

（4）电客车运行速度规定，见表 3.1-2。

电客车运行速度　　　　　　　　表 3.1-2

序号	项目	运行速度（km/h）				说　明
		ATO	ATPM	RM	NRM	
1	正线运行	设定正常速度	不超过推荐速度且小于紧制速度 5km/h	25	40	
2	电客车通过车站	设定正常速度	45	25	40	
3	电客车进站停车	设定正常速度	小于推荐速度 5km/h	25	40	电客车头部进入尾端墙的速度
4	电客车推进运行	—	—	25	30/10	救援列车在被救援列车尾部推进时为 30km/h；在列车尾部自身推进时 10km/h
5	电客车退行	—	—	5	10/35	因故在站间退回车站时（推进/牵引）
6	引导信号	—	—	25	25	—
7	电客车进入终点站	设定正常速度	25	25	25	—
8	电客车在辅助线上运行	设定正常速度	25	25	25	经过存车线、折返线（不载客时为 25km/h）
9	列车救援运行	—	—	—	30	—
10	车厂内运行	—	—	25	25	停车库内 10km/h

注：除执行表 3.1-2 速度外，还须按照线路、设备功能允许速度限速运行。

（5）电客车司机屏蔽门操作规定

1）电客车配一名司机，负责驾驶电客车和操作相关设备，监控屏蔽门和车门的开关状态。

2）如屏蔽门与车门能实现联动功能，电客车到站停车后自动打开车门与屏蔽门。司机迅速打开驾驶室门，观察乘客上下车情况，监控屏蔽门和车门的开关状态。

3）如屏蔽门与车门不能实现联动功能，按先开屏蔽门，后开车门；先关屏蔽门，后关车门顺序操作。

4）乘客上下车完毕，按运营时刻表规定的停站时分，提前12s关闭屏蔽门、车门。司机瞭望屏蔽门与车门的间缝确认无人员、物品滞留，确认安全后进入驾驶室，凭车载信号或地面信号显示动车。

6. 工程车开行的规定

（1）工程车在正线牵引或推进运行，各站按列车办理。

（2）工程车中车辆编挂条件，由车长负责检查。当工程车装载的货物高度超过距轨面 3800mm 的货物时，接触网必须停电。

（3）工程车编挂有平板车时，因施工或装卸货物的需要，可以在中途站甩下作业，但要做好安全防护及防溜安全措施，返回时要挂走。平板车在区间原则上不准甩下作业。

（4）工程车在正线运行，司机凭地面信号显示行车，行调加强监控，与前行列车至少保持两站两区间的安全距离；在区间或非连锁站作业后折返时，凭调度命令行车。

（5）工程车在车站始发或停车后再开时，司机确认地面信号或按行调命令行车。

（6）车站原则上不用接发列车，工程车在运行中司机、车长通过无线电话加强与车站联系，掌握运行计划，确认运行进路。

（7）工程车到达指定的施工作业区域后，行调应及时发布书面命令封锁该作业区域。待施工结束后，再开通有关线路，安排工程车回厂或到前方存车线（折返线）停放。

（8）工程车出入厂的具体规定

1）工程车出厂时应在出厂信号机前停车联系行调，确认信号机开放正确后方可动车进入正线。

2）行调必须控制工程车在运行途中与前行电客车至少保持两站两区间的安全距离。

3）组织工程车出入车厂：

① 下行最后一班运营电客车出清凤岭站后，方可组织工程车从某某车辆段经入段线进入下行线运行；上行列车全部回厂后方可组织工程车从某某车辆段进入上行线运行。

② 下行列车全部回厂后，方可组织工程车从西乡塘停车场进入下行线运行；

③ 上行最后一班运营电客车出清西乡塘客运站后，方可组织工程车从西乡塘停车场进入上行线运行。

（9）工程车回厂时间要求

正线作业的工程车必须在运营出车前30min到达车厂停稳。

3.1.2 乘务员值乘方式

城市轨道交通乘务员指的是电客车司机和工程车司机，他们处于城市轨道交通运营的第一线，肩负着行车安全的主要职责。因此，合理的安排乘务员的作息时间、制定值乘方案、加强安全监督显得至关重要。值乘方式的选择不仅要与实际运营相结合，还要有科学依据作为保障，在保证运营安全的前提下，合理精减乘务员。目前乘务员值乘方式主要有包乘制和轮乘制两种。

1. 包乘制

包乘制是指一人一列或者两人一列，按照轮班的方法进行值乘。包乘制具有以下特点：

（1）司机对自己包乘列车的车况、性能会比较了解，有利于司机对列车的保养及维护。

（2）司机与列车相对固定，有利于管理和监督。

（3）每天的实际工作时间缩短，减轻了司机的作业强度，提高了安全系数。

（4）要求运营列车相对固定，不宜频繁更换。

（5）作业人员比轮乘制多。

2. 轮乘制

轮乘制是指司机按组分配，每组配备的司机数量可以按实际投入使用的列车进行计算，按照轮班方法，轮流值乘，终点安排休息。轮乘制具有以下特点：

（1）由于采用轮乘，司机配置人数可以减少到最小的程度。

（2）司机值乘时一人工作，对司机的综合素质要求较高。

（3）不利于列车保养，值乘人员对列车性能不熟悉，需制定措施强化值乘要求。

目前，城市轨道交通基本采用轮乘制进行值乘，目的是减少人员，提升工作效率。城市轨道交通的进一步发展，自动化水平的不断上升，值乘方式将会更加科学合理。

3.1.3 乘务员配置

1. 电客车司机配置数量的计算

（1）计算参数

1）单位司机日工作时间 T。计算电客车司机的配置数量时以年为单位进行综合计算，即全年列车所需的作业时间等于客车司机年总工时，将年度计算的结果分摊到每日，以每日的运作为计算参照。根据《中华人民共和国劳动法》的有关规定及轨道交通实际行车需要，单位司机日工作时间为：

$$T=(365-T_j)\times8\div365h \tag{3.1-1}$$

式中　T_j——年中周六、周日及法定节假日总天数；

　　　h——时间，h。

2）司机正线工作时间 T_z。正线司机值乘采用循环轮乘制，假设轨道交通运营时间为 6：00～23：00，则出车时间为 5：19～6：36，收车时间为 22：24～23：58，取平均值后每列车每日的运行时间为：

$$T_z=17.37h \tag{3.1-2}$$

3）司机每列车每天的附加工时为 T_{fj}。除去电客车驾驶外，客车司机需要提前出勤，按程序整备列车、抄写有关行车注意事项和调度命令；下班后退勤前，需要填写司机报单，写出当班事件的经过，每条司机交路所消耗的事件折合到列车上，每列车每天的附加工时为：

$$T_{fj} \approx 1h \qquad (3.1\text{-}3)$$

4）上线列车数量（去高峰期）L_z。

5）始点站折返机班数（一般取值 1）J_z。

6）终点站折返机班数（一般取值 2）J_z。

7）车辆段备用车机班数（一般取值 1）J_{cb}。

8）正线备用车机班数（一般取值 1）J_{cb}。

9）每列车机班数（即每机班人数，ATP 保护模式下一般取值 1，全人工驾驶取值 2）N_j。

10）车辆段调试、调车客车机班数 J_{Bc}。

11）车辆段调试、调车每个机班人数 N_{jb}。

12）调试、调车班工作时间（车辆段一般为 24h 运行）T_c。

13）正线所需客车司机数 N_z。

14）车辆段调试、调车客车司机数 N_c。

15）备员率，一般取 8%。

（2）计算方法

1）正线所需客车司机数 N_z 为：

$$N_z = (T_z + T_{fj}) \times (L_z + J_s + J_z + J_{cb} + J_{zb}) \times N_j \div T \times (1 + 8\%)$$
$$(3.1\text{-}4)$$

2）车辆段调试、调车所需客车司机数 N_c 为：

$$N_c = J_{Bc} \times N_{jb} \times T_c \div T \times (1 + 8\%) \qquad (3.1\text{-}5)$$

3）所需电客车司机总数 N 为：

$$N = N_z + N_c \qquad (3.1\text{-}6)$$

4）根据管理幅度与难度，每 18～20 名司机成立一个班组，每个班组需要一名客车队长和一名司机长，负责日常班组管理及正线监控。

2. 影响电客车司机配置数量的因素

（1）折返司机的配置

按轮乘制要求，司机值乘一个列次后需要在终点站短暂休整。为了提高运营速度，不允许司机当班折返，所以一般在行车间隔 5min 以上时安排一个机班折返，5min 以内时，安排 1～2 个折返机班。

（2）备用车看守机班和车辆段调车机班的配置

备用车是安全运营需要备有的准备上线替换故障列车或者需要加开列车时使用的列车，包含电客车与看守机班两个概念，运营需要时可以立即开车。车辆段调车机班是根据车辆段检修需要，进行段内检修调车转располед及上试车线调试作业的机班，但是备用车开行后就无人进行调车、调试作业，这样会影响检修调试作业，因此一般只做临时安排。如果单纯从安全角度考虑，车辆段相对正线线路复杂，作业差异大，行车时无列车自动保护，应考虑固定人员，不与正线司机混用。

（3）司机长、队长的配置

在轨道交通行车工作中电客车司机的工作安全要求是最高的，在这个安全控制环节中，现场技术指导、安全监督和思想教育非常重要，队长、司机长是该环节中质量控制必不可少的岗位。队长电客车司机业务技术指导和日常管理、人员安排，尤其是在乘务班组管理中队长要掌握班组中司机的思想动态，帮助司机调整心理、摆正态度。司机长每天在正线轮值，对司机作业进行安全监督和质量控制，并且培训、帮助业务相对差的司机，正线运营应急时可以顶岗。

（4）其他因素

1）突出安全教育与培训工作需要的工时。电客车司机都是单独作业，安全意识、技能要求极高，不应在持续上班的休息时间内安排培训，应该定期进行脱产培训，给出一定的培训工时。

2）企业对电客车司机的激励（薪酬和升职）有限，电客车司机每年均有一定的流失量，如升职、转岗等，同时熟练司机的培训工时长，且社会替代性弱，因此，在定岗定员时应该将司机的流失量算进去。

3）持续有新的电客车陆续到位调试。电客车的采购、生产周期长，新线开通的一年或者两年都有电客车陆续到货，接入新的电客车后需要进行静动态调试、200km运行试验、信号动态调试，一般需要一个半月左右的时间调试，该部分工作也要占用司机的工时。

综合考虑各种影响因素，乘务员配备时一定要有8%的储备率，若新开通的城市轨道交通线路则应取值10%以上。

3.1.4 车厂乘务组织

1. 车厂概况

（1）车厂的组成

城市轨道交通车厂是供轨道交通车辆与工程车整备作业、停放、保养、维修及清洗的场所总体分为咽喉、线路和车库三部分：

1）车库部分有停车库、定修库、架修库。停车库除了停放车辆外，还是日常保养的场所，所以设有检修坑道。定修库、架修库做车辆定期维修使用。

2）线路部分由各种用途不同的停车线、牵出线、试车线、检修线、洗车线和材料线等组成。

3）咽喉部分是车厂的停车库、检修库与正线连接的地段，这些地方有出入段线和众多道岔，它的使用情况直接影响着整条线路的运营。

（2）列车运转流程

列车运转流程指的是每日列车运用过程，包括4个环节，即列车出车、列车正线运营、列车回库收车和列车场内检修及整备作业。这些作业由车辆运用部门各个岗位协调配合共同完成。

2. 乘务组织架构（图3.1-1）

3. 管理职责

（1）车厂调度岗位职责

1）负责车厂（停车场）内行车组织及施工协调、指挥工作，

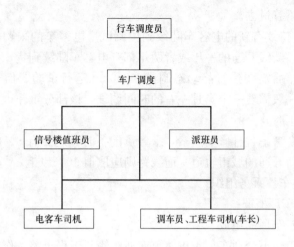

图 3.1-1 乘务组织架构

确保行车秩序和施工安全。

2）根据列车运营时刻表及行调命令指示，安全、正点、有序地组织收发车作业。

3）根据车辆检修计划、施工及培训需求，安全、及时、规范地组织转线、调试、吹扫整备、培训等调车作业。

4）根据洗车计划，组织完成车辆洗车作业。

5）根据施工计划，负责审批各项施工，协调施工有关部门、人员，监督施工单位负责人按时进行施工请销点，加强施工的安全监督，确保施工作业安全、按时完成。

6）在设备故障或事故状态下，担任现场处理负责人，负责组织、协调、指挥各值班人员（含各生产部门的救援队），按照相关文本和预案，及时、正确处理有关问题，并及时进行信息通报。

7）下达工作计划或指令，监督、检查、督促信号楼和派班员的日常工作，发现问题及时进行纠正。

8）完成上级领导交办的其他事项。

（2）信号楼值班员岗位职责

1）根据车辆检修计划及调车计划单，安全、及时、规范地组织车辆转线、调试、吹扫整备、培训等调车作业。

2）根据列车运行时刻表及车厂调度、行调命令指示，安全、正点、有序地组织收发车作业。

3）根据洗车计划及厂调命令指示，组织完成电客车洗车作业。

4）根据施工计划及厂调命令指示，在 MMI 上做好施工防护及配合工作。

5）在设备故障或事故状态下，并按照相关文本和预案，配合、监督厂调，及时、正确处理有关问题。

6）完成上级领导交办的其他事项。

（3）车厂派班员岗位职责

1）车厂派班员直接受车厂调度管理。

2）负责编制每日电客车司机运转计划。

3）负责车厂、停车场内司机出退勤工作。

4）负责向出勤司机传达行车指示及安全注意事项。

5）负责编制司机公寓入住计划。

6）负责乘务日报编制及发布。

7）负责统计电客车司机运行公里数、行车备品管理。

8）完成上级交办的其他工作。

（4）调车员

车厂调车员作业时，负责机车车辆移动的现场指挥者，由工程车司机（或副司机）担任。

（5）车长

工程车开行时，车上有两名司机，一名负责驾驶列车，另外一名担任车长，负责指挥列车运行及检查监视车辆装载货物的安全，推进运行时负责引导瞭望。

3.1.5 正线值乘管理

1. 正线值乘要求

正线客运列车运行安全是轨道交通运营安全体系里最关键的

环节之一，列车值乘一般只由一名司机负责，司机的驾驶操作安全关系到上亿的资产安全和上千人名群众的生命安全。因此，电客车司机必须严格遵守规章制度，按章操作使用设备和正确执行各项作业程序，确保电客车安全运行。对正线值乘主要有以下要求：

（1）严格准守交接班制度。

（2）司机取得《司机驾驶证》并经鉴定合格后，方准独立驾驶电客车。副司机必须在司机的监督下才能操作列车。

（3）采用人工开门时，必须认真执行"一确认、二呼唤、跨半步、再开门"的程序。

（4）动车前必须确认动车"三要素"（进路、信号、道岔）。

（5）升受电弓前或者使用安全疏散门前，必须确认所有人员都在安全区域。

（6）操作各旁路开关前，必须确认符合安全条件，并取得行调授权。

（7）发布调度命令或行车指示时，司机必须认真逐句复诵并领会命令内容。

（8）严禁跨越地沟。进行车底检查时，戴好安全帽，并注意空间位置，避免碰伤。受电弓升起后，严禁触摸电气元件带电部分、地沟检查及攀登车顶。

（9）当班时，严禁携带私人通信工具、便携式音箱、游戏机等娱乐工具上车。

（10）严禁擅自带无关人员进入驾驶室，有关人员因工作需要登乘列车驾驶室时，必须确认其登乘证。

2. 正线值乘作业

乘务员正线值乘作业主要包括：出勤、出乘前的整备作业、列车出库、正线运行、站台作业、折返作业、电客车回厂作业和乘务员退勤等，具体内容如下：

（1）出勤

1）乘务员出乘应按规定着装，携带有关证件、行李备品及相关规章文本，按规定出勤时间提前到派班室。

2）认真听取派班员的行车命令指示以及安全注意事项，做好行车备品的领用工作。

（2）出乘前的整备作业

1）到达规定的股道后，确认股道、车体号符合《电客车状态记录卡》中记录的内容，列车两端无警告标志，列车两端无异物侵限。

2）严格按照列车检查走行线路和整备作业程序，采用目视、手动、耳听的方式，做好列车整备和试验，确保列车在投入服务前，技术状态良好。

（3）列车出库

1）列车整备完毕且列车状态符合正线服务后，确认出场信号开放，按该列车出车两段时刻驾驶列车出库，整列车离开库门前限速5km/h。车库大门前、平交道可应一度停车，确认线路状况良好后动车。

2）列车运行到转换轨一度停车，进路防护信号机开放，按照列车显示信息及运行模式驾驶列车运行至车站。

（4）正线运行

1）列车运行期间，严格按照要求操作使用设备和正确执行各项作业程序，确保电客车安全运行。

2）列车运行中，注意观察列车显示信息及状态，坚持不断瞭望前方进路状态，发现线路、弓网故障及其他轨旁设备损坏或超限时，及时采取措施，并报行调。

3）列车接近出站时，密切观察站台乘客状况，遇到乘客较多或者乘客越出站台黄色安全线，应及早鸣笛示警；遇危机列车运行或人身安全时，立即采取紧急措施。

（5）站台作业

1）列车到站停稳后，严格按照作业程序开关屏蔽门、车门，司机按规定立岗，监视站台乘客上下车情况和车辆状态。

2）列车关门动车前，必须确认没有夹人夹物的情况，所有乘客离开黄色安全线及站台安全后，对照运营时刻表发车时刻，按照规定程序启动列车。

（6）折返作业

1）站前折返

① 到达列车停稳后，按作业程序开门上下客。

② 到达司机确认折返图标闪烁，按压"AR"按钮直至图标不再闪烁，关主控钥匙。接车司机确认 AR 折返灯常亮，折返成功后，到达司机进行交接班。

③ 交接完毕后，接车司机打开主控钥匙，站在规定位置立岗，观察站台乘客上下车情况，乘客上下完毕后，完成站台作业，按规定手指口胡动车。到达司机监控接车司机完成站台作业，列车动车后到换乘室待令，准备接车。

2）站后无人折返

① 到达列车停稳后，显示屏出现折返图标，到达司机开门上下客，与接车司机进行交接班。

② 到达司机确认乘客上下车完毕后关闭车门，按压"AR"按钮直至灯灭。关闭主控钥匙，锁闭司机室侧门下车。

③ 到达司机操作自动折返按钮（DTRO），列车自动启动并进入折返线，自动折返到对面站台，完成无人折返作业，待列车启动后返回换乘室。

④ 接车司机待到达列车停稳后，即进入司机室与到达司机进行交接有关事项，跟随列车进入折返，在进入站台时，接车司机要密切留意站台乘客状态，发现危及行车及人身安全时立即采取紧急措施。列车停稳后，打开客室门、合主控钥匙，列车投入运行。

3）站后有人折返。列车折返线停稳后，到达司机关闭主控钥匙并通知接车司机，接车司机确认 AR 折返灯亮，合主控钥匙，确认信号开放，驾驶列车出折返线。列车停稳后司机方可返回换乘室。

（7）电客车回厂作业

1）司机驾驶列车至转换轨一度停车，联系车辆段信号楼值班员，确认列车停放的股道和进路情况。

2）确认入场信号黄灯亮后，驾驶列车入厂。库前和平交道口前一度停车。

3）列车停稳后，清洁司机室卫生，检查行车备品，确认是否齐全良好，然后将其情况一齐填写在"列车状态卡"上。

4）列车停在规定位置后，方向手柄回零，分主断；施加停放制动，分空调，分照明。空压机停止工作后，确认受电弓状态，降受电弓；关蓄电池，下车锁好司机室侧门。

（8）退勤

司机到车辆段派班室交还钥匙、状态卡，交递司机报单、运营时刻表和移动电台，办理退勤手续，派班员在司机日志上盖章，允许司机退勤。

3.2 车厂施工组织

3.2.1 施工管理构架

1. 管理架构

为加强对维修施工作业的管理，可成立施工计划协调管理小组、协调工作小组，并明确领导小组、工作小组成员的职责和分工。

（1）施工计划协调领导小组

组长：运营分公司分管副总经理

成员：调度指挥中心、车辆中心、维修中心、通号中心、客运中心、安全技术部分管副主任（副部长）。

（2）施工计划协调工作小组

组长：安全技术部分管副部长

副组长：调度指挥中心、车辆中心、维修中心、通号中心、客运中心、安全技术部经理（副经理）。

成员：调度指挥中心、车辆中心、维修中心、通号中心、客运中心分、安全技术部负责施工计划的有关人员。

（3）职责及分工

1）领导小组成员职责、分工

① 领导小组职责：定期对施工工作的开展情况进行分析、总结，并有针对性地进行工作改进。

② 组长：领导计划协调小组；协调分公司与外单位于计划审批会议上未能商妥的问题；协调分公司内各中心间于计划审批会议上未能商妥的问题；审核需于《施工行车通告》、《施工行车通告补充说明》中颁发的有关章程，签发《施工行车通告》、《施工行车通告补充说明》。

③ 成员：指导计划的协调、编排、管理工作；协调于计划审批会议上未能商妥的问题；督促、指导工作组的工作。

2）工作小组职责、分工

① 组长、副组长：轮流参加施工计划协调会、协调施工计划协调会存在的问题；组长需审核《施工行车通告》。

② 成员：分工负责协调小组日常工作；按期组织计划审批会议；协调各单位的作业计划；处理作业计划变更事宜；跟进作业计划实施情况；编制、发布《施工行车通告》。

2. 运作流程

施工管理主要以《施工行车通知》的形式进行运作。《施工行车通知》是汇总每月的施工及工程车开行计划、临时修改规章手册的通告等，一般每月发布一期。《施工行车通知》的运作流程图，如图 3.2-1 所示。

3.2.2 施工计划

1. 计划分类

（1）按时间分为：

1）双周计划；

2）日补充计划；

3）临时计划；

（2）按施工作业地点和性质分为：

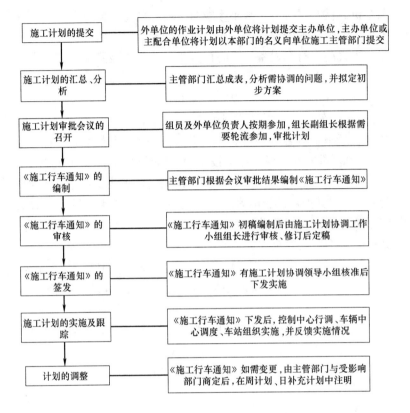

图 3.2-1 《施工行车通知》的运作流程图

1）影响正线、辅助线行车及影响行车设备使用的施工为 A 类，其中在正线、辅助线开行工程列车、电客车的施工为 A1 类；在正线、辅助线、站台端门外小站台（走廊）区域不开行工程列车、电客车的施工为 A2 类；在车站、主所、控制中心范围内影响行车设备设施（含影响电调、环调设备监控）使用的为 A3 类；

2）在车厂范围内的施工为 B 类，其中开行电客车、工程列车的施工（不含车辆中心开展的电客车、工程车检修作业）为 B1 类，不开行电客车、工程列车但在（在工程车库、镟轮库、架车机、洗车机等专用线不影响日常行车的施工除外）车厂线路限界、影响接触网停电、在车厂线路限界外 3m 内种植乔木、搭建相关设施、行车设备、消防设施维护维修以及影响车厂行车的施工为 B2 类，车厂内除 B1/B2 以外的施工作业为 B3 类（办公室、食堂等生活办公设备设施维修除外）；

3）在车站、主所、控制中心范围内不影响行车的为 C 类，其中大面积影响客运服务、消防设备正常使用及需动火的作业（含外单位进入变电所、通信设备房、信号设备房、环控电控室、照明配电室、蓄电池室、水泵房、其他气体灭火保护房内作业）为 C1 类，其他局部影响客运、消防设备正常使用，但经采取措施影响不大且动用简单设备设施（如动用 220V 及以下的电力、钻孔等，不违反安全规定）的施工为 C2 类。

（3）属于正常修程内的 A1、A2、A3、B1、B2、C1 类作业应纳入双周计划。双周计划应结合运营分公司设备检修计划编制。

（4）对在双周计划里未列入的进行补充或双周计划中需调整变更 A1、A2、A3、B1、B2、C1 类作业的计划，称为日补充计划，日补充计划申报量应控制在当日施工总数的 20%。以下除外：

1）重点工程施工；

2）故障处理以及临时生产任务（运营分公司生产例会交办的、运营分公司领导布置的）申报的日补充计划；

3）原开车作业计划取消后，相应作业区域内申报的非开车日补充计划；

4）日补充计划中调整计划（仅指不需要对双周计划中的其他作业进行调整的调整计划）和取消计划。

（5）运营时间对设备进行临时抢修后，须在停运后继续设备维修的、设备故障但不影响运营的 A1、A2、A3、B1、B2、C1 类作业的计划为临时计划（含运营分公司生产管理归口临时布置的生产任务等），临时计划不受数量限制。

（6）属于 B3/C2 类的作业，不需提报计划，施工作业负责人直接与车厂、车站、控制中心请点，经车厂、车站、控制中心同意后开始施工。

（7）运营期间不得进行影响行车设备正常运行、大面积影响消防设备设施以及降低客运服务质量的施工。外单位及对外委托维修单位在实施属于 B3/C2 类的作业的施工时，原则上需在主配合部门的配合下（或设备归属中心判定是否需要本中心人员配合），到车厂、车站、控制中心办理相关施工申请。

2. 施工计划申报程序

原则上正线开行工程车或电客车的作业以月为周期隔天安排，单号开车作业、双号人工作业（或双号开车作业、单号人工作业）；原则上安排开车作业当日不安排 A2 类作业（如当日开车区域为小区段，可酌情安排其他非开车区域作业）。具体以每期核心计划提报情况统筹安排，确保施工计划准确、安全。

（1）车辆中心于每月 8 日前将下月工程车、轨道车、平板车的扣修计划发各中心、部门，各中心、部门根据扣修计划提报用车计划。

（2）各中心提报双周计划时，应于施工计划提报周周一12：00前将下两周核心计划（含开车计划）提交到安全技术部，安全技术部收到各中心核心计划（含开车计划）后组织各中心施工计划管理人员协调安排，经施工计划协调会确定后并下达至各中心，施工协调会原则上在周二组织（具体以实际通知为准）。各中心根据核心计划（含开车计划）情况填报非核心计划，将填写好的《双周施工计划申报单》于施工计划提报周周三 17：00前向安全技术部提交。《双周施工计划申报单》中应包括作业日期、作业部门、作业时间、作业区域、作业内容、供电安排、申报人、防护措施、备注（列车编组、A 类作业需注明请点车站、配合部门及详细配合要求、联系电话等）。

核心计划包括：

1）开行电客车或工程车的计划；

2）主变电所切换运行方式、停电检修计划（不含主变电所400V以下的作业）；

3）影响范围广、涉及专业多的计划；

4）车辆段、停车场内大区停电计划；

5）其他有特殊要求，需优先安排的计划。

（3）日补充计划于工作开始前一天的12：00前（特殊情况除外），由调度指挥中心、车辆中心、通号中心、维修中心、客运中心、施工管理人员收集、调整、汇总后向安全技术部提交。

（4）临时计划由各中心根据当日设备故障处理情况，及工作轻重缓急情况向安全技术部提出申请，原则上临时计划需提前1h提报（如需接触网停电挂地线，需提前2h提报）。安全技术部根据故障情况及工作重要情况进行安排；非故障处理不得随意提报临时计划，特殊情况（如分公司领导要求，生产例会要求，及其他经协调确认需提报临时计划的）除外。

（5）外单位及对外委托维修单位作业申请程序

1）申报施工作业计划到设备归属或属地管理中心办理。

2）各中心、部门（或安全技术部）与外单位签订《运营分公司承包商安全生产协议》，根据《运营分公司承包商安全生产协议》缴纳安全生产保证金。各中心、部门负责各专业接口外单位施工负责人培训及考试，培训、考试记录存档，考试合格安排施工计划施工，并报安全技术部备案。

3）涉及运营分公司内实施对外委托维修及施工，对外委托维修单位将相关施工计划提交设备归属管理中心，设备归属管理中心必须审核施工安全措施、影响情况、提供配合情况，并负责申报施工作业计划。

4）涉及配合轨道交通集团其他部门、分公司的施工及其对外委托项目施工，外单位将相关施工计划配合需求提交运营分公司设备归属中心/部门（或属地管理中心/部门），配合中心/部门必须审核施工安全措施、影响情况、本中心/部门提供配合情况，并负责申报施工作业计划。

5）外单位及对外委托维修单位施工计划由主配合中心名义提报，施工计划备注施工单位名称，属对外委托单位的备注"对外委托"字样。

3. 施工计划的编制

（1）计划编制原则：

1）双周施工作业计划的安排应在确保安全的前提下，考虑均衡安排，避免集中作业；

2）处理好列车的开行时间和密度、施工封锁等几方面的关系，避免抢时、争点现象；

3）为方便施工单位作业，施工作业计划内各项作业应注明施工日期、作业起止时间、作业内容、作业区域、安全事项及其他应说明的问题（列车编组、行车计划、配合部门及详细配合要求、联系电话等）；

4）经济、合理地使用机车车辆，避免浪费资源。

（2）编制审批程序

1）双周计划

① 原则上在周四下午由安全技术部根据双周计划提报的情况，组织内部申报中心及相关施工单位人员审核计划。

② 审核双周计划时，对于安全上有特殊要求和规定的，在施工协调会议上提出讨论确定。双周计划中应明确说明施工作业起止时间、地点，如有变更，见《施工作业令》；

③ 由安全技术部根据双周计划审核结果，编制《施工行车通告》，于周五16：00前发布（特殊情况除外、如遇节假日适当提前）。

a. 发放办法：分公司内各中心由安全技术部发给施工管理群及信息员出口，分公司以外单位由配合提报施工计划的中心提供给施工单位；

b. 发放范围：调度指挥中心、车辆中心、通号中心、维修中心、客运中心。

2）日补充计划

① 各中心提报的日补充计划的作业内容、区域、影响及备注事项必须准确、无误，安全技术部在接到各中心提报的日补充计划后审核、汇编，在各中心相关人员协助下审定后于 17：00 前（特殊情况除外）返回各申报中心，各申报的中心根据审核结果签发作业令。其中节假日（含周六、日）及节假日后上班的第一天的日补充计划统一在节假日前一天办理计划申请、审批手续。

② 日补充计划要在双周计划的基础上进行安排，以提高双周计划的兑现率。

③ 日补充计划原则上不安排工程车及调试列车作业，特殊情况（如抢修、运营分公司级工作要求的及不影响双周计划安排的计划）除外。

④ 作业区域如同时涉及车厂和正线的作业，计划申报 A 类作业，并在车厂调度处请点；

3）临时计划

① 工作日工作时间（17：00 前），安全技术部接报临时计划后，根据实际情况进行调整安排，并组织相关专业进行审核，审核结束后，将审批的临时计划返回相关中心，同时通知相关中心取消或调整相关作业计划的情况。

② 工作日 17：00 后及周末、节假日向 OCC 或车厂调度提报，OCC 或车厂调度接报临时计划（电子或纸质）后，根据实际情况进行调整安排，OCC 或车厂调度将审批的临时计划返回相关中心，同时通知相关中心、部门取消或调整相关作业计划的情况。正线临时计划审批后由 OCC 下发至车站。

③ 临时计划应及时优先安排，不受双周计划和日补充计划限制。

④ 临时计划作业区域如同时涉及车厂、正线时，计划申报 A 类作业，并在车厂调度处请点，计划报 OCC，OCC 会同车厂调度一同审核临时计划，审核同意后由 OCC 返回相关中心并下发车站。

4）工作日工作时间正线、车站审批的日补充计划、临时计划，每日17：00～18：00由安全技术部向客运中心、OCC、车厂调度传送（传送方式：QQ群）。其他时间由OCC负责传送。

3.2.3 运营时间内特殊的施工规定

1. 正线、辅助线发生各类设备故障或事故需封锁区间抢修的规定

（1）正线、辅助线发生各类设备故障或事故需封锁区间抢修的程序

1）由行调负责组织故障情况下的行车，根据主任调度员要求组织相关问题的处理；

2）如需停电由行调通知电调停电；

3）行调负责组织封锁区间内的设备抢修工作，并与现场联系，确定现场指挥；

4）抢修完毕，现场指挥确认线路出清后报行调，行调确认并记录恢复行车时间，组织列车运行；

5）列车或车辆在线路上的起复救援工作按《运营分公司突发事件总体应急预案（试行）》等有关规定执行。

（2）抢修、救援人员进出交由行调控制、封锁的区间应使用无线电话（如无法联络时经车站）向行调申请，得到行调批准后进入封锁的区间。

（3）遇车辆在线上的起复救援工作，涉及系统设备，由分管的电调、环调向行调提供技术支援，包括：

1）影响范围、预计处理（开通）所需时间；

2）变更的运行模式（指系统设备），如越区、单边供电，借用相邻设备等；

3）处理进展情况；

4）达到开通条件（轨道、供电）时的报告。

（4）设备故障或事故处理时，线路出清的确定

1）根据现场情况，由行调组织行车，由事故处理主任负责现场抢救工作。

① 电调、环调、行调接到故障或事故报告后，要尽快分析、作出判断，并进行记录；

② 现场的维修人员、事故处理主任确认行车条件后通知值班员，值班员报行调时，行调在作好记录，包括姓名、职务、报告时间和报告内容。

2）故障、事故处理完毕，由现场指挥报主任调度员、检修调度或车厂调度员线路开通；遇车辆在正线上起复救援时，由现场总指挥确认可以行车后，事故处理主任报告行调开通线路。

2. 运营时间正线、辅助线发生各类设备故障需短时间进行临时抢修的规定

（1）进入隧道前，须先到车控室办理有关手续，在得到行调批准并落实安全防护措施后，方可进入。

（2）运营时间到区间隧道的抢修行车设备的规定：

1）须搭乘电客车到区间隧道抢修行车设备时，经行调批准；

2）由行调组织好抢修人员在车站等候，按行调指定的车次上车（行调通知相关司机）；

3）抢修人员登乘司机室，通知司机在故障点前停车，从司机室门下车进入疏散平台，尽快进入水泵房安全地带后，用手信号灯白色灯光作圆形转动（表示已到达安全地点），通知司机继续运行；

4）进入司机室的抢修人员，不得影响司机的工作，并以 2 人为限。如果超过 2 人时，其余人员到客室乘车，下车时通过司机室门进入疏散平台；

5）未经行调同意，在水泵房的抢修人员只能在水泵房内作业，严禁侵入行车限界，影响行车及人身安全；

6）须从区间返回车站时，抢修人员使用 800M 向行调申请，行调通知司机，抢修人员使用手信号红色灯光给停车信号，指示司机停车，司机在红色信号前停车打开驾驶室门让抢修人员上车。

3. 车厂内发生各类设备故障或事故时

（1）由车厂调度员负责封锁相关线路；

（2）如为行车事故，由车厂调度员统筹组织处理，检修调度、行调配合；

（3）属车辆中心管辖设备故障，由检修调度统筹组织处理，并指定一名专业人员为现场指挥；

（4）属其他中心所管辖设备故障，由主任调度员统筹处理，并指定一名相关专业人员为现场指挥。

3.2.4 施工作业安全管理

1. 施工许可管理作业流程（图 3.2-2）

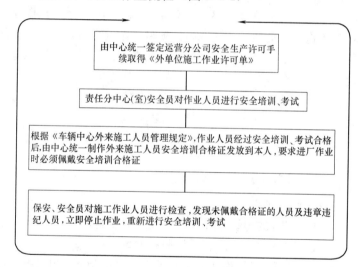

图 3.2-2 施工许可管理作业流程

（1）外单位在运营分公司所辖设备或所辖范围内进行施工的，必须办理有关许可手续，取得《外单位施工作业许可单》。《外单位施工作业许可单》由运营分公司负责审核、签发。

（2）与轨道交通集团签订的施工合同或与轨道交通集团范围内分公司级单位、独立法人实体签订的施工合同。若暂未能提供相关施工合同，则需提供总公司或总公司范围内分公司级单位、独立法人实体，开具的施工委托单、证明或有运营分公司参加同意施工的会议纪要。

（3）外单位施工人员在运营分公司参加培训获得的施工负责人证（B3/C2 类作业除外），若外单位施工人员没有施工负责人合格证，需参加培训和考试并取得施工负责人证。

（4）外单位办理好《外单位施工作业许可单》后开展施工作业，主配合部门要现场监管外单位施工作业，协调现场作业关系；配合部门提供作业配合和协助主配合监管作业。

2. 施工安全管理

（1）每项属于 A 类、B 类、C 类（B3、C2 类除外）作业需设立 1 名施工负责人，如同一施工项目多站进行时，除主站设施工负责人外，辅站另设施工责任人，两者须经过培训后取得施工负责人证（安全合格证），并实行持证上岗制度。

属于 B3、C2 类的作业不需设立施工负责人，但必须指定 1 名人员负责施工及施工安全管理。

（2）施工负责人/施工责任人（含 B3、C2 类作业的指定人员）职责：

1）负责作业人员/设备的管理；

2）办理请/销点手续；

3）作业过程的组织指挥和作业安全的控制；

4）及时与车站、车厂联系作业有关事项；

5）组织设置/撤销作业安全防护设施（接触网停电及挂地线由电调负责）；

6）出清作业区域/设备状态恢复正常。

（3）施工负责人/施工责任人任职条件：

1）熟知地铁线路划分、供电方式等基本情况；

2）熟悉该项作业的性质、内容、方法、步骤、要求等；

3）具备该项作业相关的安全知识和技能；

4）经过培训并考试合格，发证。

3. 施工防护与安全

（1）接触网检修或需接触网停电和配合挂地线的作业，必须做好停电或挂地线安全防护措施后才可进行作业。

（2）工程车及调试列车作业时，车站原则上须在作业区域两端及防护区域对应的轨道中央放置红闪灯（其中作业区域两端各放置两盏，防护区域各放置一盏）。施工前，由请点车站设置红闪灯，并通知作业区另一端车站及防护区域端车站设置红闪灯防护。施工结束后，销点车站撤除红闪灯，并通知作业区另一端车站及防护区域端车站撤除红闪灯。下列情况除外：

1）行调组织出/回厂列车、列车转线组织时，运行线路两端可不需要设置红闪灯。

2）工程车及调试列车作业的区域，如一端属于尽头线或区间分界点时，车站不需在尽头线端或区间分界点处设置红闪灯。

3）全线开行工程车（含调试列车）作业时，车站不需在作业区域两端设置红闪灯防护。

（3）非开车作业时，车站和施工作业人员不需在作业区域两端设置红闪灯防护。

（4）人、工程车在同一区域作业时，由施工负责人与车长根据现场情况协调。

（5）按施工前进方向，列车在前，人员在后，原则上不得颠倒或列车运行前后皆有作业。

（6）非随车施工人员与列车应有 50m 以上的安全间隔距离，原则上列车不得随便后退，如有需要动车时须施工负责人和车长协商后才能动车确保人身安全。

（7）作业人员应在自己现场作业区来车方向设置红闪灯防护。

（8）开行工程车、调试列车防护区域。

（9）在开行工程车进行作业的封锁作业区前后方必须保证至少有一个站台区或站间区间空闲作为防护区域（作业区域一端为线路终点时除外）。

（10）在开行高速调试列车的封锁作业区前后方必须保证至

少有一个站间区间空闲作为防护区域（作业区域一端为线路终点时除外）。

（11）凡进入线路施工的施工作业人员必须按要求穿荧光衣，并根据作业性质及作业要求使用其他安全防护用品。

（12）施工作业过程中如要进行动火作业，必须按照车辆中心消防安全管理规定办理动火令及作业，严禁在无动火令的情况下进行动火作业。

（13）外单位施工由主配合部门负责安全管理、安全监督。

（14）实施设备对外委托维修保养的设备归属管理部门为对外委托维修单位的管理部门，负责对外委托维修单位的生产组织管理、施工组织管理以及安全管理等；对对外委托维修单位作业质量、作业安全负责。

（15）施工作业时除严格执行以上规定及公司相关安全防护规定外，并按施工部门的有关施工操作程序的防护规定执行。

（16）维修作业人员必须严格遵守国家、行业、省、市及轨道交通集团、运营分公司、车辆中心的相关安全操作、作业的规章。

4. 施工组织管理

各类施工作业组织施工时必须执行请销点制度。

（1）请点

A类作业须经行调批准，方可进行；

B类施工作业经车厂调度员同意方可进行；如影响正线行车须报行调批准；

C类作业经车站批准方可施工；

属于B3/C2类的作业，施工作业负责人直接与车厂/车站联系，经车厂/车站同意后开始施工。外单位在实施属于B3/C2类的作业的施工时，凭《外单位施工作业许可单》在主配合部门的协助下，方可到车厂/车站办理相关施工申请。

（2）销点

施工结束后必须做好施工区域出清工作，施工负责人确认所有作业有关人员已撤离、有关设备、设施已恢复正常、工器具、物料已撤走等工作后，办理注销施工登记手续。

5. 对外委托维修施工组织

（1）实施设备对外委托维修保养的设备归属管理部门为对外委托维修单位的管理部门，负责对外委托维修单位的生产组织管理、施工组织管理以及安全管理等；对对外委托维修单位作业质量、作业安全负责。

（2）设备归属管理部门负责对外委托维修单位人员作业期间管理、设备维修组织管理。

（3）对外委托维修单位在施工组织中服从设备归属管理部门以及车站/车厂人员的指挥，负责在设备归属管理部门的管理下开展设备维修以及故障抢修等工作。

（4）设备归属管理部门负责对影响行车作业以及涉及动火等重点施工作业办理对外委托维修作业请销点以及安全防护。

1）对外委托维修单位开展影响行车的作业（即 A 类及 B1/B2 类作业）时，设备归属管理部门人员须负责办理请销点以及安全防护设置等工作。

2）对外委托维修单位开展非影响行车的作业（C 类及 B3 类作业）时，设备归属管理部门可根据需要安排专业人员负责办理请销点以及安全防护设置等工作。

3）对外委托维修单位开展涉及动火等重点施工作业，必须由设备归属管理部门安排专业人员负责办理请销点以及安全防护设置等工作。

（5）设备归属管理部门负责对外委托维修单位施工的请销点及安全防护时，按照以下规定执行：

1）同一施工作业存在有主、辅站请销点情况下，设备归属管理部门可只安排 1 名专业人员到主站现场办理请/销点和安全防护设置等工作，辅站可不需要安排专业人员。

2）在同一作业区域且同一请点车站请销点的施工，有同类专业人员即可办理请销点施工。

3）属于 C1 类作业的请销点时，车站/车厂根据施工进场作业令要求确认设备归属管理部门专业人员是否到场（如作业令注明要设备归属管理部门到场配合请点，则需确认；反之则不需要）。

4）属于 B3/C2 类作业的请销点时，车站/车厂可不需确认设备归属管理部门专业人员是否到场，但需确认设备归属管理部门发放的《对外委托维修作业任务书》。

5）对外委托维修单位不需办理《外单位施工作业许可单》，但必须办理《施工进场作业令》（属于 A 类、B1、B2、C1 类作业的）和《对外委托维修作业任务书》（属于 B3/C2 类作业的），《对外委托维修作业任务书》由设备归属管理部门负责制定。

（6）《对外委托维修作业任务书》由对外委托维修单位负责填写，设备归属管理部门负责签发。

6. 施工作业时间管理

（1）施工计划开始时间是允许作业人员开始进入作业区域的时间。

（2）施工结束时间是批准施工销点的时间。

（3）配合部门必须严格按配合要求提供配合，并按作业开始时间的要求提前做好准备，依时到场，对于主配合外单位或对外委托维修单位作业的，必须按规定协助办理请、销点手续。

（4）作业部门必须按规定的作业时间到位进行作业及相关手续办理，超过 30min 的，视作该项作业取消，配合部门有权拒绝进行配合。

（5）在施工安排开始前，施工部门单位、部门必须在作业规定开始时间前 30min 到车站/车厂登记请点。

7. 施工违规

（1）擅自取消作业事件；

（2）未经施工请点，擅自作业事件；

（3）未按规定做好施工防护进行作业事件；

（4）擅自动用其他与本施工无关的设备设施或损坏地铁设备

设施事件；

  （5）擅自越出作业区域事件；

  （6）未按规定时间销点，擅自延时销点事件；

  （7）销点后，发现线路未出清，有遗留物事件。

  8. 下正线轨道作业（正线车辆调试，不需下隧道的作业除外）

  人员在作业前必须在车站摄像头下清点工具和物资，并拍照存档（照片保存不少于三天）；按要求填写《作业用工器具、材料确认登记表》和《作业用易耗物料、备品备件确认登记表》；分中心作业填写《正线作业安全须知书》，配合外单位人员进行作业，则配合分中心与外单位人员签署《正线施工作业安全质量交底（车辆中心）》表，并得到配合部门审批方可下线路进行作业。

3.3 应急设备介绍及事故应急处理

3.3.1 列车应急设备

  一般情况下，地铁列车上应配备的应急设备有：紧急报警按钮或紧急对讲器、紧急开门装置、灭火器。

  列车的每节车厢至少要安装两个紧急报警按钮或紧急对讲器，如图 3.3-1 所示。当车厢内发生意外事件、火警等紧急情况时，乘客可以立即使用该装置通知列车司机，以便列车司机及时采取相关措施进行处理。

  在列车每节车厢都有四个车门上安装了紧急开门装置（图 3.3-2），其主要作用是列车在故障或紧急情况下，需要人工开门时使用。

  灭火器是为预防列车发生火

图 3.3-1 紧急对讲器

灾情况配备的应急设备，每节车厢一般都配有两个 6kg 的灭火器，放置于车厢两端的座位下（图 3.3-3）。当列车发生火灾初期，乘客除通过车厢内的紧急报警按钮或紧急对讲器通知司机外，还可以用列车配备的灭火器灭火自救，尽量将火势控制、扑灭。

图 3.3-2　列车紧急开门装置

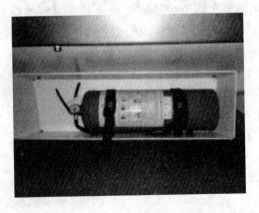

图 3.3-3　列车配置的灭火器

城市轨道交通系统采取疏散平台进行疏散时，列车的逃生装置为客室门。列车逃生装置一般在发生紧急情况下，必须通过人工疏散时才使用。

3.3.2　车站应急设备

车站的应急设备分为：火灾紧急报警器（图3.3-4）、自动扶梯紧停装置（图3.3-5）、紧急停车按钮（图3.3-6）、屏蔽门紧急开关四类。其安装位置及数量均根据不同的城市轨道交通系统建设的要求而有所不同，但各类应急设备的启用时机相同，就是在发生危及列车行车安全或危及人身安全的紧急情况下使用。

图3.3-4　火灾紧急报警器

图3.3-5　自动扶梯紧停装置

图3.3-6　紧急停车按钮

3.3.3 事故应急处理

1. 大面积停电的应急处理

（1）地铁线路发生停电事故时，应沉着镇静，稳定乘客情绪、维持秩序，尽力保证乘客安全。控制中心根据停电影响情况，组织抢修抢险，发布列车停运、急救和车站关闭命令，并及时将灾情向上级汇报。

（2）车站工作人员应加强检查紧急照明的启动情况，巡查各部位如升降电梯中是否有人员被困等，根据控制中心命令清站或关闭车站。

列车司机负责维持列车进站停车后，组织车上乘客向车站疏散。如果列车在区间停车，则利用列车广播安抚乘客，要求乘客不擅自操作车上设备，并立即报告行车调度，按行车调度指令操作。

2. 火灾的应急处理

（1）车站发生火灾时的处理措施

1）车站立即向乘客广播发生火灾的情况，暂停列车服务，并指引车站乘客有序地进行疏散，撤离车站。同时向控制中心报告，视火灾情况报 119 和 120。

2）组织人员进行灭火和关闭车站的各类电梯，救援受伤的乘客。

3）列车司机接到车站火灾报警后，听从行车调度指挥，并通过列车做好乘客广播。

4）控制中心接报后，立即执行列车火灾应急程序，扣住列车不能进入火灾车站，保证与司机和车站的联系，并视情况报119 和 120。

（2）列车在站台发生火灾时的处理措施

1）司机开启客室车门（屏蔽门），并通过列车广播安抚乘客，引导乘客疏散和使用列车的灭火器进行灭火自救，并确认火灾位置向车站和控制中心报告。

2）车站接报后，立即广播通知乘客列车发生火灾情况，暂停列车服务。同时，组织人员进行灭火和引导乘客有序进行疏散，并视情况报 119 和 120。

3）控制中心接报后，立即执行列车火灾应急程序，控制好列车间的距离，保持与司机和车站的联系，并视情况报 119 和 120。

（3）列车在区间（隧道）发生火灾时的处理措施

1）司机保持列车运行至前方车站后，开门疏散乘客。在运行途中通过列车广播安抚乘客，引导乘客使用车厢内的灭火器进行灭火自救，并确认火灾位置向车站和控制中心报告。

2）如列车在区间（隧道）不能运行，则应打开列车的逃生装置，引导乘客有序地往就近车站方向疏散。

3）车站接报后，立即广播通知乘客，引导乘客进行紧急疏散，并安排人员前往事故列车接应司机，组织乘客进行疏散。

4）控制中心接报后，立即执行列车火灾应急程序，控制好列车间的距离，保持与司机和车站的联系，并视情况报 119 和 120。

3. 正线车辆脱轨的应急处理

（1）确定脱轨后，控制中心立即扣停开往受影响区域的列车，对已进入该区间的列车，组织其退回始发车站。

（2）控制中心通知电力调度做好关闭脱轨区段的牵引电流和挂接电线的准备。

（3）通知相关线路的车辆控制中心派出救援队起复车辆，启动应急轨道交通-公交接驳预案。

（4）控制中心、司机和车站组织乘客疏散。确认具备停电条件后，控制中心组织停电。

（5）如在隧道内脱轨，控制中心组织隧道通风。

（6）组织好抢修期间的电客车降级运营工作。

（7）维修调度在接到列车脱轨事故的明确报告后，应立即组织车辆抢险队前往事发现场，车辆抢险队员接到车场控制中心 DCC 维修调度命令时须在 10min 内出发前往事故现场。

（8）第一个赶往现场的车辆员工，自动成为车辆事故现场抢险指挥负责人，负责现场抢险工作并将所观察到的情况反馈回始事发部门车场控制中心 DCC，使 DCC 能够及时获得现场情况，做出有利于抢险工作的人员和设备安排；当车辆抢险指挥小组赶到后，现场抢险指挥向车辆抢险指挥小组成员汇报现场情况，并移交指挥权。

（9）起复后必须执行以下的工作：

1）确认接地线拆除和线路出清后，通知电力调度送电，做好恢复正常运营的准备工作。

2）组织一列电客车清客或工程车前往救援，连挂脱轨列车限速运行进入就近的存车线，待运营结束后再安排事故列车回厂检修。

（10）组织备用电客车上线服务。

4. 隧道疏散的应急处理

（1）司机的应急处理

1）列车停车后应立即播放广播安抚乘客，提醒乘客保持镇定，切勿打开车门跳下轨道，并将列车位置及现场情况报告控制中心，或设法联系就近车站。

2）接到行车调度通知疏散后，确认疏散方向，并做好疏散准备。

3）待车站工作人员到达后，打开每列车疏散平台侧疏散方向的第一、二个车门，组织乘客从该车门下车，通过疏散平台疏散到就近站。

4）广播引导乘客疏散，并协助车站工作人员维持疏散秩序。

（2）控制中心的应急处理

1）控制中心接报信息，确认需要进行乘客疏散后，按向就近车站疏散的原则组织乘客疏散。

2）通知就近车站安排人员进入区间组织乘客疏散。

3）通知临线列车在疏散的区间限速运行，并注意瞭望和鸣笛。

4）按规定开启区间照明和隧道通风系统。

5.列车故障救援

（1）出现列车故障时，及时组织备用车上线调整运行。

（2）若故障车在车站内，故障车在清客后再与救援列车连挂；若故障车在区间，故障车与救援列车连挂后运行到前方车站清客。担任救援任务的电客车，按《行车组织规则》执行。

（3）列车发生故障时，行车调度视情况及时扣停后续第二列或第三列电客车在就近设有辅助线的车站内，并做好小交路运营的准备。

（4）发生电客车故障救援时，运营遵循有限度列车服务的原则，列车的运行间隔由行调组织调整，在中间站折返上行线或下行线时，如电客车采用站前折返，需在折返站的前一站清客；如采用站后折返，则在折返站本站清客，行车调度必须按要求及时通知本线和另一线车站相关的运营信息。必要时，另一线路行车调度应采取有效措施配合、协助故障线路的行车调度进行救援。

（5）在故障明确、可进行准确判断后，调度应严格遵循行车组织方案组织。若在各项前提条件不满足，或故障不明显、判断偏误下，应采取机动灵活的措施进行行车组织。

（6）列车救援时，按规定速度推进运行（司机须按故障处理指南操作相应的开光）。

（7）列车在区间出现故障，如无人引导时，原则上不要求司机到后端司机室尝试动车，达到时限后立即组织救援。

3.4　行车安全管理

3.4.1　行车安全

1.行车安全概述

（1）行车安全的概念

轨道交通运输的产品是乘客的位移，实现位移的必要手段是列车运行，通常把列车的组织和运行工作称为行车工作。行车工作是城市轨道交通运营系统的主要工作，也是最容易产生不安全因素的工作环节，城市轨道交通运营过程中所出现的大部分不安全现象都在行车工作中。因此，从某种程度来说，保证行车工作安全的同时也就是保证了城市轨道交通运营安全。

行车安全一般是指城市轨道交通列车在运送乘客的过程中对行车人员、行车设备以及乘客产生作用和影响的安全。

（2）行车安全的意义

行车安全是城市轨道交通运营安全的核心部分。对于城市轨道交通运营本身来说，行车安全不仅是运营生产的基本要求，而且他的质量指标也成为衡量城市轨道交通管理水平的重要环节。由于城市轨道交通行车安全涉及人民生命财产和国家财产安全，涉及社会稳定和企业形象，因此，确保行车安全成为城市轨道交通运营安全工作的重中之重。

2. 列车驾驶安全

（1）列车安全驾驶的基本规定

1）列车司机必须牢记"安全第一"的宗旨，严格按照安全制度、行车规则执行驾驶任务，驾驶列车时做到"三严格"：

① 严格遵守各种规章制度，正确执行各种作业程序，确保列车运行安全。

② 严格按照运营时刻表及信号显示行车，工作室严守岗位，不得擅自离岗。

③ 严格遵守动车前认真确认"动车三要素"：进路、信号、道岔。

2）列车司机必须掌握列车的基本构造、性能，具有一般的故障处理能力，熟悉城市轨道交通线路和站台等基本设施情况。

3）列车司机本需掌握其他相关的业务知识并具有一定的应变能力。在列车运行过程中，一般情况下只有司机一人值乘，而运行中的突发事件有着不可预测性，在事件的初期往往只有司机能够最早发现，所以一名职业素质较好的司机必须掌握有关事件初期的处理方法，使事件能够在初期阶段得到控制，减小损失，稳定现场局面。

4) 列车司机上岗值乘的必要条件。鉴于司机在整个运行过程中的重要作用，城市轨道交通管理部门规定了列车司机上岗值乘的必要条件。首先是必须经过考试合格，并且取得列车驾驶证后方可独立开车；其次，脱离驾驶岗位 6 个月以上，如需再驾驶列车时必须对业务知识和安全运行知识等进行再培训，并且考核合格，对其纪律性和身体状况、心理状况由相关管理部门及有关领导作出鉴定。

（2）列车驾驶作业安全准则

电客车乘务员应有高尚的职业道德，要有强烈的责任感、较高的安全意识，确保列车运行、电客车调试作业和车厂内调车作业安全。正常情况下的列车操作应确保"准确"，非正常情况下确保"安全"，所有操作均须动作紧凑，快速正确。严禁司机无故延误操作程序时间。

1) 整备作业安全基本原则

① 整备作业前必须了解列车停放位置及列车状态；

② 检查列车走行部时，必须确认列车已降下受电弓；

③ 严禁跨越地沟。进行车底检查时，戴好安全帽，应注意空间位置，避免碰伤；

④ 检查列车时必须带好手电筒，并严格按要求整备列车，列车没有经过整备，严禁动车；

⑤ 升弓前，必须确认接触网有电，所有人员均在安全区域，方可鸣笛升弓；

⑥ 受电弓升起后，严禁触摸电气带电部分、地沟检查及攀登车顶。

2) 调车作业安全基本原则

① 设置铁鞋防溜时，不拿出铁鞋不动车；

② 凭自身动力动车时，没有制动不动车；

③ 机车、车辆制动没有缓解不动车；

④ 调车作业目的不清不动车；

⑤ 调车作业没有联控不动车；

⑥ 没有信号或信号不清不动车；

⑦ 道岔开通不正确不动车；

⑧ 异物侵限不动车。

3) 列车运行安全基本原则

① 司机在取得《电客车司机驾驶证》并经鉴定合格后，方准独立驾驶电客车。学习司机必须在司机的监督下才能操作列车；

② 严格遵守各种规章制度，按照要求操作使用设备和正确执行各项作业程序，确保电客车运行安全；

③ 列车运行严格按照规章中规定的速度运行，严禁超速运行；

④ 严格按《运营时刻表》时刻动车，动车前必须确认动车"五要素"（信号、道岔、进路、车门、制动）。列车退行或推进运行时，运行前端必须有人引导；

⑤ 乘务员在班前注意休息，班中精力集中，保持不间断瞭望，列车进站过程中严禁做与工作无关的事；

⑥ 操作各旁路开关前，必须确认符合安全条件，并取得行调的授权；

⑦ 发布调度命令或行车指示时，司机必须记录在《司机日志》上，认真逐句复诵，领会命令内容，并向同一机班人员传达，做好交班；

⑧ 工作时严守岗位，不得擅自离岗。当班时严禁带私人通信工具、便携式音响游戏机等娱乐工具上车，严禁在列车运行中打盹、看书或干与工作无关的事。

4) 折返作业安全基本原则

① 严格遵守交接班制度，坚持"有车必有人"；

② 关门及动车前必须确认进路防护信号机开放或者具有行车凭证；

③ 动车前确认所有人员均在安全区域；

④ 严格按折返程序操作，人离开站台端墙时必须确认列车已经启动；

⑤ 折返失败时，在折返线严格确认后端的进路信号开放后才关主控钥匙换端。原班折返时，严格确认信号开放后才开驾驶台。

5）站台作业安全基本原则

① 开关屏蔽门、车门时，必须严格执行"一确认、二呼唤，跨半步、再开门"的作业程序；列车在站停稳后，应先确认列车停在规定的范围内（停车标±50cm内）；

② 站台作业时应注意列车与站台间的空隙，避免摔伤；

③ 关屏蔽门、车门前应先确认车载信号（ATP保护下）或进路防护信号机开放（信号系统处于BM模式或采用区段进路行车法）或者具有行车凭证（电话闭塞法），再关屏蔽门、车门；关门时屏蔽门操作员站立在PSL操作盘附近监视屏蔽门关闭状况和乘客情况，司机站在驾驶室与站台间位置目视、监控车门关闭状态和空隙安全情况，发现异常及时处理；

④ 屏蔽门操作员关好屏蔽门后，确认所有屏蔽门关闭，屏蔽门上方指示灯灭，PSL控制盘"门关闭锁紧"绿色指示灯亮，其他故障指示灯不亮。司机关闭车门后应观察车辆显示屏确认所有车门关好；

⑤ 动车前，司机、屏蔽门操作员确认屏蔽门、车门状态，确认屏蔽门与车门之间空隙无人无物，方可进司机室；

⑥ 当列车采用RM、NRM模式驾驶列车，行调口头扣停列车时，前方信号机显示红灯或灭灯时方向手柄必须回零；

⑦ 遇特殊情况（如客流大、列车晚点等）时，加强与车站联系，先关屏蔽门确认空隙安全后再关车门，再次确认空隙安全；

⑧ 3人机班值乘时，只需要两人（屏蔽门操作员与学员二选一）进行站台作业，另一人留在驾驶室内做好监控。司机、按屏蔽门操作员/学员的顺序走出驾驶室。关门后，司机、按学员/

屏蔽门操作员的顺序进入驾驶室，最后学员/屏蔽门操作员负责关闭驾驶室侧门；

⑨ 由于站前折返或反方向运行时，司机确认车站协助人员开启屏蔽门后再开车门。到点关门时，先通知车站协助人员关闭屏蔽门，并确认屏蔽门关好后再关车门；

6）洗车作业安全基本原则

① 列车在进入洗车线前，司机必须联系信号楼值班员，明确洗车头或车尾；

② 严格按洗车线行车标志、洗车信号机的显示和调车信号的显示行车。无论是否洗车头或车尾，司机都必须按照洗车头/车尾的停车位置一度停车，确认洗车信号开放和设备无侵入限界后方可动车；

③ 严禁赶点、超速驾驶；

④ 保持精力集中、不间断瞭望。严格确认线路、设备状态，发现异常立即停车，报告信号楼值班员，再次动车前必须得到信号楼值班员或车厂调度的同意并确认安全后方可动车。

7）人身安全基本原则

① 进出驾驶室注意站台与驾驶室侧门之间的间隙，谨防摔伤；

② 在正线或出入厂线，禁止未经行调同意擅自进入线路；

③ 进出折返线线路时，司机必须报告行调/车站，得到行调或车站同意后穿好荧光服才能进出折返线线路；

④ 列车在隧道内故障需要清客时，司机必须做好防溜措施，等待车站人员到来后，才能往隧道疏散乘客；

⑤ 严禁擅自带无关人员进入驾驶室，因工作需要登乘列车驾驶室时必须确认其登乘证，人员包括司机不得超过 4 人；

⑥ 在车厂内有地沟的股道动车出库前，必须确认地沟无人后方可动车；

⑦ 严禁飞乘飞降，严禁跳上跳下驾驶室。车厂上下车时，必须从登车梯处上下。

3. 调车作业安全

（1）调车作业安全规定

下列情况禁止调车作业：

1）设备或障碍物侵入线路限界时，禁止调车作业；

2）禁止提活钩及溜放调车作业；

3）电客车转向架液压减振器被拆除，且空气弹簧无气时，禁止调车作业；

4）禁止两列车或工程机车同时在同一条股道上同时移动；

5）在封锁或接触网停电施工区域，禁止安排与施工作业无关的调车作业。

在尽头线上调车时，距线路终端应有 10m 安全距离，遇特殊情况应在接近小于 10m 时，加强联系，严格控制速度。

组织两列电客车或机车在同一股道作业时，应通知一列电客车或机车在指定位置停轮待令，向另一列电客车或机车司机布置安全注意事项及存车位置情况后，才能进行作业。

调车作业牵引、推进运行或连续连挂前，应进行试拉。在车厂调动电客车，或调动的车列总重小于 200t 时，可以不连接风管。调车信号机因故无法开放，需越过关闭的信号机时，信号楼值班员应接通光带，确认进路及道岔位置正确，并将有关道岔单锁后，方可允许司机（调车长）越过该信号机。司机（调车长）得到信号楼值班员电台同意越过该信号机的通知，确认进路正确后方可（领车）越过该信号机。调车长应于司机一侧正确及时地显示信号，司机应不间断瞭望，确认信号，并鸣笛回示。没有调车长的启动信号，禁止动车；没有鸣笛回示时，调车长应立即显示停车信号。信号显示错误、显示不清或显示中断，中转信号人员应立即显示停车信号并用电台紧急呼叫司机停车。司机在调车作业过程中，如发现信号显示错误、显示不清或显示中断应立即停车。

电客车、工程车在车厂内通过平交道及库门前，应一度停车，瞭望平交道是否有障碍物或行人，库门是否完全打开，确认安全后方可通过平交道或进出库门。

调车信号机开放后,需要取消调车进路时,应确认列车尚未启动,信号楼值班员应通知司机及调车长,并得到应答后,方可关闭信号机。

列车进入接车线后需转线时,信号楼值班员应等待列车停稳,确认司机明确作业计划后再开放调车信号。

单机或牵引运行时,前方进路由司机确认;推进运行时,由调车员(调车长)确认。

连挂车辆规定:

1)连挂车辆,调车长应显示连挂信号和距离信号三、二、一车(三车约60m,二车约40m,一车约20m)。没有显示连挂信号和距离信号不准挂车。单机连挂车辆,不需显示三、二、一车距离信号。

2)距离被连挂车辆一车时应一度停车,调车长确认被连挂车辆无作业防护标志,车上、车下无人作业,无侵限的障碍物,两车车钩状态及被连挂车辆防溜良好后,方可指挥司机挂车。

进入库内作业规定:

1)进入运用库、检修库、轨道车库取送车辆时,应在车库平交道口外一度停车,调车长(司机)确认平交道口是否有障碍物或行人,库内线路无障碍物和侵限物品、无禁动牌等作业防护标志和地线等,方可进入;

2)如进入运用库及检修库进行调车作业,机车车辆在库门口平交道前一度停车后,调车长必须与车辆检修调度取得联系,得到检修调度的许可,确认安全后,方可进入;

3)调车长(司机)应检查库内线路状态,车辆防溜和防护情况,通知有关人员停止影响调车作业的工作,出清线路,撤销防护标志牌;

4)调车长(司机)还应检查车辆装载货物的加固状态、车门及侧板是否关闭好,车上、车下是否有人作业。

调动无动力电客车时,配合调车的电客车司机应确认气制动和停放制动全部缓解，运行中保持车辆主风缸风压不低于0.6MPa（如低于0.6MPa时，应切除电客车B09阀），电客车司机与调车长加强联系，共同确认车辆制动状态。

调车长、调车员在作业中应按《行车组织规则》的要求适时使用口笛，调车长在指挥动车或连挂前应鸣一长声，提醒有关人员，间隔3s后，方可显示动车信号；遇有危及安全的情况时，鸣连续短声。

调动电客车至尽头线摆放时，车辆前端距离车挡至少必须预留3m的安全距离。工程车在轨道车库摆放时，因受线路有效长限制，距离车挡必须至少预留1.5m的安全距离；在其他尽头线摆放时，距离车挡安全距离至少3m。

工程机车调动电客车到架车库对好架车机位置后，机车离钩停轮时，需与车辆现场负责人联系，确认并留足安全距离（不侵入架车机作业区域），以过渡车钩不进入架车线地面黄色警戒线为准。

司机必须熟悉掌握车厂线路有效长、车挡位置、熟记车辆停留位置和参照物、车长及车数等，做到心中有数。作业过程中及时调速，严格控制速度。遇信号或联系中断或情况不明时，应立即停车，掌握主动安全。

电客车本线连挂或对接试验时，车厂调度或调车长必须到场监控。司机凭《调车作业通知单》和现场负责人指令动车连挂，试拉或移动超过1m的，司机必须换端操纵。

（2）压信号调车安全措施

正常情况下不得压信号调车；当调车车列未能全部进入目标线路信号机内导致压信号时，信号楼值班员不得改变其原进路上（包括已解锁区段）任何道岔（包括防护道岔）的位置。因特殊情况需压信号调车，从原路返回时，司机应与信号楼联系，用语为："信号楼，某某道某某车需压信号调车"。信号楼值班员回复："某某车某某司机原地待令"。司机复诵："某某车原地待令，司机明白"。信号楼值班员在控制屏上检查确认进路，对未锁闭区段的道岔实施单独锁闭；对已解锁区段应重新排列进路并开放相关信号机。压信号时，严禁排列短进路调车。信号楼值班员再次确认进路正确后，呼叫司机："某某司机，某某道至某某道进路好，同意压信号调车"。司机复诵："某某道至某某道进路好，同意压信号调车，司机明白"。如进路中间有关闭的信号机，司机必须在该信号机前一度停车并与信号楼值班员联系，信号楼值班员确认道岔及进路正确后，口头允许司机越过关闭的信号机。

机车车辆压信号原路折返前，信号楼值班员必须通过接通光带确认进路及道岔位置正确，并将有关道岔单锁。压信号调车时，最高限速 10km/h。司机应严格控制速度，认真瞭望，确认进路和道岔开通位置正确。

3.4.2 调试安全

1. 调试、试验准备

（1）调试、试验：指有关部门对新系统、新设备开通启用测试及国产化、科研技改设备上线测试和原系统、设备新功能启用测试，使设备达到运营服务标准，为设备投入运营服务所作的准备工作；

（2）调试、试验内容涉及行车相关的规章，必须遵守行车相关的规章。即动态调试、试验的动车需求是建立在行调命令及调试负责人的指令为基础，两者发生矛盾时以行调命令为主，拒绝调试负责人的违章指挥，因此，调试与行车密不可分，只有在确保行车安全的基础上才能完成调试任务；

（3）车辆正线调试司机，必须接受过电客车操作培训。列车整备要求按调车整备作业流程规定进行。列车动车的条件：一是调试负责人到位；二是凭调试负责人指令动车。调试司机正线出勤时间比照计划提前 30min 出勤；车辆段出勤时间比照计划提前 1h 出勤。向派班员了解调试目的、内容、作业要求及安全注意事项等；注意核对确认调度命令日期、作业区域、行车凭证等内容。

2. 工作职责

（1）调试司机工作职责

1）调试司机须与添乘司机共同确认调度命令与调试任务书，并共同签名确认报行调同意后方可进行调试；

2）司机必须根据行调命令按照调试负责人的要求安全操纵电客车；

3）凡是需要动车前，须得到调试负责人同意并确认行车凭证正确后方可动车，确认动车"五要素"（进路、信号、道岔、车门、制动）；

4）调试司机在调试期间接到行调命令，必须双司机共同核对确认。

（2）添乘司机工作职责

1）出勤时，添乘司机须与调试司机共同确认调试目的、内容、作业要求及安全注意事项等；

2）调试前充分休息，班中集中精神，调试前认真学习并掌握调试、试验方案的要求及注意事项；

3）当调试司机接到调度命令后共同确认调度命令内容，发现有疑问时及时报行调/车厂调度；

4）负责调试列车的运作安全及人员的人身安全；

5）加强与行调及调试负责人联系；

6）调试、试验负责人提出调试要求超出计划内容时，应及时向行调（在车辆段则报车厂调度）汇报；

7）添乘人员遇到下列情况时应给予坚决制止，严禁动车：

① 调试、试验指令违反相关安全规定或规章时；

② 危及行车安全（如有物品侵入限界、道岔位置不对等情况）时；

③ 不具备动车条件（如电客车上的设备未恢复到正常位置、未进行制动试验等情况）时；

④ 无调试、试验负责人在场（只有外方人员的情况）时；

⑤ 作业计划不清或计划与实际有出入时；

⑥ 要求调试高速，但不够制动距离时。

3. 车辆调试、试验安全控制措施

（1）车辆调试、试验的主要内容

车辆调试一般包括：型式试验、200km 调试、高速调试、重载试验、功能性调试、噪声测试等；

（2）调试乘务人员的安排

安排持有地铁公司颁发的司机上岗证（电客车司机岗位），且需要双司机情况下，其中一人担任调试列车的驾驶任务，另外一名司机做好监控；特殊情况下安排电客车队长担任调试的添乘以及驾驶任务。

（3）根据车辆调试内容制定相应的调试细化控制措施

1）电客车型式试验

线路首批列车现场进行的试验如下，正线型式试验计划需时待定（其中 1 个工作日以 14h 进行计算），包括的内容有：干扰试验、故障诊断系统试验、曲线和坡道的多变线路的运行试验、列车故障运行能力试验、运行阻力试验等。电客车型式、试验注意事项：

① 试验过程中出现的车辆问题由调试负责人或车辆专业人员进行处理，如需要动车时必须得到调试负责人的动车指令；

② 在进行"曲线和坡道的多变线路的运行试验、列车故障运行能力试验、运行阻力试验"等试验时，一般需要选定特殊的区段（弯道/坡道），中心相关管理人员认真审核调试的区段是否满足调试要求，并根据调试现场制定相应的防范措施；

③ 司机必须按照调试的速度要求及规定的驾驶模式操作列车，出现在上坡道不能启动列车时及时拉停列车，防止列车出现后溜；

④ 当出现列车在采取常用制动后无制动力时，拍紧停，再不行施加停放制动；

⑤ 司机在驾驶过程中注意操作技巧，制动时尽量做到早拉、少拉；在大坡道上（20‰以上）启动时主控手柄推牵引须以至少50%的牵引力启动；

⑥ 在弯道运行时降低速度，需要推进运行时必须有人在前端引导，无人引导严禁推进运行；

⑦ 在调试过程中遇调试负责人提出的要求超出调试内容时，司机应立即报行调或车厂调度，得到同意方可执行；

2）电客车正线行车调试

电客车在正线进行行车调试时，一般在正线封锁若干区段进行；一般由行调发布相关线路的封锁命令，司机在拿到封锁的书面命令后与行调进行核对。电客车正线行车调试注意事项：

① 司机注意确认调度命令内容，明确运行区间、运行方式、线路是封锁还是凭地面信号显示行车、每站是否停车、是否开关车门、有具体每趟车的车次时，是否为足够、其他有不清楚的事项时等；

② 明确调试的具体内容，如需要进行哪些功能方面的试验、速度的要求、运行模式（一般为 NRM）、调试的区段；

③ 第一趟进行压道，压道时速度不能高于 15km/h，过侧向道岔速度不得高于 15km/h、严格执行线路速度限制要求，严禁超速驾驶；

④ 通过道岔时注意适当降低运行速度，认真确认道岔开通位置；

⑤ 严格按调试的相关规定在封锁区段内运行，未得到行调允许严禁进入封锁区段以外的线路；

3）电客车正线高速调试

高速调试指列车运行速度高于 60km/h 的动态调试，主要测试列车在高速运行时车辆的相关性能是否满足要求。高速调试的注意事项：

① 确认封锁区域是否满足调试的需要，如不满足条件，则拒绝该项测试；

② 调试时开始试验的第一趟或停止试验超过 2h 需重新进行试验时，先进行制动测试，再次压道；

③ 列车在进行高速调试前必须测试列车的牵引及制动系统

是否良好；

④ 在正线进行高于 60km/h 及以上的高速试验时，两端须各有一个区间作为防护并须从封锁区段起点站开始，且进站速度严格按《1 号线行车组织规则（试行）》执行；

4）电客车重载试验

列车模拟在正线载客时的列车运行性能，一般采用在客室内装载沙袋的方式来模拟正线各种载荷，用来测试列车牵引及制动等性能是否符合要求。重载试验时的注意事项：

① 电客车重载试验时，在 20‰ 及以上的上坡道启动时，须以至少 50% 的牵引力启动；

② 进行牵引、制动试验时，注意重载与空载时达到同样的速度时，所需的牵引距离和制动距离均大于空载所需的距离，需预留足够的牵引及制动距离；

③ 司机换端时，在客室行走，注意脚下状况，防止摔倒、扭伤（AW2、AW3 情况下，沙包较多）；

5）电客车功能性调试

电客车功能性调试一般安排在车辆段试车线进行，主要包括有旁路开关功能测试、警惕按钮测试等列车功能性试验。功能性调试时的注意事项：

① 旁路测试时须做好预想，确认安全后才做，发现异常及时采取措施。特别是进行停放制动及常用制动旁路测试时，避免造成抱闸走车；

② 测试完某个旁路功能后，监督调试负责人是否已将该旁路开关恢复。如没有恢复，及时提出建议要求恢复；

③ 进行警惕按钮测试时，速度不能高于 25km/h，必须保证有足够的制动距离及安全距离，在试车线百米标后严禁进行警惕按钮测试；松开警惕按钮后超过规定时间（一般为 3～5s）列车仍没有产生紧急制动时，司机马上人工介入拉停列车。

4. CBTC 及 BM 信号调试注意事项

（1）调试作业前，调试司机及添乘人员须先向调试负责人确认调试内容是 CBTC（信号机灭灯）还是 BM（信号机显示正确）；

（2）当进行 CBTC/BM 信号调试时，每次动车前，司机须与调试负责人了解调试进路的安排，按调试负责人的指令、司机确认具备行车条件后凭信号机显示和推荐速度动车（CBTC 凭推荐速度动车）；

（3）动车前司机要认真确认信号机的显示（CBTC 信号调试时，信号机灭灯）及道岔位置是否正确，不正确时司机严禁动车；

（4）列车在区间运行时，司机要认真确认进路及道岔的位置（特别是区间信号机及道岔），看不清时，要降低列车速度确保列车在道岔前停稳，发现异常时要及时采取紧急停车措施；

（5）当 CBTC 信号调试时，如司机发现信号机突然有异常显示须立即紧急停车，与行调重新确认进路的情况，经行调同意及调试负责人的指令动车；

（6）当 BM 信号调试时，如需越过红灯或灭灯的信号机时，须得到调试负责人授权后方可越过。调试司机记录好允许越过信号机的编号、时间、调试负责人的签名。

5. 车辆段试车线调试注意事项

（1）电客车在进入试车线前，司机应报信号楼值班员确认试车线接触网供电情况；

（2）在试车线进行调试作业需上下车时，注意抓牢踩实，防止摔倒；

（3）电客车调试时开始试验的第一趟或停止试验超过 2h 需重新进行试验时，先进行制动测试，再次压道；

（4）电客车 NRM 模式驾驶时只能在试车线两端的"100m标"区段内运行。特殊情况需要越过"100m标"时，必须由调试负责人同意后，限速 10km/h 进入前方轨道并在停车标前停车；ATPM/RM 调试需进入"100m标"内时限速 10km/h 并在停车标前停车；ATO 调试时司机需密切关注列车速度及目标距离，确保电客车在停车标前停车；

（5）遇恶劣天气（如雨雪、霜冻、大雾等），难以瞭望线路、道岔、信号等情况时，车厂调度员应停止车辆段内的调试、调车作业，并及时通知相关部门负责人；

（6）当电客车在试车线运行中出现"空转/滑行"时，司机及时停车报告车厂调度员，车厂调度员应停止该项调试作业，查实情况并落实措施后方可继续进行。雨天严禁进行全常用制动、紧急制动试验；

（7）电客车以 ATO/ATPM 模式调试原则上最高运行速度为 60km/h，NRM 模式限速 40km/h，原则上夜间不进行调试，特殊情况下需要调试时最高运行速度为 40km/h（夜间禁止 ATO 调试）；

（8）进行 ATO 模式驾驶信号调试，在接近停车点出现速度异常或在运行过程中实际速度高于正常制动距离的速度时，司机必须立即采取紧停措施停车；

（9）电客车进行高速（指进行 40km/h 及以上）试验时，电客车必须在试车线两端"停车标"前停稳后，再进行高速试验，在电客车到达 60km/h 时做好准备制动措施，到达"60km/h"限速标时，司机必须采取措施将速度控制在 60km/h 以内，并将手柄置于制动位，做好随时停车准备。若到达"60km/h"限速标前速度仍未达到 60km/h，则严禁再提速到 60km/h 及以上的调试，先停止本趟高速试验；

（10）司机要严格按照试车线信号标志要求，严格控制速度运行。试车线速度见表 3.4-1。

试车线各标示牌运行限制速度表　　　　表 3.4-1

地点或时机	白天		夜间	
	NRM/RM	ATO/ATPM	NRM/RM	ATPM
60km/h 制动标	60/25	按设定正常速度/60	40/25	40
第一往返	15（低速压道，进入"100m"标限速 10km/h）			

地点或时机	白天		夜间	
	NRM/RM	ATO/ATPM	NRM/RM	ATPM
300m 标	40/25	按设定正常速度/40	40/25	40
200m 标	20/20	按设定正常速度/20	20/20	20
100m 标	特殊情况应限速 10km/h 进入	按设定正常速度/10	特殊情况应限速 10km/h 进入	
停车标	接近两端停车标时严格按照"三、二、一车"的限制速度(即 8km/h、5km/h、3km/h)			

6. 有以下情况时,禁止调试、试验

(1)相应的调试、试验方案或《调试、试验作业任务书》没有、不清楚或与实际有出入时;

(2)电客车有 3 节车及以上的牵引、制动系统故障时;

(3)由于调试、试验所需设置在车体外的线或其他设备未固定好时;

(4)当发现设备(车辆、线路、接触网(轨)等)有异常,危及行车或人身安全时;

(5)调试、试验项目负责人不在现场时(当 4 列车以上同时进行的调试可以由调试总负责人在 OCC 指挥多列车的调试);

(6)调试、试验指令违反相关安全规定或规章时;

(7)电客车有 3 节车及以上制动故障时或切除 5 个及以上 B05 时;

(8)调试、试验电客车限速未设好时;

(9)其他影响调试、试验安全时。

7. 有下列情况时,须限速调试、试验:

(1)电客车有一节或两节车的牵引、制动系统故障或切除时,限速 40km/h 以下的调试、试验;

(2)遇恶劣天气(如雨雪、霜冻、大雾等),难以瞭望线路、道岔、信号等情况时,车厂调度应停止车辆段内的调试作业,并及时通知相关部门负责人；

（3）因警惕按钮故障被旁路时，NRM 模式下限速 25km/h 及以下的调试、试验。

8. 其他安全规定

（1）参加调试、试验人员进行相关内容的培训、调试区段的行车标志、调试试验方案、线路纵断面图、信号、道岔平面布置、现场熟悉线路等；

（2）有调试、试验计划时，派班员至少提前 24h 通知相关电客车队长、值乘司机；

（3）调试、试验值乘司机和添乘人员于调试试验计划时间至少提前 1h 出勤；

（4）出勤时，值乘司机须在《司机日志》中抄写清楚调试试验安全注意事项；派班员确认司机抄写齐全；

（5）调试、试验中出现车辆或信号故障，及时报行调及调试负责人，调试负责人处理完毕及时告知值乘司机，值乘司机询问调试试验负责人故障恢复情况，观察制动指示灯及显示屏的牵引、制动显示的状态；

（6）在试车线进行调试时，信号楼值班员须在微机上将相关道岔开通正确位置并单独锁定；

（7）在正线进行单线双向往返运行调试、试验时，行调/车站须将相关道岔开通正确位置并单独锁定；

（8）司机离开司机室时，须锁闭司机室侧门及通道门；

（9）调试、试验人员须动车上任何与安全相关的设备时，调试负责人须告知值乘司机；

（10）推进运行或后退运行试验时，须先进行司机室对讲及 400M 的功能试验；

（11）司机室对讲、400M 等通信工具不良或失效时，禁止进行推进运行或后退运行试验；

（12）电客车进行任何调试、试验，须由调试负责人统一指挥，司机必须根据调试负责人的要求操纵。凡是需要越过调试封锁区域时，调试负责人需要与行调联系落实运行进路的安全并得到其同意后，司机再确认，动车"五要素"（进路、信号、道岔、车门、制动）符合行车条件方可动车；

（13）以 NRM 模式调试列车要求通过车站时，在始发站司机必须与调试负责人共同确认到终点站的进路是否正确；

（14）列车在站台、区间临时停车时要将主控手柄拉到全常用制动位，如发生前后溜时应按压停放制动加按钮。列车在站台、区间计划停车超过 20min 时，司机将方向手柄置零位；

（15）列车在两端终点站或中间站需要折返，换端后司机认真确认进路信号机的显示、道岔位置（无进路信号机、道岔的车站时凭调试负责人）正确并凭调试负责人的指令动车；

（16）调试列车在区间停车时，严禁车上调试人员下车，司机做好监督。如有需要下车则报行调批准后，方可同意调试人员下车；

（17）调试、试验作业严禁电客车学员操纵列车，司机应严格执行规章制度、控制好速度，加强瞭望和呼唤应答，认真操作，密切注意、观察设备仪表的状态，遇信号异常或危及行车安全时，应立即采取紧急停车措施，并及时汇报调试负责人及行调或车厂调度，听从其指示，确保调试安全。作业途中停止时，没有调试负责人的指示，严禁擅自动车。

3.5 行车事故预防

轨道交通运营安全管理是各级政府和广大市民高度重视和密切关注的焦点，提供安全快捷的服务是运营管理单位的核心使命。随着各城市轨道交通运营线网的形成，运营管理的难度和挑战日趋增大，安全管理风险也越来越高，而我国城市轨道交通发展历史较短、运营经验不足，在安全管理中存在诸多不容忽视的问题。

确保运营安全是城市轨道交通事业长远发展的根基。运营安全管理首先要抓小放大，提前预想，前移安全关口。运营人员必须提前介入并参与轨道交通新线的规划、设计、建设和调试过程，将运营的概念贯穿于轨道交通建造的全过程，新线路高水平、高质量的建成和开通是运营安全的最根本保障；在运营过程中，也要充分认识到安全生产工作的特殊性、复杂性和重要性，在抓好安全基础的前提下，做好事故预防，提高抢险应急处置能力，是安全管理的核心任务。

1. 列车驾驶安全管理

列车驾驶安全是整个轨道交通运营安全的关键环节之一。很多事故是因为司机未确认进路安全、臆测行车、疲劳驾驶造成，司机驾驶安全是确保行车安全的最后一道关口。造成驾驶安全事件的原因有以下几种：驾驶员未确认进路正确（信号机显示，道岔位置）动车；误操作设备（或应急情况下操作不当）导致动车；其他如未撤除防护、车厂发车前未撤除铁鞋、开门走车、未确认车门、屏蔽门关好等情况下动车。

安全驾驶是安全的重中之重，若出现差错，会带来发生冒进信号、挤叉、脱轨、追尾事件；错开车门、屏蔽门，造成乘客坠轨；夹人夹物动车，造成乘客伤亡或设备损坏。

为避免驾驶安全事件发生，首先从设备保障上须确保自动列车防护有效，尤其是在两端折返站；其次要求实际在驾驶中做好三件事：正确领会调度命令，在开关门时防止错开车门导致乘客坠轨和夹人夹物动车，在列车运行过程中时刻关注进路、信号、道岔等关键信息，保持不间断瞭望。

2. 消防安全事件管理

（1）火灾原因分析

引起火灾的原因主要有两类：人为因素和电气短路。

人为因素主要是指乘客携带易燃易爆危险物品，即"三品"乘车、违章操作、施工作业动火（电焊等）、站内吸烟等。电器短路主要是指由于电气设备每天运作时间较长，因过热、过载、绝缘损坏等引发火灾；另外，由于城市轨道交通车站尤其是地下车站存在潮湿、高温、粉尘大、鼠害等因素而造成电气设备、线路绝缘性下降，因电器设备短路引发火灾。

（2）火灾事故预防

火灾预防需从管理和技术角度同时采取措施，在条件允许的情况下，设置安检系统，有效防止乘客携带易燃易爆物品进站乘车；同时在出入口、通道显眼位置张贴禁烟标志，并及时制止违规吸烟行为；车站装修、办公家具采用阻燃、难燃材料，严格控制动火作业（电焊、气焊），动火必须严格遵守规程，并做好各种防火措施。

为应对突发状况，员工需熟练掌握扑灭初期火灾、引导乘客疏散的技能，确保在发生火灾后，起火位置附近员工在 3min 内形成第一灭火力量；同时需确保消防设备系统完好有效，火灾报警系统、水消防系统、气体灭火系统、防排烟系统、灭火器等消防设备设施处于有效状态，才能在发生火警后及时报警，将火灾扑灭在萌芽阶段；通过宣传教育提高乘客使用消防器材的能力。

3. 设备设施事故管理

良好的设备设施是安全的本质化保证，隧道交通所管辖专业设备系统复杂、种类繁多，设备安全管理为安全提供本质化保障非常关键。

（1）信号系统安全管理

信号系统的风险主要表现在：系统失灵、故障、设计缺陷或外界破坏（雷击），造成列车挤叉、追尾、脱轨、冲撞等严重安全事故。所以信号系统首先必须遵循"故障导向安全"原则，发生故障、错误时，即任何车-地通信中断、列车非预期移动、列车完整性的中断、列车超速、车载设备故障等产生安全性制动；系统具备降级模式，一旦中央系统故障，能自动降级运行。

（2）车辆设备安全管理

车辆设备的风险主要表现在：列车超速行驶、制动系统失灵、列车夹人夹物动车、弓网故障等。所以，车辆设备在使用过程中，必须确保列车自动保护（ATP）功能良好，防止超速；

制动安全电路可在车辆异常时紧急制动；车门紧急解锁装置有效，在夹人夹物时，拉下该装置确保停车处置。

（3）特种设备安全管理

针对厂内机车以及起重机械带来的安全隐患，避免撞车、翻车、辗轧以及在搬运、装卸、堆垛中物体打击造成人员伤亡，在使用中须要求：机动车钥匙由专人管理，借用钥匙要审批，严禁无证驾驶；厂内道路设置限速标志、减速带、弯道凸镜等，斜坡处设置警示标志；严禁车辆带病运行；严禁在人员或重要设备上空移动吊物。

4. 施工作业事故预防管理

城市轨道交通行业专业多、设备分散，管理区域广，在施工管理方面，由于交叉作业、平行作业比较多，施工安全管理难度非常大。为防止发生安全事故，一要建立电子化施工管理系统，实现电子化信息管理、作业计划管理、维修工单管理、作业现场管理、冲突检测机制，对施工作业的计划申请、审批、实施、销点等环节实现全过程电子化安全管理，避免人为失误导致的人车冲突、人员触电等安全事故发生；二要在车辆段建立"五防"电子化管理系统，防止带负荷拉合变电所供电刀闸、误分合断路器、带电挂接地线、带接地线合隔离开关、误入带电间隔等；三要在作业前做好安全、技术交底，在作业过程中强调"三戒"：戒推诿扯皮、戒信息梗塞、戒各自为政，一旦发生安全事件，一定要按"四不放过"原则严肃处理。

4 车辆检修安全管理

4.1 危险源控制

4.1.1 危险源定义

1. 定义

危险源是可能导致死亡、伤害、职业病、财产损失、工作环境破坏或这些情况组合的根源或状态。

2. 构成因素

危险源由三个要素构成：潜在危险性、存在条件和触发因素。

3. 危险源

（1）危险源的分类（图 4.1-1）

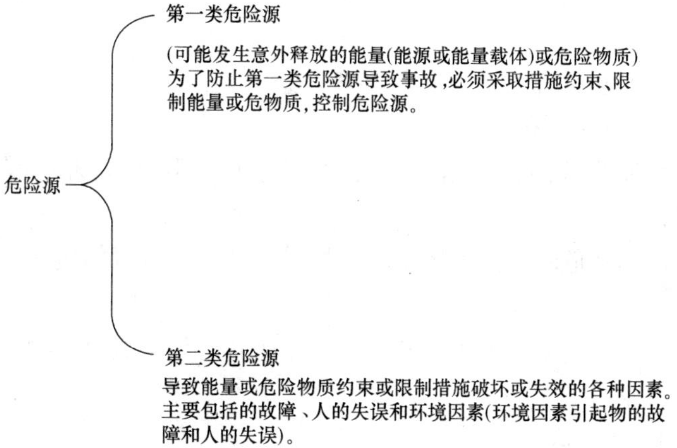

危险源

第一类危险源

(可能发生意外释放的能量(能源或能量载体)或危险物质)
为了防止第一类危险源导致事故,必须采取措施约束、限制能量或危物质,控制危险源。

第二类危险源

导致能量或危险物质约束或限制措施破坏或失效的各种因素。
主要包括的故障、人的失误和环境因素(环境因素引起物的故障和人的失误)。

图 4.1-1 危险源的分类

（2）两者的关系（图 4.1-2）

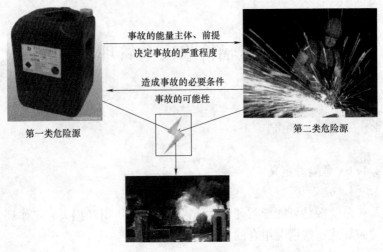

第一类危险源　　事故的能量主体、前提　　第二类危险源
决定事故的严重程度

造成事故的必要条件
事故的可能性

图 4.1-2　两者的关系

（3）按《生产过程危险和有害因素分类代码》GB/T13861
对危险源的分类

1）人的因素

心理、生理性危害因素（体力负荷超限、过度紧张、辨识错
误等）；

行为性危害因素（违章指挥、违章作业等）。

2）物的因素

物理性危险：危害因素是设备缺陷、噪声危害、信号缺
陷等；

化学性危险：危害因素是易燃易爆物质、有毒物质、腐蚀性
物质等；

生物性危险：危害因素是致病微生物、传染病媒介物、致害
动/植物等。

3）环境因素

室内作业场所环境不良，包括：地面湿滑、地面不平、光照

不足等；

室外作业场所环境不良，包括：温度/湿度不适、恶劣气候与环境等；

地下作业环境不良，包括：空气不良、隧道地面缺陷等。

4）管理因素

管理因素，包括：责任制未落实、制度不全、指引不规范、投入不足等。

4. 危险源辨识的范围

根据《职业健康安全管理体系要求》GB/T 28001—2011：

（1）常规活动（如正常的作业活动）和非常规活动（如临时抢修）；

（2）所有进入作业场所的人员（含承包方人员和访问者）的活动；

（3）人的行为、能力及其他人为因素；

（4）已识别的源于工作场所外，能够对工作场所内组织控制下的人员的健康安全产生不利影响的危险源；

（5）在工作场所附近，由组织控制下的工作相关活动所产生的危险源（按环境因素对此类危险源进行评价可能更为合适）；

（6）由本组织或外界所提供的工作场所的基础设施、设备和材料；

（7）组织及其活动的变更、材料的变更，或计划的变更；

（8）职业健康安全管理体系的更改包括临时性变更等，及其对运行、过程和活动的影响；

（9）任何与风险评价和实施必要控制措施相关的适用法律义务；

（10）对工作区域、过程、装置、机器和（或）设备、操作程序和工作组织的设计，包括其对人的能力的适应性。

5. 危险源辨识的范围举例

危险源辨识过程中宜考虑的非常规活动状况的示例包括：

（1）设施或设备的清洁；

(2) 过程临时改变；

(3) 非预定的维修；

(4) 厂房或设备的启用或关闭；

(5) 极端气候条件；

(6) 公用设施的毁坏；

(7) 临时安排；

(8) 紧急情况；

(9) 工作性质（工作场所布局、操作者信息、工作负荷、体力劳动、工作类型）；

(10) 环境（热、光、噪声、空气质量）；

(11) 人的行为（性格、习惯、态度）；

(12) 心理能力（知觉、注意力）；

(13) 生理能力（生物力学、人体测量或人的身体变化）。

6. 工作危害分析

工作危害分析是把一项作业分成主要步骤，识别每个步骤中可能发生的问题与危害，进而找到控制危害的措施，从而减少甚至消除事故发生的可能性。

工作危险分析的作用：

(1) 消除重大的危害；

(2) 改善对危害的认识或增强识别新危害的能力；

(3) 确保控制措施有效并得到落实；

(4) 持续改善安全标准和工作条件；

(5) 减少事故。

7. 辨识危害

(1) 存在什么危害（伤害源）？

(2) 谁（什么）会受到伤害？

(3) 伤害怎样发生？

8. 危险源识别注意问题

(1) 三种时态

过去/现在/将来。

（2）三种状态

正常/异常/紧急。

9. 人因失误描述助语

（工作危害分析使用的 6 个失误助语）。

（1）未完成工作 \ 任务

例：走快捷方式，省去步骤或检查。

（2）错误动作

例：反方向转动阀门。

（3）未完成动作

例：固定螺钉只拧入一半。

10. 人因失误形成因素

（1）沟通不足；

（2）自满；

（3）知识不足；

（4）使人分心的事情；

（5）团队合作不足；

（6）疲劳；

（7）资源不足；

（8）压力；

（9）自信不足；

（10）紧张情绪；

（11）意识不足；

（12）负面习惯。

11. 物、环境、方式失误形成因素（表 4.1-1）

（1）照明不足；

（2）地面不平；

（3）防护、报警、信号装置；

（4）缺失或缺陷；

（5）安全距离不够；

（6）电气不良缺陷；

(7) 危险空间；

(8) 设备设施故障；

(9) 个体防护装备不足；

(10) 有害气体聚集；

(11) 高温高热表面；

(12) 噪声。

物、环境、方式失误形成因素 表 4.1-1

工作活动/工序	失误描述助语	失误描述/危害	潜在成因/失误形成因素	后果	现行的控制措施
下轨道前沟通	沟通错误、误解信息错误安排工作步骤	未经授权下路轨	沟通不足	员工受伤或设备损坏	未经行调或属地管理人员允许，不准下轨道
作业前会议	沟通错误、误解信息	未进行作业前会议或会议上安全要求及工作部署不充分	沟通不足、负面习性	员工受伤或设备损坏	作业前工作会议做好作业安排和人员沟通
工地防护	未完成工作/任务	巡视区域两端未设置红闪灯	沟通不足、知识不足、负面习性	员工受伤或设备损坏	按《施工检修管理办法》设置红闪灯
轨道上行走	错误动作、错误安排工作步骤、沟通错误、误解信息	轨行区行走被设备或轨道绊倒、因路面湿滑不平而跌倒	沟通不足、协作力不够、分心、疲惫、警觉性不足、照明不足、地面不平、个体防护装备不足	员工受伤	穿戴好个体防护装备、行走时注意现场复杂情况、提高警惕
目检接触网及轨旁供电设备	错误动作	行走时目检接触网被设备或轨道绊倒、因路面湿滑不平而跌倒	分心、警觉性不足、负面习性、地面不平	员工受伤	做到"走路不观景，观景边走路"

工作活动/工序	失误描述助语	失误描述/危害	潜在成因/失误形成因素	后果	现行的控制措施
出清	未完成工作/任务	遗漏工具或人员于轨行区	沟通不足、协作力不够、分心、疲惫	员工伤亡或设备损坏	作业前工作会议做好作业安排和提醒、作业结束前检查工具数量和清点人数

12. 风险评估

（1）风险评估定义和目的

1）因为危险的存在而导致意外的机会。

2）意外中可能受害的人数及受害的严重程度。

3）风险评估有 2 个目的：

① 突出须控制的风险。

② 排列其先后次序，并显示制订控制措施需要多少资源。

（2）风险评估（图 4.1-3）

（3）风险预防及控制措施

确定控制措施或考虑变更现有控制措施时，应按如下顺序考虑降低风险：

1）消除：改变设计以消除危险源，如引入机械提升装置以消除手举或提重物这一危险行为等；

2）替代：用低危害物质替代或降低系统能量（如较低动力、电流、压力、温度等）；

3）工程控制措施：安装通风系统、机械防护、连锁装置、隔声罩等；

4）标示、警告和（或）管理控制措施：安全标志、危险区域标识、发光标志、人行道标识、警告器或警告灯、报警器、安全规程、设备检修、门禁控制、作业安全制度、作业许可等；

5）个体防护装备：防护眼镜、护耳器、面罩、安全带、口罩、手套、安全鞋、安全帽等。

风险矩阵表 / 安全

后果等级与伤亡数目对照：

后果	死亡数目	重伤数目（3日或以上病假）	轻伤数目（3日以下病假）
4 严重	5人或以上	—	—
5 轻微	5人以下	5人或以上	—
6 极轻微	—	5人以下	5人或以上
7 微不足道	—	—	5人以下

频率与风险矩阵：

附件	频率	频率值	4 严重	5 轻微	6 极轻微	7 微不足道
A	每周发生数次或更多	每年100次或以上	R1	R1	R1	R3
B	每月发生数次	每年10次或以上，100次以下	R1	R1	R2	R4
C	每年发生数次	每年1次或以上，10次以下	R1	R2	R2	R4
D	十年内发生数次	每年0.1次或以上，1次以下	R1	R2	R3	R4
E	运营以来发生过一次	每年0.01次或以上，0.1次以下	R2	R3	R3	R4
F	不大可能出现	每年0.001次或以上，0.01次以下	R3	R3	R4	R4
G	非常可能出现	每年0.0001次或以上，0.001次以下	R3	R4	R4	R4
H	发生可能性极少	每年0.00001次或以上，0.0001次以下	R4	R4	R4	R4
I	不可能发生	每年0.000001次或以上，0.00001次以下	R4	R4	R4	R4
J	难以置信的	每年0.000001次以下	R4	R4	R4	R4

图 4.1-3　风险矩阵

4.1.2 危险源辨识与现场应急处置

1. 危险源辨识

（1）现场安全检查

1）生产经营现场是否有"三违"现象。

"三违"，是指违章指挥、违章操作、违反劳动纪律。

重点查员工现场操作是否按照安全操作规程操作和佩戴劳动防护用品。不同行业员工劳保用品配备和使用有不同的规定，如建筑工人要配备和使用安全帽、工作服、工作鞋、手套等，粉碎工要重点配备和使用防尘毒口罩，钳工、机床工重点配备和使用防护皮鞋、防护眼镜等。

2）车间、仓库环境是否整洁，物资堆放是否有序。

如氧气瓶、乙炔瓶不能暴晒、倒立，两种气瓶不能同库存放（通风较好的宽敞场所，可相距 5m 以外堆放）。

3）危险物品管理是否规范

如剧毒品、爆炸品的管理是否做到"五双"，危险化学品是否专库存放，危险化学品是否有安全技术说明书和安全标签等。

4）重点项目、重点设备设施是否安装安全装置和安全警示标志。

5）使用动火是否经过审批及采取有效的防护措施。

6）高空悬挂和有限空间作业等危险作业有无采取安全防范措施。

如制定施工方案、安全操作规程，采取安全防范措施，设置作业现场的安全区域；由具有相应资质的单位和专业人员施工；确定专人进行现场统一指挥；有安全生产管理人员进行现场监督等。

7）车间、仓库、员工宿舍的设置是否符合安全要求。

8）车间、员工宿舍是否按规定设置安全出口、疏散通道，消防器材设施是否按规定设置。

9）通风除尘是否达到要求。

10）特种设备是否有有效的安全使用证。

锅炉、压力容器、电梯、起重机械等特种设备使用，必须通过质量技术监督部门的登记、检测检验，并取得使用证。

11）重大危险源有否采取有效的监控措施。

12）有关安全规章制度和安全操作规程是否落实到位。

13）电气设备及安装是否符合行业标准和安全条件

（2）隐患排查

安全隐患是引发安全事件事故的导火索，积极加强安全检查和隐患排查活动，是及时发现和消除安全隐患的最好方法。所以，各工班员工必须积极开展现场安全检查及隐患排查活动，及时发现隐患，并积极落实整改，消灭引发安全事件事故的因素，确保安全。且安全检查和隐患排查必须不间断地开展，同时必须全员参与，从设备隐患、管理缺陷、人不安全行为三个方面，积极查找设备存在的异常；规章制度存在的不健全和不完善的地方；员工习惯性的违章作业等。及时落实整改，只有这样才能确认保证安全。

2. 现场的应急处置

（1）应急处理的原则

故障应急必须坚持"先通后复"的原则，接到故障或事故报告后，立即判断故障或事故的性质及其影响范围，根据判断的结果，及时调整和部署相应应急措施，采取一切能用的手段尽量减少故障或事故的影响范围。

（2）事故（事件）发生后的处理

现场应急处理：

1）事故（事件）发生后，各相关岗位应按《广州地铁有限公司应急信息报告程序》的报告程序进行报告。

2）有关各类突发事件的应急处理办法，按《广州地铁有限公司突发事件应急处理程序》规定执行，并同时执行各有关专业应急处理方案。

抢险指挥：

1）抢险指挥组织自低向高分为以下三个层级：事故（事件）

处理主任、抢险指挥小组、有限公司抢险指挥领导小组及现场总指挥。抢险指挥组织的下一级必须服从上一级的指挥，并向上一级报告抢险工作。

2）抢险指挥组织按以下办法确定

① 事故（事件）处理主任：在抢险指挥小组到达现场前，现场抢险指挥由事故（事件）处理主任负责，事故（事件）处理主任按以下办法自然产生。

a. 若直接影响到行车组织、客运服务及线路施工的：若发生在区间，涉及列车的由司机担任；事发区间邻近车站值班站长（或站长）到达现场后，由该值班站长（或站长）担任。若发生在车站或车厂，由值班站长（或站长）或车厂调度员担任。

b. 若未直接影响到行车组织、客运服务及线路施工的：由设备设施管辖责任部门当班的班组长或现场作业负责人担任现场事故（事件）处理主任。

② 抢险指挥小组：抢险指挥小组到达现场后，现场的抢险指挥由抢险指挥小组组长负责，抢险指挥小组组长及副组长按以下办法自然产生。

a. 若涉及设备设施抢险抢修的，由主要设备设施所属的中心、总部安全领导小组成员担任现场指挥小组组长，其他相关中心、总部领导担任现场指挥小组副组长。

b. 若未涉及设备设施抢险抢修的，由主要管辖事故（事件）地点的中心、总部安全领导小组成员担任现场指挥小组组长，其他相关中心、总部领导担任现场指挥小组副组长。

③ 有限公司抢险指挥领导小组及现场总指挥：若初步判定为可能造成一般事故以上的，由有限公司抢险指挥领导小组负责现场总指挥，有限公司抢险指挥领导小组由有限公司安全委员会主任、副主任及有限公司其他领导、相关中心领导组成。必要时，有限公司抢险指挥领导小组成员可以指定现场总指挥。

④ 在抢险组织过程中，控制中心值班主任助理可根据现场实际情况按照抢险指挥组织自然产生的相关原则，按到达人员的

先后顺序和层级，指定现场事故（事件）处理主任和抢险指挥，事故（事件）处理主任和抢险指挥要及时汇报设备抢修情况。

⑤ 事故（事件）处理主任、抢险指挥小组、有限公司抢险指挥领导小组及现场总指挥：其任务是负责指挥抢救伤员，做好救援准备工作，尽快开通线路，并查看现场，保存可疑物证，查找证人，做好记录，待调查处理小组到达后要如实汇报或移交资料。

（3）事故（事件）现场管理

1）事故（事件）发生后，有关单位和人员应当妥善保护事故（事件）现场以及相关证据，任何单位和个人不得故意破坏现场、毁灭相关证据。

2）因抢救人员、防止事故（事件）扩大以及恢复行车等原因，需要移动现场物件的，应当做出标志，绘制现场简图并做出书面记录，妥善保存现场重要痕迹、物证。

3）事故（事件）处理主任、现场指挥等现场员工应组织保护事故（事件）现场，对现场作好标志和记录，必要时采取隔离措施（隔离带、隔离屏障等）封锁现场。

4）事故（事件）处理主任、现场指挥等现场员工要维护和控制现场秩序，及时疏导围观乘客或群众远离事故（事件）地点。

5）事故（事件）处理主任或现场指挥指定人员负责现场的监控，严格控制进入事故（事件）现场的人员，严禁与事故（事件）或抢险无关人员进入。

6）遇到非事故（事件）调查人员拍照、摄像或有人采访时，及时劝阻和报告。未经有限公司领导授权，任何人不得对外透露事故（事件）情况或接受采访。

4.2 车辆作业安全注意事项

4.2.1 安全生产十大禁令

为进一步加强安全生产责任落实，杜绝各类恶性、典型违章行为，全面落实红线问责制度，切实保证安全生产目标的实现。

1. 拆线前，禁送电。

严禁未拆除接地线送电。

2. 断电前，禁作业

严禁未断电高压作业。

3. 断送电，禁电话。

严禁断送电时接打电话。

4. 铁鞋在，禁转轨。

严禁未撤铁鞋转轨作业。

5. 刷软件，禁擅改。

严禁擅自改变列车设备软件版本。

6. 未确认，禁架车。

严禁未确认状态架车。

7. 只修车，禁开车。

严禁检修人员动车。

8. 盖未锁，禁交车。

严禁作业后盖板未锁闭。

9. 气电无，禁升弓。

严禁未经许可手动应急升弓。

10. 未出清，禁收工。

严禁作业后未出清现场。

4.2.2　车辆检修作业安全注意事项

1. 日检列车两侧安全注意事项：

（1）确认列车两端右侧挂好"禁止动车"牌；

（2）作业前确认列车已降弓，处于非激活状态；

（3）作业过程中小心地板上的积水、油污、障碍物，防止滑倒、绊倒、踏空；

（4）按照要求穿戴好劳保用品；

（5）作业完成后清理现场，确认所携带的检修工具齐全，未遗留在作业现场。

2. 日检车底作业安全注意事项：

(1) 确认列车两端右侧挂好"禁止动车"牌；

(2) 作业前确认列车已降弓，处于非激活状态；

(3) 作业者按照要求穿戴好劳保用品；

(4) 作业完成后清理现场，确认所携带的检修工具齐全，未遗留在作业现场。

3. 日检司机室作业安全注意事项：

(1) 确认列车两端右侧挂好"禁止动车"牌；

(2) 升弓前需鸣笛两声，确认两侧、车底无人后才能升弓；

(3) 开关门时进行人工广播通知客室；

(4) 做制动自检作业时，禁止合高速断路器；

(5) 作业完成后确认柜门锁闭到位；

(6) 作业完成后清理现场、确认空开、旁路、铅封、柜门处于正常状态、关闭客室侧门、锁闭司机室门、关闭列车照明、撤除禁动牌。

4. 日检客室作业安全注意事项：

(1) 确认列车两端右侧挂好"禁止动车"牌；

(2) 列车激活前确认车底无人；

(3) 作业完成后清理现场、确认柜门处于正常状态、关闭客室侧门、关闭列车照明、锁闭司机室侧门、撤除禁动牌。

5. 车顶作业安全注意事项：

(1) 确认列车两端右侧挂好"禁止动车"牌；

(2) 作业前确认相应股道接触网已办理断电手续且无电，并挂好接地线；

(3) 在车顶平台处挂好"禁止合闸，有人作业"警示牌；

(4) 作业时必须佩戴安全带，且高挂低用；

(5) 禁止跨越其他检修平台。

6. 客室车门无电作业安全注意事项：

(1) 确认列车断电并确认列车两端右侧挂好"禁止动车"牌；

（2）取下列车两端蓄电池闸刀开关，禁止激活列车；

（3）打开车门侧顶盖板时，须一手托住盖板，用另一只手拿7号方孔钥匙打开盖板锁，防止盖板突然掉下砸伤作业人；

（4）无平台侧车门作业时必须戴好安全带；

（5）有平台侧作业完成后，确认平台的铁链处于正常挂好状态；

（6）车门作业结束后，由班长或安全员对盖板锁闭情况进行检查。

7. 客室内部作业安全注意事项：

（1）确认列车断电并确认列车两端右侧挂好"禁止动车"牌；

（2）作业完成后，锁闭所有柜门；

（3）作业完成后清理现场、关闭客室侧门、锁闭司机室门。

8. 客室电气柜作业安全注意事项：

（1）确定作业列车停放股道接触网断电并挂好接地线；

（2）列车处于断电模式；

（3）确认列车无车间电源供电；

（4）列车断高压 5min 以上；

（5）确认两端 TC 车蓄电池熔断器已取下；

（6）确认两 MP 车闸刀开关处于接地位；

（7）穿戴好劳保用品，戴好安全帽；

（8）作业完成后工班长和班组安全员检查柜门合页无断裂，锁闭良好；

（9）作业完成后清理现场、锁闭车上设备柜、电子柜、空调柜门。

9. 贯通道作业安全注意事项：

（1）确认列车处于静止状态；

（2）确认列车两端右侧挂好"禁止动车"牌；

（3）贯通道安装完成后，确认棚板安装座销轴正确插入销孔内，开口销安装到位，确认侧护板上下插销正确插入安装孔内；

（4）拆装作业为互控，做好互检。

10. 主电路绝缘测试作业安全注意事项：

（1）此类作业为互控作业，需两人以上完成，班长或班组安全员进行重点监控；

（2）须取下列车两端 TC 车蓄电池熔断器；

（3）作业时，车顶受电弓区域禁止人员作业；

（4）作业完毕，确认工具出清，人员撤出后，才可送电；

（5）作业完毕，确认盖板盖好并锁闭良好；

（6）作业前确认列车处于断电状态超过 20min。

11. 蓄电池无电作业安全注意事项：

（1）作业前确认列车股道和编号，且挂好接地线；

（2）确认列车激活开关在断开位；

（3）确认两端 MP 车受电弓在降位；

（4）确认两端 MP 车无车间电源供电；

（5）确认列车断高压 5min 以上；

（6）确认两端 TC 车蓄电池熔断器已取下；

（7）确认两端 MP 车高压箱刀闸开关在接地位；

（8）穿好防护衣和手套；

（9）作业完成后确认工具齐全，没有遗留在箱体内。

12. 高压箱作业安全注意事项：

（1）确定作业列车停放股道接触网断电并挂好接地线；

（2）确认受电弓处于"降位"；

（3）确认无车间电源供电；

（4）列车断高压 20min 以上，方可作业；

（5）确认两端 TC 车蓄电池熔断器已取下；

（6）确认两 MP 车隔离接地开关处于接地位；

（7）穿好劳动防护用品，戴好安全帽；

（8）在地沟行走时，需注意地沟隔栅和全自动车钩处地沟渡板；

（9）作业完成后清理现场，确认所携带的检修工具，材料齐全，未遗留在作业现场。

13. 牵引箱作业安全注意事项：

（1）确定作业列车停放股道接触网断电并挂好接地线；

（2）确认受电弓处于"降位"；

（3）确认无车间电源供电；

（4）列车断高压 20min 以上，方可作业；

（5）确认两端 TC 车蓄电池熔断器已取下；

（6）确认两 MP 车隔离接地开关处于接地位；

（7）穿好劳动防护用品，戴好安全帽；

（8）在地沟行走时，需注意地沟隔栅和全自动车钩处地沟渡板；

（9）作业完成后清理现场，确认所携带的检修工具，材料齐全，未遗留在作业现场。

14. 辅助逆变器箱作业安全注意事项：

（1）作业前确认列车处于断电模式；

（2）确认车辆已断高压电 5min；

（3）确认两 MP 车隔离接地开关处于接地位；

（4）确认两端 TC 车蓄电池熔断器已取下；

（5）穿戴好劳保用品，戴好安全帽；

（6）在地沟行走时，需注意地沟隔栅、车底所有备件碰头；

（7）作业完成后清理现场、确认所带工具齐全、材料已出清。

15. 吹扫作业安全注意事项：

（1）作业前确认列车处于断电模式；

（2）作业前确认两 MP 车高压箱的闸刀开关处于"接地"位，两端 TC 车蓄电池熔断器＝32-Q01 已取下；

（3）作业前确认相应股道接触网已办理断电手续且断电，并挂好接地线；

（4）小心地沟隔栅和全自动车沟处地沟渡板；

（5）穿戴好防尘服和电动送风呼吸器头盔；

（6）吹扫过程中，所有电器设备箱盖板要处于锁闭状态，防止灰尘进入，严禁将风枪对人吹；

（7）将吹管与风源供风接口断开前，要关断风源开关，打开风枪排完吹管中高压风；

（8）作业完成后清理现场并确认所携带的检修工器具齐全，材料已出清。

16. 车钩检查作业安全注意事项：

（1）确定列车处于降弓断激活状态；

（2）确认两端 TC 车蓄电池熔断器已取下；

（3）穿戴好劳保用品，戴好安全帽；

（4）禁止站在轨道上进行车钩作业；

（5）作业完成后清理现场确认所携带的检修工具齐全未遗留在车上。

17. 轮对测量检查作业安全注意事项：

（1）确认作业列车停放股道接触网断电并挂好接地线；

（2）作业前确认列车处于断电模式，确认受电弓处于"降位"、确认无车间电源供电；

（3）确认两 MP 车隔离接地开关处于接地位；

（4）确认在列车两端右侧挂好"禁止动车"牌；

（5）穿戴好劳保用品，戴好安全帽；

（6）在作业过程中严禁使用平板车拉测量仪器；

（7）作业完成后清理现场确认所携带的检修工具齐全，未遗留在作业现场。

18. 轴端接地检查作业安全注意事项：

（1）确定作业列车停放股道接触网断电并挂好接地线；

（2）确认两 MP 车受电弓已降下，列车已断电；

（3）确认两 MP 车隔离接地开关处于接地位；

（4）确认无车间电源供电；

（5）确认两端 TC 车蓄电池熔断器已取下；

（6）列车断高压 20min 以上方可作业；

（7）确认在列车两端右侧挂好"禁止动车"牌；

（8）穿好劳动防护用品，戴好安全帽；

（9）作业完成后清理现场，确认所携带的检修工具，材料齐全，未遗留在作业现场。

19．车底机械两侧作业安全注意事项：

（1）确认列车已降弓，处于非激活状态；

（2）确认相应股道接触网已断电，并挂好接地线；

（3）确认在列车两端右侧挂好"禁止动车"牌；

（4）确认无车间电源供电；

（5）作业者按照要求穿戴好劳保用品；

（6）作业完成后清理现场，确认所携带的检修工具齐全，未遗留在作业现场。

20．轴端速度传感器作业安全注意事项：

（1）确定作业列车停放股道接触网断电并挂好接地线；

（2）确认两MP车受电弓已降下，列车已断电；

（3）确认在列车两端右侧挂好"禁止动车"牌；

（4）确认两MP车隔离接地开关处于接地位；

（5）穿好劳动防护用品，戴好安全帽；

（6）作业完成后清理现场，确认所携带的检修工具，材料齐全，未遗留在作业现场。

21．车底机械中间作业安全注意事项：

（1）确认列车已降弓，处于非激活状态；

（2）确认相应股道接触网已断电，并挂好接地线；

（3）确认在列车两端右侧挂好"禁止动车"牌；

（4）确认无车间电源供电；

（5）车底作业行走过程中注意排水沟隔栅；

（6）列车解钩后必须打好铁鞋；

（7）作业者按照要求穿戴好劳保用品；

（8）作业完成后清理现场，确认所携带的检修工具齐全，未遗留在作业现场。

22. 轮缘润滑系统检查（包括无电、有电检查）作业安全注意事项：

（1）无电检查作业前确认列车处于断电模式，确认受电弓降下、确认无车间电源供电；

（2）确认在列车两端右侧挂好"禁止动车"牌。

（3）穿好劳动防护用品，戴好安全帽；

（4）作业完成后清理现场确认所携带的检修工具齐全，未遗留在车上；

23. 空压机换油及滤网、安全阀更换作业安全注意事项：

（1）作业前确认列车处于断电，确认受电弓降下、关断蓄电池激活开关；

（2）确认在列车两端右侧挂好"禁止动车"牌；

（3）作业完成后清理现场确认所携带的检修工具、材料齐全，未遗留在车上。

24. 车底换油及加油作业安全注意事项：

（1）作业前确认列车处于断电模式，确认受电弓降下、关断蓄电池激活开关；

（2）确认在列车两端右侧挂好"禁止动车"牌；

（3）穿好劳动防护用品，戴好安全帽；

（4）放油时由于油温较高要避免手直接接触放油口；

（5）换油时须注意所有注油工具干净清洁，避免污染齿轮箱油；

（6）换油后要注意更换放油口和注油口密封铜垫；

（7）作业完成后清理现场确认所携带的检修工具、材料齐全，未遗留在车上或轨行区。

25. 静调电源柜送电后作业安全注意事项：

（1）作业前确认相应接触网已办理断电手续且无电，并挂好接地线；

（2）作业前确认两个高压箱刀闸开关在车间电源供电模式。班长或安全员进行确认；

（3）向 DCC 请点，明确作业车辆编号、内容及作业时间；

（4）开关门作业前要进行人工广播，通知客室作业人员；

（5）受电弓功能作业前确认列车无车间电源供电；

（6）作业人员在车顶作业时必须佩戴安全带，且高挂低用；

（7）对讲机使用时必须做到呼唤应答；

（8）作业完成后清理现场，确认平台门锁闭。

26. 制动压力测试作业安全注意事项：

（1）穿戴好劳保用品，戴好安全帽；

（2）作业前先检查压力表送检日期，按压力表开机键 3s 后，压力表显示为 0kPa；

（3）制动功能检查为互控作业，推动主控手柄前确认高断处于分位、受电弓降下；

（4）车下压力测试人接好压力表后，注意列车移动，禁止将手或工具放在钢轨上。

27. 转向架尺寸测量作业安全注意事项：

（1）作业前确认列车处于断电模式，确认受电弓降下、关断蓄电池激活开关；

（2）确认在列车两端右侧挂好"禁止动车"牌；

（3）穿好劳动防护用品，戴好安全帽；

（4）测量数据时，移动水平尺时要轻拿轻放，作业中作业人员做好相互沟通，做到呼唤应答、行动统一，避免出现水平尺移动伤人或其他安全事件；

（5）一位端空气簧排气时做到转向架左右高度阀拆卸动作同步；

（6）测量地板面高度时严禁开关门作业，负责在客室配合的人员注意移动水平尺时禁止与客室内任何设备设施碰撞。另外，客室门在打开区间配合人员严禁站立门边；

（7）在进行空气簧排气、充气以及地板高测量时严禁客室里站人（除地板高测量的配合人）。

28. 火警测试作业安全注意事项：

（1）作业时必须穿戴劳保用品；

（2）升弓前进行两声鸣笛，降弓进行一声鸣笛；

（3）在开关门作业时，须进行司机室 PA 广播"某某车进行开关门试验，请注意"提示 15s 后，再进行开关门作业；

（4）作业完成后清理现场、关闭各柜门和盖板，班长或安全员进行确认。

29. 车门有电作业安全注意事项：

（1）确认列车断电并确认列车两端右侧挂好"禁止动车"牌；

（2）打开车门侧顶盖板时，须一手托住盖板，用另一只手拿 7 号方孔钥匙打开盖板锁，防止盖板突然掉下砸伤作业人；

（3）开关门作业前要进行人工广播，通知客室作业人员；

（4）作业人员在无平台侧作业时必须佩戴安全带或做好安全防护；

（5）有平台侧作业完成后，确认平台的铁链处于正常挂好状态；

（6）对讲机使用时必须做到呼唤应答；

（7）车门作业结束后清理现场，由班长或安全员对盖板锁闭情况进行检查。

30. 有电功能检查作业安全注意事项：

（1）作业时必须佩戴安全帽；

（2）列车送电前确认两端车下三位置开关处于运行位；

（3）激活列车前确认车间电源盖处于正常位置，并由作业班长或安全员进行确认；

（4）升弓前进行两声鸣笛，降弓进行一声鸣笛；

（5）推牵引手柄前确认"高断分"指示灯亮；

（6）作业完成后清理现场、关闭客室侧门、锁闭司机室门，班长或安全员进行确认。

31. 紧急照明作业安全注意事项：

（1）作业前确认车底无人；

（2）作业完成后清理现场、关闭客室侧门、锁闭司机室门，恢复动过的开关。

32. VCMe 数据下载及清除（包括 VCMe 轮径值校对）作业安全注意事项：

（1）作业前确认车底无人；

（2）作业完成后清理现场、关闭客室侧门、锁闭司机室门。

33. EP2002 数据下载及清除、轮径值校对作业安全注意事项：

（1）作业完后必须对列车施加停放制动；

（2）作业完成后清理现场、关闭客室侧门、锁闭司机室门。

34. 动态调试作业安全注意事项：

（1）作业时必须佩戴安全帽；

（2）任何车辆操作由司机进行，任何检修操作要告知司机并经其同意后方可进行；

（3）在列车停止运行后，才对 VCMe 相连的数据采集电缆进行插拔操作；

（4）作业完成后清理现场并锁闭所有打开的柜门；

（5）列车上试车线前，班长确认"禁止动车"牌已撤除。

35. TC-TC 联挂作业安全注意事项：

（1）列车联挂时，联挂车上禁止有其他作业；

（2）列车联挂时，相应的作业股道要出清，禁止非联挂人员靠近车辆；

（3）列车联挂时，联挂人员要监护人员出清，防止其他人员突然上车；

（4）列车联挂试验中，如出现试验功能不正常，待故障处理后，DCC 应重新安排列车进行联挂试验；

（5）车辆试拉结束后，连挂好的自动车钩其指示器处于与轨道中心线平行位；

（6）作业完成后清理现场、锁闭司机室侧门；

（7）列车车钩联挂和车钩解钩时，静止的列车处于断电模式，且施加停放制动或打铁鞋；

（8）作业完成后，确认拖动模式开关和慢行模式开关在分位。

36. M-M 解钩作业安全注意事项：

（1）穿戴好劳保用品，戴好安全帽；

（2）在工程车与 TC 车全自动车钩联挂前，另一半组单元打好铁鞋；

（3）在工程车与 TC 车全自动车钩联挂前，确认 TC 车全自动车钩球阀在正常位，且列车停放制动处于制动状态或用两个铁鞋防溜；

（4）相应单元车的 B05 阀门切除后，作业完成后要及时恢复正常状态，并确认锁闭良好；

（5）拆装 M-M 车钩的跨接电缆插头时确认两端 TC 车蓄电池熔断器已取下；

（6）作业完成后清理现场确认所携带的检修工具、材料齐全，未遗留在作业现场。

37. M-M 联挂作业安全注意事项：

（1）穿戴好劳保用品，戴好安全帽；

（2）在工程车与 TC 车全自动车钩联挂前，另一半组单元打好铁鞋；

（3）在工程车与 TC 车全自动车钩联挂前，确认 TC 车 W01 球阀在正常位（与管路方向水平），且列车停放制动处于制动状态或用两个铁鞋防溜；

（4）相应单元车的 B05 阀门切除后，作业完成后要及时恢复正常状态，并确认锁闭良好；

（5）在工程车进行试拉作业前，禁止撤除铁鞋，试拉成功后及时撤出铁鞋；

（6）作业完成后清理现场确认所携带的检修工具、材料齐全，未遗留在作业现场。

4.3 隔离开关合闸、分闸及安全工器具

4.3.1 隔离开关合闸、分闸

1. 隔离开关操作定义

隔离开关主要用来将高压配电装置中需要停电的部分与带电部分可靠地隔离，以保证检修工作的安全。它由操作机构驱动本体刀闸进行分、合闸后形成明显的断开点，隔离开关没有灭弧装置，因此不能用来切断负荷电流或短路电流，否则在高压作用下，断开点将产生强烈电弧，并很难自行熄灭，甚至可能造成飞弧（相对地或相间短路），烧损设备，危及人身安全，这就是所谓"带负荷拉隔离开关"的严重事故。

为防止误操作的发生，必须采取有效的措施，这些措施包括组织措施和技术措施。

（1）组织措施认真执行操作票制度和监护制度。在进行隔离开关断送电作业时，必须一人监护，一人操作，绝对不允许个人单独操作。

（2）技术措施采用在断路器和隔离开关之间装设机械或电器闭锁装置。闭锁装置（简称锁）的作用是使断路器未断前，与其相应的隔离开关就拉不开；在断路器接通后，相应的隔离开关也合不上。这就防止了带负荷拉合隔离开关的误操作。

隔离开关操作人员：具备隔离开关操作资格的人员。

隔离开关监护人员：具备隔离开关操作资格的人员监护隔离开关操作的人员。

2. 操作的原则

隔离开关操作人员，必须认真贯彻"安全第一，按章操作"的方针。严格按规章制度和车厂隔离开关操作控制程序、停电验电制度进行作业，必须具备操作资格，同时班组安全员或工班长须要到场监护。严防接、撤地线时错挂、漏挂、错撤、忘撤。车厂控制中心（DCC）负责管理车辆段库内手动隔离开关，其倒闸

命令程序按照所在车厂《接触网运行检修规程（试行）》的规定办理。隔离开关实行"一人操作，一人监护，严禁违章"的制度，手指口呼，严格执行唱票操作程序、技术要领及安全注意事项。

3. 隔离开关分闸操作

（1）分闸前确认：分闸前，监护人必须到现场确认该股道无负载，用电设备切断电源才进行申请分闸作业。

（2）借用工器具。

监护人确认隔离开关五防锁操作步骤无误（未加装五防锁的隔离开关可跳过此步骤）；操作人向检修调度借用硬质安全帽、绝缘靴、绝缘手套、红闪灯。（操作前检查绝缘手套、绝缘靴的合格证及检验有效期，并做漏气检查，如任意一项不合格须更换合格的绝缘劳保用品后方可开始操作分闸）。

（3）现场确认及操作

分闸前确认：分闸前，监护人及操作人一同确认分闸股道及对应股道列车状态（列车已降弓、断激活）。

（4）现场操作

严格按照《接触网分闸/合闸申请单》进行唱票复诵操作，手指口呼，每完成一个操作步骤后，由监护人确认是否可进行下一步操作，操作人才可以进行下一步作业。

（5）验电

验电前须检测验电器状态良好，操作人员将验电器导流线接线端头接入接地端接线柱，再将验电器验电端头轻轻触碰接触网，确认无声响后，再挂在接触网上进行验电。

（6）挂地线

用验电器确认接触网无电后方可挂地线。挂地线前务必确认股道位置正确，监护人做好检查。操作人员将接地棒导流线接线端头接入接地端接线柱，再将接地棒挂钩端头挂在接触网上（举挂接地棒时确认与列车有足够的安全距离，避免举挂接地棒时碰到车体）。

（7）取验电器

操作人员在对应股道挂好接地线后，放置红闪灯，方可取下验电器，同时在对应股道悬挂无电牌。如果需要上车顶作业，操作人员还必须用五防锁钥匙将该股道顶层平台门锁打开，并挂好禁止合闸牌。

4. 隔离开关合闸操作

（1）合闸前确认

作业负责人必须确认该股道车顶无作业，并在车顶平台走一圈确认车顶平台工具已出清，确认安全后用机械锁锁好车顶平台门。

（2）借用工器具

同本小节 3.（2）。

（3）现场确认及操作

同本小节 3.（3）。

（4）现场操作要求

同本小节 3.（4）。

（5）锁车顶平台

操作人和监护人车顶平台走一圈，确认平台已出清、无异物侵限，操作人使用五防锁钥匙在平台末端确认平台出清（未加装五防锁的隔离开关可跳过此步骤），操作人使用五防锁钥匙锁好车顶平台闸门，取下禁止合闸牌，并由监护人确认车顶平台门已锁好。

（6）拆地线

操作人员拧松接电线夹，先拆下接触网端接地棒挂钩，再将接地端接地线缆拆除。

（7）操作人员将接地棒整理好后挂回接地棒挂锁位置，锁好挂锁。当取送接地棒时，注意上方接触网，必须横平移动，禁止侵限到别的股道。

（8）完成拆接地棒后撤除红闪灯、取下无电牌，呼叫检修调度到现场确认对应股道接地棒已拆除。拆完接地棒后，操作人员先用五防锁钥匙打开隔离开关机械锁孔上的五防锁，取下禁止合闸牌。

5. 操作技术要点

（1）隔离开关倒闸时所用绝缘手套及绝缘靴要求电气试验合格，操作前应对绝缘手套做漏气检查。

（2）操作人员在操作前应注意观察周围的工作环境，如发现将改变供电状态的区段内有地线未撤除等异常情况时，应及时向检修调度和车厂调度汇报。

（3）操作过程中如受阻，不可强行推拉手柄，应即时复位，并马上与检修调度和车厂调度联系；

隔离开关倒闸作业整个过程要求准确迅速。

（4）对于接地隔离开关，操作完后须检查接地刀闸是否安全到位。

6. 安全注意事项

（1）隔离开关操作人员必须是培训合格人员才能操作。在隔离开关操作过程中要求严格执行一人操作、一人监护制度。

（2）倒闸作业前必须确认开关编号，检查开关状态和开关接地装置是否良好。

（3）隔离开关监护人员负责整个操作过程进行监护和设置好作业现场安全防护措施，非检修股道的隔离开关，接挂地线后需在接地线下方放置红闪灯，对应股道悬挂无电牌。

（4）借用验电器、绝缘手套、绝缘靴、接地线、红闪灯，绝缘手套及绝缘靴要求电气试验合格，操作前应对绝缘手套做漏气检查；戴好安全帽和绝缘手套，穿好绝缘靴；接地线无破损，红闪灯有电且能正常闪烁，所有设备设施仍处于使用期限范围。

（5）接挂地线前，操作人员必须先验电，必须认真确认接触网分段绝缘器位置，必须在正确的区域挂接地线。取送接地线时，注意上方接触网，必须横平移动，需移挂地线时，要重新办理申请作业单。

（6）分闸前，隔离开关监护人员必须确认该区段无负载。

（7）合闸前，隔离开关监护人员必须确认该区段所有人员、工器具出清，严禁线路带负荷时进行隔离开关倒闸作业。

（8）上车顶平台作业时，必须在检修调度处请点方可上平台作业，作业完成后应及时清场销点并锁好平台门。

（9）挂接地线时必须先将接地线夹紧固在轨道上，然后再挂上接触网，拆除接地线时，必须先拆除接触网连接的一端，然后再拆除与轨道连接的一端。

（10）隔离开关操作人员在操作前应注意观察周围的工作环境，如发现异常情况时，应立即停止作业，并向检修调度和车厂调度汇报。

（11）隔离开关操作过程中如出现受阻、不能一次分合到位，中途发生冲击或停滞等意外现象，应马上向检修调度和车厂调度汇报。

（12）隔离开关分闸或合闸操作后，隔离开关操作人员必须到隔离开关下方位置目测检查确认隔离。

（13）离开关是否处于分开或合上位置，隔离开关各部位技术状态是否良好。

（14）严禁在雷雨天的气候条件下进行隔离开关倒闸作业。

（15）严禁在雷雨天的气候条件下进行车顶作业。

（16）隔离开关分闸后，在挂接地线前必须先验电。

（17）操作过程中严禁操作其他与本分闸作业无关股道的隔离开关，严禁逆向操作。

4.3.2 安全工器具使用

检修安全工器具，主要包括库区的消防设施设备，以及车辆中心的救援器材。此节主要介绍车辆中心救援器材的管理。车辆中心的救援器材包括：车辆复轨设备、车辆扶正设备、救援气袋、空气压缩机、各类破拆设备、垫木、工器具、防护用品等。救援器材的管理、保养工作，必须纳入所属分中心（室）的保养计划，并认真组织实施。

1. 救援器材是进行车辆脱轨起复、扶正的重要设备，不得用于非抢险方面使用。对于擅自将抢险救援器材挪作他用的人，将根据《目标考核管理实施细则（试行）》、《绩效考核管理办法（试行）》的相关管理规定处理。

2. 各级负责人应加强员工抢险观念的教育，提高工作责任心，养成爱护救援器材的良好习惯，切实做好救援器材的管理工作。

（1）救援器材的管理

1）救援器材必须统一登记、列明清单、逐级负责，严格执行各项管理制度。

2）救援器材由分指定专人负责，每年对救援器材进行至少一次清查。

3）救援器材应统一标识，并存放在救援汽车上，未装车的救援设备需存放于防雨、防晒的地方。

4）起复设备、扶正设备、垫木、照明灯具等随车器材应牢固地放在规定的位置上。

5）各种库存的救援器材应分类储存，不得混杂堆放。千斤顶、液压泵等，要定期擦拭上油；垫木、雨衣等，要经常检查或晾晒。

6）如发现救援器材损坏、丢失情况，必须立即报修并填写设备档案记录，并向综合技术室报备。如发现人为损坏或丢失救援器材，一律按公司、部门有关规定处理。

（2）设备调动

1）设备的调动，应根据情况做出决定。有关部门要办好相应手续，弄清设备状况，做好相应记录同时报负责人备案。

2）特殊情况下，设备可以临时性调用，但必须按规定使用并做好设备档案的记录。

（3）救援器材保养、维修、报废

1）所有员工必须严格按操作规程保养设备，未经培训不得擅自操作设备。各部门要负责督促检查班组员工做好救援器材的保养工作，并负责培训本部门员工使用救援器材。

2）救援器材由各所属部门负责保养，每月不少于一次，所有设备均要试验是否正常。

3）各部门没有技术能力维修的救援设备，应对外委托维修。

4）保修期内的设备不得擅自拆开修理。

5）救援设备如不能正常使用，应立即报修；若无法修理应报对外委托单位进行维修。

6）设备报废按公司报废管理规定执行。

7）对于新购领的救援器材，应根据国家或企业规定的产品质量标准进行严格检验，检验合格后方可使用或入库备用。

8）抢险现场回来前，救援器材负责人应组织抢险队员对救援器材进行清查。清查中发现救援器材丢失或损坏，应登记造册，查明原因，上报综合技术室处理。救援器材动用后要及时维护保养，损耗的应及时补充。

9）救援器材检查制度：

①例行的设备检查工作由使用部门负责，内容为本管理规定的落实情况。

②救援器材应根据《救援器材技术状态良好的主要标准》进行检验。

③根据实际需要，还可采取不定期的设备检查（抽查、专项检查）。

④设备检查（抽查）情况，作为重要指标计年终考核。

（4）对救援器材管得好的单位和个人，应结合检查评比，进行表扬奖励。如因管理不善、保养不好和违反操作规程而发生丢失、损坏设备和人身伤害等事故，应及时查明原因和责任，严肃处理。

4.4　救援演练安全注意事项

4.4.1　救援队伍人员构成

检修救援队伍分为 7 个队伍，分别为车辆一队至车辆七队，经过救援设备厂家培训合格后方可对救援设备进行操作，每个队伍大约有 12 人，分别由队长、操作手、观察员和队员组成。

4.4.2 救援演练的项目

救援演练项目包括电客车、工程车和接触网作业车等各种车型在正线、车辆段内或者库区内出现轮对固死、脱轨、颠覆，突发情况下而进行的模拟真实场景发生而进行的救援演练，旨在应对突发情况发生时，确保设备和人身安全，科学、合理、有序，将损失减少到最小。

4.4.3 A 型复轨器起复操作指引

1. 起复前的准备

（1）起复作业前，首先确认被起复车辆上没有任何人员，以确保被起复车辆的平稳性不受干扰。

（2）如果起复作业不在车辆段库房内进行，则先确认接触网已断电并接挂地线。

（3）在列车两端可能来车的方向放置红闪灯作为防护信号。

（4）在脱轨车辆的非起复端车轮放置止轮器，止轮器的放置原则为：止轮器须放置两个，四轴车辆分别放置在非起复端转向架的同一侧不同轮对，两轴机车则放置在非起复端轮对同一侧；铁鞋要对向推紧打牢，确保车辆的纵向稳定。

（5）抢险队员进入脱轨轮轴下平整地面、放置调整垫木。若地面平整结实，高度合适可不放垫木而直接放置 A 型复轨器；

（6）在脱轨轮轴下放置 A 型复轨器，要求顶托对着车轴中点的中心，并将油管与千斤顶对应连接后，操纵两台手动油泵同时向 A 型复轨器的两个油缸供油，使顶托贴紧车轴中点的中心后撤出人员。

（7）对出勤车辆的横移距离进行评估，确定一次横移的目标距离后，放置轨对垫木，以确保车辆完成一次横移后能平稳放置。

注意：复轨器安装完毕后需确保复轨器水平、牢固，油管连接正确。

2. 起复操作

（1）同时操纵两台手动油泵向 A 型复轨器的两个油缸供油，使脱轨车辆轮对缓缓上升，离开地面，逐渐升高；

（2）当轮对升起一定高度时，根据列车需要横移的方向，关闭相应侧千斤顶的控制阀，使其油缸停止注油。

（3）继续操纵两台手动油泵，未关闭控制阀一侧的油缸将继续注油顶升，缸臂伸长推动车轮呈弧线上升，并产生横向移动。

（4）当车辆上升至一定高度时，操作两台手动油泵的控制阀及中央控制阀，使油缸的液压油回流至手动油泵，操作员可利用加油量控制车辆下降的同时产生横向移动。

（5）当车辆到达横移的目标点后，操作两台手动油泵的控制阀及中央控制阀，使轮对缓缓落下至垫木上，这时可以安装 A 型起复设备，准备进行二次或多次起复横移，直至复轨为止。

（6）进行车轴下落复轨时，要缓慢操纵两个手动油泵的中央控制阀使油缸减压（具体速度需根据现场确定），使轮对准确落到目标处。

（7）车辆复轨后，取去复轨器，使各级油缸复位，将缸内液压油压回油泵，再拆除油管，全部复原清洁后装箱。

3. 安全注意事项

（1）A 型复轨器的操作者必须经过培训。

（2）放置止轮器的车轮和起复车轮不能在同一转向架上。

（3）止轮器放置必须推紧，防止车辆发生纵向位移，严禁不打止轮器进行复轨作业。

（4）非车辆段范围内，严禁在接触网有电状态下进行起复作业。

（5）严禁复轨器超压使用，A 型起复器起复重量为 50t。

（6）在起复作业中，顶托移动位置必须始终保持在两个底座轴销之间，即任何一油缸与底座的夹角角度不能大于 75°（目测）。

（7）在操作两台手动泵升压时，要保持同步操作，以减少车辆的摆动幅度。

（8）在轮对升幅较高的情况下，应采用单侧油泵放油的方式，降低轮对高度，以确保安全，但单侧放油时必须满足 3、6 的要求。

（9）操作手动油泵的中央控制阀手轮降压使车辆落下复轨时，要缓扭手轮，保持各油缸同步下降，同时要防止降压过猛过快导致车辆摆动。

（10）在起复过程中，作业人员要与被起复车辆保持足够的安全距离，并时刻注意观察车辆位置变化，注意人身安全，防止意外事件发生。

（11）在起复过程中，要有专人负责指挥，喊口令。在车辆复位后要安排人员检查车辆状态，清理现场，现场指挥确认后才能宣布起复完毕。

4.4.4 LUKAS 复轨器起复操作指引

1. 单点横移法

（1）起复前准备

对救援人员进行分工，分为车体左边小组、车体右边小组、车底小组、控制台小组、安全监督小组和后勤小组；

1）设防护、打止轮器起复作业前，首先要申请接触网断电并接挂地线，同时做好安全防护，列车两端放置红闪灯作为防护信号；同时将脱轨车辆不起复端的车轮用止轮器固定，两个止轮器分别放置在同一车轮的两边，推紧打牢，确保车辆的纵向稳定。

2）确定起复的车体支撑点和移动支撑点；

3）组装、连接复轨器，并启动发动机；

4）对举升缸、横移小车进行空载检验，检查其状态是否良好。

（2）复轨步骤

1）安装举升缸座处垫木块要水平、牢固，不能下陷、滑移。举升缸应保持垂直，车体两边举升缸所垫木块高度要基本一致，保证两边举升缸的工作高度匹配。

2）顶起车辆

操作人员在操作提升举升缸时要平衡，两边升幅一致，并注意听从指挥者口令；提升高度应能满足复轨桥及小车系统的安装需要高度。

3）安装复轨桥要摆放水平，复轨桥底部要垫实，与轨道垂直；在安装复轨桥时底部应有足够的支撑木，起复前必须将相应的转向架对应四个角构架、一系弹簧、轴箱捆绑牢固，以免在起复过程中转向架部件脱落分离；

4）车辆落复轨桥

现场指挥在确认复轨桥和移动小车安装完毕后，命令控制台操作员控制举升缸缓慢下降，同时左右组人员有步骤取走附加支撑，最后使车体移动支撑点正好压在移动小车的垫块上；

5）移走举升缸现场指挥在确认车辆已平稳放置在移动小车上后，继续卸载，左右小组将举升缸及阻碍横移的垫块移走；

6）横移车辆现场指挥在确认具备横移条件后，命令控制台操作员控制移动小车平衡移动，将轮对对准钢轨；

7）安装举升缸并顶起车辆。现场指挥安排车体左右小组重新安装举升缸，确认安装完毕后命令控制台操作员控制举升缸进行顶升，在车辆脱离移动小车至适当高度时，在车体两侧附加垫木或支撑装置固定车体，再撤除移动小车和复轨桥；

8）降举升缸复轨现场指挥在确认撤除复轨桥后，命令左右组人员有步骤取走附加支撑，同时控制台操作员平稳控制举升缸缓慢下降，使车辆轮对正对钢轨落下。

（3）安全注意事项

1）复轨器各部的状态要良好，连接状态良好，空载试验状态良好。

2）控制台操作者和各小组负责人要经过 LUKAS 复轨器培训的人员操作。

3）进行起复前应确认各部件安装正确，并无人处于危险中。

4）举升缸起复过程中要保持垂直，底座要平实，同时有足够的支撑力和支撑面。

5）在起复前，安全监督组要对脱轨状态进行检查，根据实际状态确认起复方案。

6）每操作完一步安全监督组要检查、汇报完成状态，起复后安全监督组要对车辆进行检查，对复轨后运行提出限速意见。

7）避免任何可能危及起复稳定性的操作，发现故障应立即停止运转并锁位，同时立即校正。

8）非抢险人员不得进入救援抢险区，抢险人员要严格遵守相关的安全规定。

9）在有接触网的区域一定要确认接触网是否断电及接挂地线，作业需做好防护措施。

2. 两点横移法

（1）起复前的准备

1）起复作业前，首先确认被起复车辆上没有任何人员，以确保被起复车辆的平稳性不受干扰。

2）如果起复作业不在车辆段库房内进行，则先确认接触网已断电并接挂地线。

3）在列车两端可能来车的方向放置红闪灯作为防护信号。

4）在脱轨车辆的非起复端车轮放置止轮器，止轮器的放置原则为：止轮器须放置两个，四轴车辆分别放置在非起复端转向架的同一侧不同轮对，两轴机车则放置在非起复端轮对同一侧；铁鞋要对向推紧打牢，确保车辆的纵向稳定。

注意：在高架线路上一定要保持车体稳定，不能出现溜车现象。

5）确定起复的车体支撑点，平整地面。

6）在起复的车体支撑点下放置调整垫木，各支撑点的垫木高度要一致，以保证复轨桥处于水平状态。

7）演练时复轨桥不能压在列车电器设备上。

8）视被起复车辆的结构确定是否需要对转向架或其他部件进行捆绑。

9）控制台小组会同车底作业小组组装、连接油管并锁定。连接时注意千斤顶和横移小车的油管与液压机接口油管的颜色须一一对应，并启动发动机进行空载检查。

10）把复轨桥架设在两堆垫木上，确定平稳后将横移小车放置在复轨桥的纵向中心后，再把千斤顶安放到横移小车的圆盘内，并推动横移小车至千斤顶对正车体顶升点后，操作横移油缸卡住复轨桥。

11）检查液压站机油是否足够，检查各液压部件有无异常；升、降主千斤顶，横移小车等设备有无漏油和动作不良情况。

12）确认11）检查内容正常后，操作千斤顶上升前接近车体。

13）开大汽油机的油门，使液压机处于高速运转状态。

（2）起复轨步骤

1）按场指挥的口令，液压站操作手操作千斤顶上升，直到顶升高度至轮对的轮缘高于钢轨轨面 30～50mm 时停止顶升。

2）如果顶升时千斤顶行程不足以使轮缘高于钢轨轨面 30～50mm 时，应适当增加内、外环垫块数量，以实现足够的顶升高度。

3）按现场指挥的口令，液压站操作手操作千斤顶的活塞杆下降，同时左右侧小组人员有步骤取走内环垫块，使负载落在外环上，此时，全部脱轨轮缘应高于钢轨轨面 15～20mm。

（3）横移作业

1）车体左右侧小组在确认脱轨全部轮对轮缘高于轨面 15～20mm 后，向现场指挥汇报；

2）根据现场脱轨的方向，液压站操作手听从救援指挥的指令进行相应的操作，控制移动小车平衡移动，将轮对对准路轨；

3）横移时操作手应充分利用节流阀控制横移小车的速度，以保证车体横移时的平衡。

（4）复轨作业

车底作业小组在确认脱轨轮对轮缘全部处于两钢轨内侧后，向现场指挥汇报，并听从现场指挥的指令，控制台操作人员听从救援指挥的指令进行相应的操作，顶升千斤顶，取出外环垫块后再下降取出内环垫块，依次进行上升、下降操作取出内、外环垫块，直至全部轮对落至钢轨上。

（5）清场作业

1）现场指挥在确认车辆复轨后，下达清场作业指令，各作业小组完成清场作业。

2）控制台作业小组在接到清场作业指令后，将设备回油，并协助车底作业小组拆除油管；

3）现场指挥根据现场情况决定是否需要撤除铁鞋。

4）各作业小组将设备清点工器具、材料、设备，所有工器具、材料、设备、人员离开救援作业现场，完成救援作业。

（6）安全注意事项

1）复轨器各部件的状态要良好，联接状态良好，空载试验状态良好。

2）控制台操作者和各小组负责人要经过安全培训并经过复轨器培训的人员承担。

3）进行起复前应确认各部件安装正确，并无人处于危险中。

4）千斤顶在起复过程中要保持垂直，底座要平实同时有足够的支撑力和支撑面。

5）在起复前，安全监督组要对脱轨状态进行检查，根据实际状态确认起复方案。

6）每操作完一步，安全技术监督组要检查、汇报完成状态，起复后，安全监督组要对车辆进行检查。

7）对复轨后车辆走行速度提出限速意见。

8）避免任何可能危及起复稳定性的操作，发现复轨器故障应立即停止发动机运转并锁位，同时在确保车辆稳定的情况下更换故障的复轨器。

9）非抢险人员不得进入救援区，抢险人员要严格遵守安全规定。

4.4.5　起复指挥口令和手势

指挥员面对操作手指挥：

（1）右移口令和手势：口令，车体右移；手势（图 4.4-1），右手握紧拳头、大拇指伸出向右摆动，表示指挥员要求操作手操作起复设备使车体向右移动。

（2）左移口令和手势：口令，车体左移；手势（图 4.4-2），右手握紧拳头、大拇指伸出向左摆动，表示指挥员要求操作手操作起复设备使车体向左移动。

（3）上升口令和手势：口令，车体上升；手势（图 4.4-3），右手握紧拳头、大拇指伸出向上摆动，表示指挥员要求操作手操作起复设备使车体向上顶升。

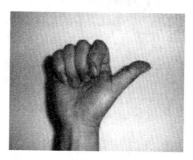 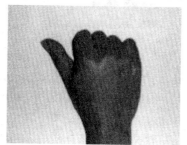

图 4.4-1　右移手势　　　　　　图 4.4-2　左移手势

（4）下降口令和手势：口令，车体下降；手势（图 4.4-4），右手握紧拳头、大拇指伸出向下摆动，表示指挥员要求操作手操作起复设备使车体向下移动。

图 4.4-3　上升手势　　　　　　图 4.4-4　下降手势

（5）暂停口令和手势：口令，暂停；手势（图 4.4-5），右手握拳，向上举起，表示指挥员要求操作员暂停设备的操作，保持设备目前的状态。此时操作员应锁死阀门等待下一步命令。

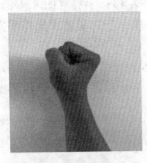

图 4.4-5　暂停手势

4.4.6　救援线路

为应对突发事件发生，科学合理的减少路程耗费的时间，提高应急救援的响应能力，对全线 25 个地铁线路进行勘察并制定出最佳便捷线路，有利于做出及时的应急响应，控制和防止事故进一步恶化，应急行动对时间要求十分敏感，不允许有任何拖延，在应急资源等方面进行先期准备，应急救援迅速、高效、有序的开展，将事故造成的人员伤亡、财产损失和环境破坏降到最低限度。

1. 救援线路的选择

救援线路的选择应遵循路线最近，时间最短原则，且发生应急救援情况下，救援大卡车运输救援设备到各个地铁站时，搬运设备时，从地铁站外、站厅和站台层应尽量选择走楼梯，为防止搬运设备时，易发生设备损坏，禁止走垂直电梯和电扶梯。

2. 救援大卡车

救援大卡车是输送救援设备到事故现场的救援专用车辆，为确保救援大卡车时时处于良好的状态，日常需专人进行保养，每季度需专人驾驶救援大卡车到指定的救援线路熟悉线路。

4.5　生产运作注意要点

4.5.1　检修调度日常运作注意事项

（1）检修调度为车辆中心车辆专业调度，属于二级调度，服从 OCC 统一指挥，是 DCC 车辆专业日常工作的全权负责人，对车辆检修分中心经理负责。

（2）负责组织车辆检修现场生产作业实施及该分中心的日常生产管理工作。负责车辆日常检修计划、施工作业、清洁、定修和临修工作控制，为地铁运营提供质量良好和数量足够的电客车。

（3）合理安排每天上线运营车辆，严格按《车辆中心列车上线运营出库质量标准》执行。

（4）检修调度按检修计划安排生产任务，对计划外生产作业，调度应根据实际情况妥善安排。遇调整计划时，需及时与计划申报中心、分中心联系，并弄清原因，协商变更作业时间。

（5）检修调度应组织车辆各类检修、调试、普查、改造等各项任务，掌握作业进度、监督检修质量。

（6）配合综合技术室做好车辆故障记录统计工作，组织落实整改措施。收集、整理及填写车辆各种检修台账、记录、日报及《车厂控制中心 DCC 检修调度日志》等各种日志。

（7）掌握每日车辆状态，确保车辆状态信息收集及发布准确、及时。

（8）根据《电客车故障应急处理指南》为正线司机、行调提供车辆技术支持和处理建议，并做好正线车辆的故障记录，需技术支持时，负责通知相关技术人员。

（9）负责向车厂调度申请电客车转轨和动态调试作业计划，对不能按时完成的作业计划，检修调度及时与车厂调度协调解决。

（10）协调好列车非车辆专业设备的检修作业，并做好车辆接口设备的信息收集工作。

（11）合理安排列车及检修一分中心管辖范围内的清洁工作，确保列车卫生清洁，生产场所的整洁。

（12）组织车辆专业救援、抢险，传达紧急救援指令，启动应急预案，组织救援队伍，按程序上报车辆紧急救援情况。

（13）做好检修调度管辖范围专控钥匙、办公电脑的日常管理工作。

（14）负责接触网隔离开关、1500V车间电源的使用审核。

（15）做好与车厂调度用车手续的办理，及时填写《电客车状态记录卡》。

4.5.2 驻站人员管理规定

1. 定义

（1）驻站：列车运营期间，为了及时处理列车故障、了解车辆状态而在相关车站安排检修人员值班的工作制度。

（2）跟车：跟车分流动跟车和驻站跟车。

（3）驻站跟车：跟车人员为某某驻站点的驻站人员，并根据工作安排合理有序地对运营中的地铁车辆状态、卫生情况等进行巡查。

（4）流动跟车：跟车人员无固定的驻站点，运营时间内对正线列车进行轮流跟车，或按DCC指定要求对指定列车进行车辆运行状态实时监控。

（5）折返线（存车线）：电客车在折返站折返时用于电客车折返换向所用的线路称为折返线；在运营线路中用于存放车辆的辅助线称为存车线。

2. 跟车驻站人员注意事项

（1）驻站人员每次登乘列车时需要携带随身工具包。

（2）在《正线列车巡查记录表》上注明跟车时间、车辆编号和跟车起止站、车辆状态等。

（3）进（出）折返线（存车线）的管理

在运营过程中，因设备故障或运营调整的需要，需进入折返线（存车线）作业时，为保证车辆检修人员进（出）折返线（存车线）的安全，车辆检修人员必须按以下规定执行。

1）车辆检修人员进入折返线（存车线）前必须到车站站控室请点登记（必须注明进入时间、作业地点/区域、进入人数和负责人），并经车站、行调同意后，方可进入；若要撤离折返线（存车线）时，必须在离开之前与车站、行调取得联系，经车站、行调同意后方可撤出，进出折返线（存车线）过程中必须听从车站、行调人员的指挥；撤出折返线（存车线）后必须到站控室登记销点。

2）跟车驻站人员接到检修调度的进入折返线（存车线）对车辆进行检修命令后，如遇紧急情况，跟车驻站人员可先通过电话与车控室联系，由车控室与行调协商，经车控室、行调同意后，可安排一人先跟车进入折返线（存车线）进行车辆状态检查作业，但严禁私自操作车辆开关及车上设备，严禁私自下车，另外一人到车站站控室进行补办请点登记手续。

3）进（出）折返线（存车线）的作业人员必须有专人负责与车控室联系，共同商定安全注意事项及进（出）折返线（存车线）的时机、时间、线路等。

4）进（出）折返线（存车线）过程中，由车控室负责在LOW上监视防护，作业人员必须注意观察来车方向的情况。

5）作业人员通过正线线路前，必须与车站监控人员互相确认，作业人员必须在约定的时间内通过正线线路，到达折返线（存车线）后，必须立即与站控室联系确认已到达；从折返线（存车线）出到站台后，立即与站控室联系确认已安全撤出，并及时到站控室登记销点。

6）上下隧道时必须通过站台端部楼梯，严禁从其他部位攀越，上下楼梯应抓紧扶稳，逐级行走。

7）进（出）折返线（存车线）必须穿着荧光服，横越线路时严格执行一站、二看、三通过的规定。

8）沿线路旁行走时，不准脚踏钢轨面、道岔尖轨、连接杆等，注意脚下障碍物。

9）现场工器具、材料要集中稳固堆放，远离行车线路。严禁在折返线、存车线区域内吸烟。

10）作业完毕，要清理现场，检查线路有无异状，保证线路的出清。

4.6 架大修安全注意事项

4.6.1 架修作业安全监控分级

加强安全分级管理，确保重点作业有序可控。

1. 范围

适用于架修需要重点监控和分级管理的作业。

2. 分级定义

A级：需要车间领导、部门安全员、车间安全员、专业技术人员到场监控的作业。

B级：需要班组长或班组质安员到场监控的作业。

C级：必须取得相关职业资格证书才能单独的作业。

D级：需要具有单独作业资格人员互控的作业。

3. 具体分级作业

目前架修作业需要监控的项目共分为52项，开展这些作业时必须按对应的监控要求进行。A级监控的项目首次作业时，A级监控要求的相关人员须全部到场。具体分级作业项目见表4.6-1。

安全监控分级明细表　　　　　表4.6-1

序号	作　业　项　目	监控等级	备注
1	人力推动单节车辆	A级	
2	轨道牵引车拉动车辆	A级	
3	接触网隔离开关断、送电	A/C级	
4	运输大卡车入检修库	A级	
5	车间电源断、送电	A/C级	
6	采用新工艺、新设备的首次作业	A级	
7	起重重量达到起重机额定载荷80%以上的作业	A级	
8	列车架修后首次上正线	A级	
9	已办理的库内一、二级动火作业	A级	

序号	作 业 项 目	监控等级	备注
10	车辆段试车线 60km/h 试车作业	B级	
11	地铁车辆工艺转向架转轨	A级	
12	使用列车脚踏泵升弓	A级	
13	吊装列车空调、受电弓	B级	
14	列车架修后首次送电(包括蓄电池、接触网)	A级	
15	列车架修后首次上试车线	B级	
16	固定式架车机操作	B级	
17	移动式架车机操作	B级	
18	移动式登车顶梯的使用	B级	
19	三级动火	B级	
20	加注制冷剂	B级	
21	称重作业	B级	
22	拆装转向架	B级	
23	翻转转向架	B级	
24	拆装一系簧、二系簧	B级	
25	拆装制动机	B级	
26	用液压小车搬运车钩	B级	
27	牵引电动机、轮对轴承拔、装	B级	
28	厂内机动车驾驶、抢险救援汽车驾驶	C级	
29	电工作业含临时送电、金属焊接切割作业、探伤工作业、静调电源柜操作、隔离开关操作、起重机械作业(司机)驾驶(双梁起重机械作业指挥人员需要取得起重机械作业(司机)驾驶证)	C/D级	
30	使用大电流检测装置进行高速断路器地面测试	B级	
31	逆变器模块试验台低压测试	D级	
32	列车主电路绝缘测试	D级	
33	主电路绝缘测试	D级	
34	制动电阻耐压绝缘测试	D级	

序号	作 业 项 目	监控等级	备注
35	列车继电器单独测试	D级	
36	牵引电动机绝缘测试	D级	
37	空调试验台单个机组测试	D级	
38	受电弓地面测试、装车测试	D级	
39	车钩地面对接测试、连挂测试	D级	
40	110V测试VCU控制单元	D级	
41	列车正常升弓	D级	
42	架修后各系统静调作业	D级	
43	架修列车60km/h以下动态调试（除首次外）	D级	
44	列车各系统有电功能检查（非首次通电检查）	D级	
45	高压水枪使用	D级	
46	拆装列车空压机干燥器	B级	
47	列车C点制动压力测试	D级	
48	蓄电池、蓄电池开关模块充电模块、MCM/ACM模块拆装及运输	D级	
49	拆装车门滑道、门页、车门电动机、EDCU	D级	
50	列车玻璃更换	D级	
51	列车客室司机室地板焊接	D级	
52	砂轮机、角磨机、手电钻、钻床操作	D级	

4.6.2 人工推车安全管理规定

1. 操作管理原则适用于车辆中心在电客车、工程车、平板车检修过程中需在股道内短距离移动车辆的操作。

电客车推车操作程序：

（1）推车前班长必须确定一名中级工以上员工作为推车作业负责人。

（2）推车作业负责人对整个推车过程进行指挥及安全监控，但不可参加推车操作。

（3）推车前作业负责人到 DCC 向检修调度申请手推车作业并填写《人工推车申请表》，由检修调度确认作业内容与填写内容完全一致后，检修调度签名确认并交给车厂调度审批。

（4）车厂调度同意推车，并通知信号楼做好防护，把填写好的《同意人工推车回执》交给检修调度后，检修调度向作业负责人传达同意推车的命令。

（5）作业负责人接到同意推车命令后，必须对推车现场的员工进行安全交底，交底内容必须包括推车移动的方向、移动的目标距离、指挥口号、安全及防护要求。作业负责人必须在现场进行指挥。

（6）实施推车前，必须暂停被推列车的全部作业，并出清车底所有工具、备件和作业人员，车厢内工具、备件要摆放稳妥并出清车厢内人员，关闭车门。

（7）在检修股道进行人工推车时，必须将车顶及检修平台上的人员全部出清，车顶上已拆卸的零件及工器具必须转移到检修平台内，并关闭护栏门和锁闭车顶检修平台门。

（8）推车前必需在目标停车位置的轨道上放置铁鞋，以防止列车溜逸。

（9）确认车顶检修平台门锁闭后，把推车前进方向的地线撤离接触网，并确认被推列车两侧无异物侵限，车前进方向无障碍物和人员停留，列车铁鞋已撤出，所有制动已切除。

（10）推车人员选择正解的施力位置，但严禁站在地沟中或钢轨上推车。

（11）严禁在检修平台中层进行施力推车，以防推车人员摔倒。

（12）作业负责人逐一确认列车所有作业暂停，人员撤离列车及车顶护栏门、平台门关闭锁好，取走"严禁动车"牌，最后确认参与推车人员的推车施力点安全可靠。

（13）推车人员在推动列车后，应时刻注意自身安全，推车人员在接近地沟末端 2m 前应立即离开列车，并撤出车辆限界线外。

（14）推车时要控制好速度，车辆推动后作业负责人要对速度进行估算，每秒钟车辆行进距离不能超过 20cm，严禁过快、过猛。作业负责人应手持铁鞋，做好随时停车的准备，当发现突发情况时立即停止推车，并放置铁鞋截停列车，必要时可反向推车截停车辆。

（15）列车推到指定停车位置，作业负责人对列车进行防溜制动后，可以进行检修作业，但此时禁止进行车顶检修作业。

（16）作业完成后，列车需往回推到原来位置时，重复本规定第（5）、（6）、（7）、（8）、（9）、（10）、（11）、（12）、（13）、（14）条。

（17）完成全部作业后，作业负责人现场确认列车已推到正常的停车位置、被撤离的接地线、"严禁动车"已恢复、列车的防溜已恢复并与推车前状态一致后，到 DCC 向检修调度进行逐一汇报，并到 DCC 向检修调度申请销点并填写销点记录。

（18）检修调度确认列车位置及状态并签名确认后，向车厂调度申请销点，由车厂调度解除防护。

2. 安全注意事项

（1）根据车辆检修作业需要，确定推车方向并在推车申请表上正确填写。

（2）推车作业如需越过信号机，必须在申请推车时向车厂调度申明，且只可在同一股道的 A、B 段之间进行。

（3）如列车需要往库门方向推动并越过库门时，需确认库门状态固定良好，且列车严禁越过道岔和库外信号机。

（4）推车前需在目标停车位置的轨道上预先放置铁鞋制动列车，并由专人看护，以防止列车溜逸。

（5）作业完成后列车必须推回正常停车位置，严禁在无人监控状态下把列车停放在跨越信号机位置。

（6）推动列车时要严格控制速度，并由作业负责人手提铁鞋，随时做好制动列车的准备。

（7）所有参与推车的人员在发现突发情况时需大声叫喊停止推车，并由作业负责人马上制动列车。

（8）严禁在坡度上进行人工推车。

5 工艺设备安全管理

目前国内城市轨道交通建设正处于高潮期，因其能有效的提高城市交通的运输能力，而且环保，可有效解决经济发展带来的城市交通问题。同时由于目前经济发展进入深水区，在调整产业布局的同时，轨道交通因其具备高技术、环保等特点，受到越来越多的重视。国家和地方政府也把发展轨道交通看成是推进当地经济发展的重点之一。可以预见未来 10～20 年，我国的轨道交通建设将会进入高速发展期。

与此同时，在轨道交通的运营及维护方面，各大地铁公司也面临着越来越多的挑战，保证安全、及时、有效的运营便成了重中之重。而工艺设备作为维护运营安全的关键设备，也受到了越来越多的关注。

5.1 安全管理知识

5.1.1 工艺设备安全管理概述

工艺设备是各项劳动过程中工艺和设备的合称，是完成一项产品所必备的条件。设备是现代化工业不可或缺的生产手段，正确的使用设备能体现生产效率高、自动化程度高、精确性高、灵敏度高等优点。

工艺设备是企业的重要组成部分，是做好安全生产的基础，是开展安全工作的载体。一线的班组是企业生产组织机构的基本单位，工艺设备是一线班组进行生产和日常管理活动的主要工作内容，也是企业完成安全生产各项目标的主要承担者。

工艺设备的安全运行，关系着每一位一线员工。加强企业工艺设备安全培训管理工作，全面提高从业人员安全意识和操作技能，规范作业行为，杜绝"三违"现象，是从根本上防止事故发生的有效途径，也是当前进一步强化企业安全生产基础建设，提升现场安全管理水平，促进企业安全生产的一项重要而紧迫的任务。

从安全角度来说，工艺设备安全运行，是企业安全管理的基本环节，加强设备安全生产管理也是减少伤亡事故和各类灾害事故最切实、最有效的办法。

5.1.2　安全管理制度

设备需要人的操纵、监控和维护，在其制造、运行、维护过程中，有可能会给人们带来撞击、挤压、切割等机械伤害和触电、噪声、高温等非机械伤害。因此，从安全的角度出发，要保证人、机环境的安全，必须遵循人、机之间的安全规律，协调人与设备关系。

设备安全管理的内容包括：设备安全管理、员工安全技能培训、设备操作规程、设备的维修与保养、突发事件应急处理等方面。

1. 工艺设备安全通用守则

安全工作方针为：以人为本、安全第一，预防为主。

安全工作的原则：救人第一，救人与抢险同步进行。

消防安全工作方针：预防为主、防消结合。

应急信息报告原则：迅速、准确、真实、逐级报告、中心内部、中心分管领导及协作单位并举。

以人为本、科学决策，处理突发事件须贯彻"安全第一，生命至上"的要求，积极采取措施最大限度地减少人员伤亡和财产损失。

对突发事件要力争做到早发现、早报告、早控制、早解决，将突发事件所造成的损失减少到最低程度，减少损失和影响，防止事件扩散。

抢险组织工作要贯彻"高度集中，统一指挥，逐级负责，先通后复"的原则，确保抢险救援工作反应及时、措施果断、有序、可控、快速、及时，减少事故影响、尽快恢复生产。

调查处理事故（事件）以事实为依据，以规章为准绳，按照"四不放过"原则处理事故，认真调查分析，查明原因，分清责任，吸取教训，制定对策，防止同类事故（事件）再次发生，各部门/中心及个人均有责任配合调查取证工作，各单位及个人必须主动、及时、如实地反映事故（事件）的情况，拒绝、拖延或弄虚作假，影响调查的，按运营分公司有关规定严肃处理。

按照"谁主管，谁负责"原则，实行逐级安全责任制。

2. 安全生产的组织架构

（1）安全生产组织

按照"集中领导，统一指挥"的原则，分中心经理，是分中心安全生产的第一负责人。

（2）消防安全组织

车间根据需要成立不脱产的志愿消防队，配备相应的消防器材或装备，组织消防培训、开展火灾自防、自救工作。

志愿消防队由分中心安全主办负责日常管理，在业务上接受上级部门和公安消防的指导，其建立、撤销情况，应报公司消防主管部门安全技术部备案。

3. 安全管理制度

公司及各中心有健全安全生产规章制度，包括安全管理办法/细则、安全生产责任制度、危险物品管理制度、施工作业安全管理制度、教育培训制度、检查制度、奖惩制度、职业健康劳动保护制度、事故隐患排查治理制度、事故应急预案、各工种的安全技术操作规程以及其他安全管理制度。车间按照要求建立、健全相对应的台账记录。

5.2 工艺设备安全管理

5.2.1 列车外部自动清洗机安全管理

列车外部自动清洗机（简称洗车机）主要用于地铁车辆段的

列车的车体外表面的清洗。该洗车机采用列车自行牵引，在洗车线上通过各个刷组自动对列车两侧（包括车门和窗玻璃）、车头及车尾进行洗刷的作业方式，清除由于地铁运用和检修造成的车辆外部表面的灰尘、油污和其他污垢。

1. 设备功能

具有洗车模式选择功能：可选择是否要端洗、是否要加洗涤剂清洗或只用水清洗的几种模式。

对被清洗列车的车号、洗车次数及洗车日期，以及洗车机故障情况等数据的记录和打印功能，能显示每列车洗车记录，联网传输功能。

手动控制和自动控制相结合的清洗功能：可任意切换，方便灵活。丰富和可靠的洗车流程工况实时动态显示及故障显示功能：对系统的状态进行全面的、实时的监控和显示报警，并对故障部位和故障类型做出正确判断。

具有完备的保护功能：有完善的连锁保护，发生故障时，能紧急停车、声光报警、设备退回原位。

具有自动防止失水和手动排水功能：水泵有自吸补水功能，并有手动排水功能。

清洗列车的用水全部回收，经过水处理系统处理后循环使用，循环水的利用率大于80%。

端洗仿形刷组设有安全锁，洗车机在休班时可以停机，实现设备无人值班。

2. 人员要求

操作人员必须坚守工作岗位，尽职尽责；

操作人员上班后，必须对所有设备和控制进行检查，保证设备处于正常运行状态；

操作人员进行洗车操作时，必须严格认真按操作规程进行操作，未经许可不得随意更改；

操作人员必须严格遵守相关操作规范，保证车体、设备、人员的绝对安全，如遇意外事故必须及时按下急停开关；

操作人员必须对每次洗车情况作好记录并入档；

操作人员必须按规定做好对设备的维护，保持设备完好、正常，如发现异常立即通知维修人员进行检修。

3. 洗车入库作业流程

洗车入库作业流程，见图 5.2-1。

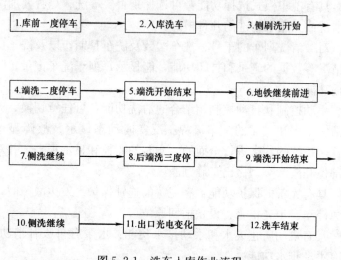

图 5.2-1　洗车入库作业流程

洗车过程中停车事项：

（1）洗车库前一度停车

司机在入库前按照指示牌停车（图 5.2-2）；司机得到允许进库洗车的指令后，以不大于 3km/h 速度进库洗车。

（2）列车前端面到端洗区二度停车

列车前端面到端洗区，司机按信号牌对位停车（图 5.2-3）；停车后，进行前端洗操作；前端洗完成后，通知司机前进继续洗车。

（3）列车后端面到端洗区三度停车

列车后端面到端洗区，司机按后端面清洗标示牌对位停车（图 5.2-4）；停车后，进行后端洗操作；后端洗完成后，通知司机前进继续洗车。

图 5.2-2　指示牌停车

图 5.2-3　信号牌对位停车

（4）列车尾部出库后

列车尾部出库，洗车结束；司机看到"洗车结束"标示牌，不停车提速前进。

4. 列车清洗机主要结构

列车外部自动清洗由下列部分组成（图 5.2-5）：

（1）洗车行车信号指示系统

洗车行车信号指示系统：包括库前停车指示牌、清洗结束指示牌、前端洗停车指示牌、停车指示灯、后端洗停车指示牌。

（2）光电信号系统

图 5.2-4　标示牌
对位停车

光电信号系统：包括进库和出库测速装置、控制清洗开始和结束的光电传感器、控制前端洗和后端洗停车位光电传感器。

测速装置（两台）结构：有两个相距 1000mm 的光电传感器，安装在立柱上，当车轮经过两个传感器的时间可换算成运行速度，再变为数字显示，在进库和出库各设有一套测速装置。

功能：实时监控列车自运行的速度，当列车超速行驶时，洗车机操作人员通知司机按规定速度运行，以达到良好的洗车效果。

光传感器（四台）结构：立柱是方形型钢，共两个立柱，一侧安装光电开关的发射器，另一侧安装接收器。功能：进出库各

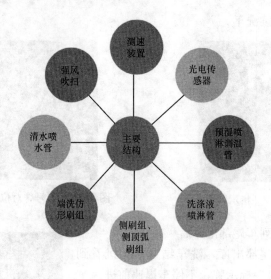

图 5.2-5　列车清洗机主要结构

一组用来控制洗刷设备的启动和停止，端洗位置的两组用来控制列车在端洗位置停车，并且判断列车是否停位准确。

参数：光电开关型号：E3Z-T61 透过型一套，测距 15m，IP67。

（3）洗刷系统

洗刷系统：包括刷组和喷水管。其中刷组包括侧刷组、侧顶弧刷组、端洗仿形刷组；喷水管包括预湿调温喷管、洗涤液喷管、回用水冲洗喷管及各刷组上的喷管。

预湿喷淋调温管（一对）结构：在一个立柱上装有两根不锈钢喷水管，喷回用水，在每根喷水管上装有 4 个扇形扁平喷嘴。

功能：喷水预湿和调温。

参数：立柱为方形型钢，热镀锌喷塑。喷水管为 DN15 不锈钢管，喷嘴为不锈钢喷嘴。

（4）喷淋系统

喷淋系统：包括支架、侧面喷管和喷嘴。

（5）供水系统

供水系统：包括供水泵组、加药泵站、供水管路。

（6）水循环处理系统

水循环处理系统：包括生化系统、过滤系统、液位计系统、潜水泵系统。

（7）供气系统

供气系统：包括空压机、储气罐及供气管路。

（8）电气控制及监视系统

电气控制及监视系统：控制柜、配电柜、SCADA 系统、手动操作台、电线电缆、监视系统、桥架等。

5. 安全注意事项

（1）洗车操作注意事项

1）在洗车作业工程中，出现异常情况，列车司机须停车时，必须通知清洗室，请求停车。

2）呼唤应答不明确时，严禁下一步操作。

3）洗车机由于停车过位或其他原因而不能进行前端洗，则后端洗也取消，可采取列车停车后，直接按下"清洗继续"按钮即可。

4）在洗车过程中，不能转换洗车模式，即不能进行"自动有端洗"、"自动无端洗"、"手动"三种模式之间的切换。

5）洗车操作时要认真仔细，不可麻痹大意，不要匆忙操作，导致误操作而造成洗车失败或事故的发生、

6）在进行完手动操作后，要保证所有的指令开关都恢复到初始位置，即无操作位置。

7）在洗车过程中出现故障时迅速按下急停按钮，并视现场情况通知列车司机驶离洗车库，然后检查故障原因，切勿在列车处于库内时进行故障排查。

（2）安全注意事项

1）操作洗车机必须正确穿戴好劳保用品。

2）必须经过专业人员对洗车机设备进行专门培训，并获得设备操作证方能上岗。

3）操作人员上、下班或交接班时，必须对所有设备操作系

统和控制系统进行检查，保证设备处于正常状态。

4）操作人员进行洗车操作时，必须严格认真按操作规程进行操作，未经许可不得随意更改。

5）操作人员必须严格遵守相关操作规范，保证人员、车辆、设备的绝对安全，如遇意外事故必须及时按下急停开关。洗车作业时，无关人员严禁进入洗车区域。

6）操作人员必须做好每次洗车情况和设备检查情况记录，并存档备查。

7）操作人员必须按规定作好对设备的维护，保持设备完好、正常。如发现异常应立即通知维修人员进行维修。并做好每次维修保养的档案记录。

8）在使用设备之前，操作人员应明确洗车模式。（侧洗或端洗）。

9）开启洗车机后，先将空压机旋钮打至"在线"位，待气压上升至 0.4MPa 以上后，方可洗车。

10）洗车作业前，先确认轨行区无异物侵限，无闲杂人等在轨行区逗留。

11）若进行端洗，确认端刷锁处于打开状态；若进行侧洗，确认端刷锁处于关闭状态。

12）在进行洗车作业前，先进行模拟洗车，在模拟洗车过程中，应尽量模拟电客车的行进速度进行，注意每点击一个模拟信号，需要确认洗车机以及操作界面上的洗车机状态显示已经动作到位，方可进行下一个模拟信号的点击，否则将可能导致程序出错。

13）洗车结束后，按规范填写运行记录本，关闭程序，关闭门窗及空调，将空压机内的冷凝水排出

6. 洗车操作

（1）每日洗车前准备工作

1）操作人员在启动洗车机之前，应确认现场无闲散人员。依次打开总电源开关（QMO）、UPS 电源开关（Q1）、DC24V 电源开关（Q2）、AC24V 电源开关（Q3）、DC12V 电源开关（Q4）、打开 UPS 不间断电源开关，然后打开主控台下的薄钢板

门及电脑主机门开启电脑，等待电脑开机进入电脑桌面，点击桌面上的图标进入洗车机系统画面。

2）若需进行端洗，洗车前将端刷安全锁打开，洗车结束后将端刷安全锁锁闭。

3）检查库内设备运行是否正常，检查各刷组是否处于初始位置。

4）检查各水池水位是否正常，水循环及水处理设备处于正常状态。

5）操作人员将控制钥匙插入主控台上"控制电源"开关内，旋转到"在线"位置；将控制钥匙插入主控台上"空压机"开关内，并旋转到"在线"位置，空压机在线显示红灯亮，等待气源压力大于0.4MPa。

（2）洗车

1）带端洗自动洗车模式，前提条件：

① 把左右端刷安全锁销打开，主控台上的"左横刷解锁"、"右横刷解锁"指示绿灯亮。

② 空压机压力必须大于0.4MPa，洗车库温度大于0℃。

入库前洗车准备工作：

第一步：电客车在库前一度停车指示牌前停车，司机用手持台通知洗车机操作人员后，操作人员通过监视器确认电客车已停在库前相应指示位，操作人员核对电客车编号并输入洗车机人机界面内。

第二步：将控制钥匙插入主控台上"清洗方式"开关内，旋转到"自动有端洗"位置；将药液旋钮旋转到"药液"或"清水"洗涤方式（视作业单而定）。操作人员旋转"清洗准备"旋钮（清洗指示绿灯持续闪烁），待所有刷组摆到位后，旋转"清洗开始"旋钮（清洗指示绿灯停止闪烁变为常亮），此时库前信号灯开放，转为绿灯，操作人员通过手持台通知司机：洗车机已做好清洗准备。（注意："清洗准备"、"清洗开始"两个旋钮的旋转前后顺序不得有误，且应待刷组完全推出后方能旋转"清洗开始"按钮，否则不能洗车。）

第三步：司机接到洗车机操作人员通知后，凭库前信号绿灯动车入库，驾驶电客车以 3km/h 速度进库洗车。

第四步：电客车行驶到前端洗区域时，司机凭前端洗停车指示牌对位停车。如果电客车正确停放在指定区域，端洗警报响起，司机通过手持台通知洗车机操作人员电客车已正确对位停车，操作人员通过监视器观察，无异常后用手持台通知司机进行前端洗作业。操作人员将"端洗"旋钮旋转到"前端"位置，旋转"端洗开始"旋钮，开始前端清洗。如果电客车超出停车范围，则用手持台通知司机"已超出停车范围，司机按信号绿灯进行动车"。操作人员旋转"清洗继续"旋钮，前端洗信号指示灯绿灯亮，司机继续行驶。

第五步：前端清洗完毕，操作人员通过监视器观察，无异常后用手持台通知司机"前端洗完毕，司机按信号绿灯继续洗车"。操作人员旋转"清洗继续"旋钮，前端洗信号指示灯绿灯亮，司机继续前进。

第六步：电客车到达后端洗停车指示牌时，司机凭后端洗停车指示牌对位停车。如果电客车正确停放在指定区域，端洗警报响起，司机通过手持台通知洗车机操作人员电客车已正确对位停车，操作人员通过监视器观察，无异常后用手持台通知司机进行后端洗作业。操作人员将"端洗"旋钮旋转到"后端"位置，旋转"端洗开始"旋钮，开始后端清洗。如果电客车超出停车范围，则用手持台通知司机"已超出停车范围，司机按信号绿灯进行动车"。操作人员旋转"清洗继续"旋钮，后端洗信号指示灯绿灯亮，司机继续行驶。

第七步：后端清洗完毕，操作人员通过监视器观察，无异常后用手持台通知司机"后端洗完毕，司机按信号绿灯继续洗车"。操作人员旋转"清洗继续"旋钮，后端洗信号指示灯绿灯亮，司机继续前进。

第八步：电客车出库，司机经过"清洗结束"指示牌时，表明清洗已结束，司机可以提速前进。

第九步：洗车完毕后操作人员检查所有刷组是否归位，将端刷安全锁锁闭。检查各水池水位情况及洗涤液情况，如若不足，应及时补充洗车用水及洗涤液。

2）不带端洗自动洗车模式

第一步：操作人员将控制钥匙插入主控台上"控制电源"开关内，旋转到"在线"位置。确保左右端刷必须处于锁住状态（主控台上的"左横刷锁住"、"右横刷锁住"指示红灯亮）。空压机压力必须大于 0.4MPa，洗车库温度大于 0℃。

第二步 电客车在库前一度停车指示牌前停车，司机用手持台通知洗车机操作人员后，操作人员通过监视器确认电客车已停在库前相应指示位，操作人员核对电客车编号并输入洗车机人机界面内。

第三步：将控制钥匙插入主控台上"清洗方式"开关内，旋转到"自动无端洗"位置；将药液旋钮旋转到"药液"或"清水"洗涤方式（视作业单而定）。操作人员旋转"清洗准备"旋钮（清洗指示绿灯持续闪烁），待所有刷组摆到位后，旋转"清洗开始"旋钮（清洗指示绿灯停止闪烁变为常亮），此时库前信号灯开放，转为绿灯，操作人员通过手持台通知司机：洗车机已做好清洗准备。（注意：清洗准备、清洗开始两个旋钮的旋转前后顺序不得有误，且应待刷组完全推出后方能旋转"清洗开始"按钮，否则不能洗车。）

第四步：司机接到洗车机操作人员通知后，凭库前信号绿灯动车入库，驾驶电客车以 3km/h 速度进库洗车。

第五步：电客车出库，司机经过"清洗结束"指示牌时，表明清洗已结束，司机可以提速前进。

第六步：洗车完毕后操作人员检查所有刷组是否归位。检查各水池水位情况及洗涤液情况，若不足及时补充洗车用水及洗涤液。

3）洗车之后

第一步：当天洗车作业完毕后，选择屏幕右上方的"退出系统"退出计算机。将控制钥匙插入到清洗方式选择开关旋转到"手动"位置并取出钥匙，插入到"空压机"开关内旋转到"离线"位置并取出钥匙，插入到"控制电源"开关内并旋转到离线位置，最后将空压机储气罐内的水排尽，并恢复排水阀门。

第二步：若洗车机长时间不使用或需要进行检修，则需要关闭洗车机所有电源，电源关闭顺序如下：依次关闭 UPS 不间断电源开关、DC12V 电源开关（Q4）、AC24V 电源开关（Q3）、DC24V 电源开关（Q2）、UPS 电源开关（Q1）、总电源开关（QMO）。

第三步：填写好运行记录本。

7. 安全检修

列车清洗机的修程

列车清洗机的检修和保养分为周检、月检、半年检和年检。

日常保养应在每次使用前进行。设备操作人员每班开机前对设备进行外观检查，确认设备在初始状态，开机后正常操作，合理使用作业完成后停机断电进行清扫，发现问题及时排除，使设备保持"整齐，清洁，润滑，安全"。

周检：每周进行一次检修保养作业。

月检：每月进行一次检修保养作业。

半年检：每半年进行一次检修保养作业。

年检：每年进行一次检修保养作业。

洗车机检修内容主要包括：电气系统、端洗系统、侧刷系统、气路系统、供水系统、水处理系统、强风吹扫系统。最后试机，启动设备，检查机械、电气部位运行情况。

（1）列车自动清洗机检修安全注意事项：

1）确认接触网两端隔离开关断开并挂好接地线；

2）作业前确认设备处于断电状态；

3）作业过程中小心地板上的积水、油污、障碍物，防止滑倒、绊倒、踏空、当心坑洞；

4）按照要求穿戴好劳保用品；

5）作业完成后清理现场，确认所携带的检修工具齐全，未遗留在作业现场。

（2）端刷检修作业安全注意事项：

1）确认接触网两端隔离开关断开并挂好接地线；

2）作业前确认设备处于断电状态；

3）作业者按照要求穿戴好劳保用品；

4）作业完成后清理现场，确认所携带的检修工具齐全，未遗留在作业现场。

（3）刷组检修作业安全注意事项：

1）确认接触网两端隔离开关断开并挂好接地线；

2）作业前确认设备处于断电状态；

3）维修作业时操作平台禁止非检修人员操作，挂上禁动牌；

4）做检修作业时，禁止野蛮拆卸；

5）作业完成后确认刷组处于休息位；

6）作业完成后清理现场、确认空开、旁路、柜门处于正常状态、撤除禁动牌。

（4）水池作业安全注意事项：

1）确认水池无水；

2）水泵设备断电，并挂上牌"有人作业，禁止合闸"；

3）通风 20min 并用气体检测仪检测水池底部含氧浓度合格后方可进入作业。

4）进入水池工作必须实行一人监护，一人或多人工作制度。

5）作业完成后清理现场、确认柜门处于正常状态、关闭控制柜、侧门、撤除禁动牌。

（5）空压机检修作业安全注意事项：

1）确认设备断电挂好"有人工作，禁止合闸"牌；

2）作业前确认相应控制是本地控制还是远程控制。

3）在操作平台处挂好"禁止操作，有人作业"警示牌；

4）作业时必须佩戴耳塞棉，预防噪声；

5）禁止带压检修。

6）作业完成后清理现场撤除禁动牌。

（6）列车自动清洗机电气柜作业安全注意事项：

1）确定作业总电源断电并挂好禁动牌；

2）确认 UPS 电源已断电；

3）确认电气柜开关已断开并上锁；

4）穿戴好劳保用品，戴好安全帽；

5）作业后检查柜内无预留物，锁闭良好；

6）作业完成后清理现场、合上设备柜开关、UPS 送电，合上主电源。

7）作业完成后清理现场

（7）空压机换油及滤网、安全阀更换作业安全注意事项：

1）作业前确认空压机处于断电；

2）作业前确认空压机无负载并无压；

3）确认在主控台已放置"禁止操作"牌；

4）作业完成后清理现场确认所携带的检修工具、材料齐全，未遗留在空压机上。

5.2.2 不落轮镟床安全管理

数控不落轮镟床是地铁车辆段主要车辆检修工艺设备之一，主要用于地铁车辆在车辆不解编及转向架不拆解的状态下对车辆轮对进行加工镟修的专用设备。目前，向国内地铁行业提供专业数控不落轮镟床的厂家主要有：德国 Hegenscheidt-MFD 公司的 U2000-400 及 U2000-400M 型、武汉善福重型机床公司的 UGL-15 型。走形部是地铁车辆最重要的组成部分，其状态直接关系到地铁车辆运营及车辆运行的平稳性、乘坐的舒适性等，因此，数控不落轮镟床的技术状态直接关系到车辆检修部门能否为正线车辆运营提供数量充足、质量优良的运营车辆。下面介绍的是德国 Hegenscheidt-MFD 公司的 U2000-400。

1. 不落轮镟床的主要功能：

（1）轴箱外置式轮对车轮踏面及轮缘的镟削加工功能

轴箱外置式轮对车轮踏面及轮缘的镟削加工功能可用于：

1）轨道交通列车在整列编组不解列、车下转向架、轮对不落轮的条件下，对车辆单个轮对的车轮踏面和轮缘进行镟削加工；

2）或在不落轮条件下对工程轨道车辆（如内燃机车、轨道车等）单个轮对踏面和轮缘进行镟削加工。

3）具备轴箱外置式或/和轴箱内置式轮对、转向架的定位装卡功能；

4）具备制动盘扩展加工功能，适用于抱轮式或/和抱轴式制动盘布局形式。

（2）数控（CNC）加工及全数字闭环或半闭环控制功能

（3）具有多种车轮轮廓形状曲线的编程、存储功能

（4）具备自动测量功能，可自动测量轮对内测距、车轮直径、轮缘厚度、轮对 QR 值、轮廓磨耗

（5）具有铁屑的自动收集、破碎及输送功能

（6）不落轮镟床通过公路、铁路两用牵引车进行牵引对位操作，牵引车与不落轮镟床之间具有互锁保护功能

组成部分：

镟床采用西门子 840D 数控系统进行刀具程序控制，包括四个功能单元，即 CNC（计算机数字控制）系统、PLC（可编程逻辑控制器）系统、伺服驱动系统和 MMC（人机通信）系统。主要包括 SIMODRIVE 611D 驱动模块、数控单元 NCU、MMC103 控制面板及西门子 SIMATIC S7-300，ET200 的 PLC 控制模块，测量装置等，这些模块通信通过 PROFIBUS 或 MPI 数据线进行数据传送和通信。数据线将 NCU，PCU，MCP，PLC 以及编程器连接在一起，进行数据传送，将指令传送到 NCU 和 PLC，NCU 根据外部指令以及自身预先存储的加工程序，完成轮对测量，加工任务。

2. 安全操作

（1）安全操作注意事项：

1）操作人员应接受过专门的 U2000-400M 型不落轮镟床操作培训，并学习《U2000-400M 型不落轮镟床操作手册》。

2）电客车镟修操作需 2 人及以上方可操作，执行呼唤应答制度。

3）操作人员必须按规定穿戴好劳动防护用品。

4）当操作人员操作镟床加工轮对时，无关人员不得在工作场所停留，不得阻碍操作人员视线。

5）在使用镟床加工轮对之前，操作人员应明确作业的目的、要求和步骤，并且熟悉有关轮对加工的标准。

6）使用不落轮镟床前，操作人员应检查不落轮镟床有无异常情况，如出现异常情况，操作人员不得作业。

7）操作人员应爱护不落轮镟床，每天对其进行日常的保养与清洁，每星期至少将不落轮镟床运行两次，每次 30min，保持设备功能正常。

8）不得利用不落轮镟床作镟削轮对以外的其他用途。

9）未经专业技术人员审核，任何人严禁修改内部程序和参数。

10）不落轮镟床在退刀和测量数据时不得用铁钩清除铁屑。

（2）准备工作：

1）检查不落轮镟床所在线路有无异物，人员是否出清。

2）检查对讲机通信功能是否良好。

3）检查驱动滚轮上是否有油污，若有，必须清除。

4）确认安全门全部关闭以及所有急停按钮被释放。

5）在进行镟修作业前，需进行试机。

（3）加工结束后：

1）所有加工任务完成后，清洁不落轮镟床及工作场所范围。

2）填写不落轮镟床运行记录本。

3. 安全检修

（1）不落轮镟床检修作业安全注意事项

1）按要求穿戴好劳保用品；

2）作业前确认轨道区域无停放列车；

3）确认设备主电源开关已处于断开状态，并挂上"有人工作，禁止合闸"警示牌；

4）在作业过程中小心设备上、地面上的积水、油污、障碍物，防止摔伤跌倒、踩空；

5）作业区域放置围栏、警示带；

6）作业完成后清理现场，确认所携带的检修工具齐全，未遗留在作业现场。

（2）电气系统检修作业安全注意事项

1）确认主电路开关已断电并挂上"有人工作，禁止合闸"警示牌；

2）按要求穿戴好劳保用品；

3）作业前对电气元件进行验电，确保电气元件无电；

4）作业完成后清理现场，确认所携带的工具齐全，未遗留在作业区域。

（3）机械系统检修作业安全注意事项

1）确认主电路开关已断电并挂上"有人工作，禁止合闸"警示牌；

2）按要求穿戴好劳保用品；

3）作业时注意地面上积水、积油，障碍物，防止摔倒，绊倒，踩空；

4）作业时注意机械旋转部位，小心夹伤；

5）作业完成后清理现场，确认所携带的工具齐全，未遗留在作业区域。

（4）液压系统检修作业安全注意事项

1）确认液压系统已关闭；

2）按要求穿戴好劳保用品；

3）作业时禁止带压力作业；

4）作业完成后清理现场，确认所携带的工具齐全，未遗留在作业区域。

（5）排屑系统检修作业安全注意事项

1）确认主电路开关已断电并挂上"有人工作，禁止合闸"警示牌；

2）按要求穿戴好劳保用品；

3）作业时注意传送带上的铁屑，小心划伤；

4）作业完成后清理现场，确认所携带的工具齐全，未遗留在作业区域。

（6）不落轮镟床的修程

不落轮镟床的检修和保养分为月检、半年检和年检。

检修主要内容为：电气系统、排烟系统、机械系统、液压系统、NC 加工系统、空调系统、排屑系统、功能测试、

5.2.3　固定式架车机安全管理

架车机主要有固定式架车机和移动式架车机两种，主要用于电客车及符合此使用条件的其他车辆检修时架车作业，是车辆段与综合基地检修主厂房大修/架修库内临修列位的专用设备，以便对车体、转向架及其他部件进行维修和更换作业。本节主要介绍 DJCJ-C-NN1 型地坑式架车机。

DJCJ-C-NN1 型地坑式架车机用于整列转向架的更换、车辆的拆卸、装配及维修，能满足对 6 辆编组列车在不解编状态下的同步架车作业。地坑式架车机可以对整列编组列车中所有转向架同时进行更换，可以对整列编组列车中的任一个转向架进行更换。

固定式地下架车机组安装在地下基础坑内，完成对整列车（6 辆）或一个单元（3 辆）或单节车的架落车作业。架车作业时，由调车机车或公路、铁路两用车将列车牵引到架车台位上，并正确对位；架车机构将车辆（带转向架）举升到设定高度；解除转向架与车体之间的连接；升起车体托架支承车体，架车机构带转向架一同落下，推出转向架。落车作业的工艺过程为架车作业的反序过程。架落车作业完成后，设备全部降入地坑，车库地面平整无障碍。

不论是在架车机构支承状态（未落下转向架），还是在车体托架支承状态（已落下转向架），对车辆的检修作业都应是安全的。

1. 固定式架车机主要结构及功能

（1）安全操作

安全注意事项：

1）操作固定式架车机必须正确穿戴好劳保用品。

2）操作前必须先指定一名专门的操作人员，并全面阅读及理解设备所有信息。固定式架车机系统只能由有资质和被授权的人员操作。

3）操作人员必须密切注意动作单元，观察设备运行时有无异常情况。

4）只有经过专门培训或经过授权的人员才能激活设备维修模式。

5）只能由经过专门培训的人员开启和使用维修模式。在这种状态下，固定式架车机系统的操作只能在相关维护人员的监督下使用。未经许可的人员不得进入固定式架车机系统的任何位置。

6）当发现任何异常情况时，应立即按下急停按钮，关闭电源，并对设备技术状态进行检查。

7）在开始操作架车机前，先熟悉一下工作环境，并应目视检查固定式架车机系统是否有明显损坏。

8）架车过程中如发现对人和设备有危险的情况出现时，应立即按下急停按钮。

9）当触发停机后，进一步的纠正措施只能由经过培训的人员来进行。

10）只要有人在举升柱下或在举升载荷的投影区域内，禁止进行任何举升或下降作业。

11）固定式架车机操作过程中，禁止非专业人员触碰主控台上的钥匙和任何按钮。

12）联控操作前，必须按下触摸屏上的"电铃"按钮，长响一声进行警示后，方可操作。

13）在架车作业前，需进行一次空载模拟架车试验，以确保架车机的正常运行。

架车前准备工作：

1）开启固定式架车机系统总电源开关，开启主控制柜电源开关，将钥匙插入主控台上的"控制电源"开关，旋转至 ON 状态（顺时针旋转为 ON，逆时针为 OFF），"电源指示"灯变亮，等待系统初始化，进入"登录界面"，主控人员输入密码，进入操作系统的"主界面"。

2）将主控台上的"系统运行"开关旋转至 ON 状态（顺时针旋转为 ON，逆时针为 OFF），等待系统上电，正常上电后"系统运行"开关变亮，并观察人机界面中"主界面"的"系统工作状态"指示灯变亮。

3）确认电客车车轮到位。

4）架车机操作人员就位，准备好对讲机，等待主控台指令。

编组前准备工作：

固定式架车机主控台操作人员与电客车调车人员确认电客车轮对到位。

整列检修模式操作：

1）车辆编组：进入触摸屏"车辆编组"界面，根据实际的车轮到位情况，选择"屏选车辆 X"，然后按下"编组确认"按钮，此时若编组正确，则"车辆编组"界面的"车辆编组完成标志位"指示灯显示为绿色；同时"主界面"中的"车辆编组标志位"指示灯也需变成绿色，此时才可以进行车辆架车作业。

2）联控转向架升：进入触摸屏"主界面"选择"转向架联控"按钮。主控人员联系现场人员，确认现场无异常后，所有现场人员按下本地控制器"确认"按钮，主控人员再按下主控制台"转向架升"按钮，转向架同步上升，到 50mm 高度时自动停止，现场作业人员检查确认安全后，同步举升到距轨面 950mm 高度。

3）联控车体升：进入触摸屏"主界面"选择"车体联控"按钮。主控人员联系现场人员，确认现场无异常后，所有现场人员按下本地控制器"确认"按钮，主控人员再按下主控制台"车体升"按钮，车体同步上升至 1700mm 高度。

4）联控车体升后，需手动将每个车体举升柱加载到位。进入触摸屏"主界面"选择"单控模式"按钮。点击"单控选择"按钮，激活单控选择界面。按下"选择/取消前三辆车体"和"选择/取消后三辆车体"按钮，单控授权所有车体，所有车体的背景色变绿，授权有效。现场人员将本地控制器"车体/转向架"旋钮旋至"车体"位，授权蓝灯闪烁，按下"上升"按钮进行压力加载，压力加载后，本地控制器红灯点亮 1s 后熄灭，提示用户加载完成。所有车体重复同样动作，直到所有的车体单元加载完成。

5）联控转向架下降：进入触摸屏"主界面"，选择"转向架联控"。主控人员联系现场人员，确认现场无异常后，所有现场人员按下本地控制器"确认"按钮，同步下降所有转向架至 400mm 高度时自动停止，此时本地控制器"120mm"红灯闪烁，现场人员确认举升柱下无异常后按下"确认"按钮，主控人员按下主控台"安全区域"按钮，同时按下主控台"转向架降"按钮，同步下降所有转向架至轨面。

6）单控转向架升：进入触摸屏"主界面"选择"单控模式"按钮。点击"单控选择"按钮，激活单控选择界面。按下"选择/取消转向架"按钮，单控授权所有转向架，所有转向架的背景色变绿，授权有效。现场人员将本地控制器"车体/转向架"旋钮旋至"转向架"位，授权指示灯蓝灯闪烁，现场人员单控操作转向架单元动作，逐个上升转向架，直到车体主、从侧压力开关至少有一个脱开时，转向架自动停止上升，重复上述步骤直至所有转向架上升到位。

7）联控车体降：进入触摸屏"主界面"选择"车体联控"按钮。主控人员联系现场人员，确认现场无异常后，所有现场人员按下本地控制器"确认"按钮，按下主控台"车体降"按钮，所有车体同步下降至 250mm 安全距离高度时自动停止，此时本地控制器"120mm"红灯闪烁，现场人员确认举升柱下无异常后按下"确认"按钮，主控人员按下主控台"安全区域"按钮，同时按下主控台"车体降"按钮，同步下降所有车体至轨面。

8）联控转向架降：同步下降所有转向架至轨面。

9）系统回到初始位，"车辆编组完成标志位"指示灯关闭。将主控台上的"系统运行"开关逆时针旋转到 OFF 状态且指示灯熄灭，人机界面上的"系统工作状态"指示灯熄灭。

10）将主控制台上的"控制电源"开关旋转到 OFF 位置，"电源指示"灯熄灭，将开关钥匙拔出。关闭主控制柜电源开关，关闭固定式架车机系统总电源开关，架车作业结束。

单个检修模式操作：

1）车辆编组：进入触摸屏"车辆编组"界面，根据实际的车轮到位情况，选择"屏选车辆 X"，然后按下"编组确认"按钮，此时若编组正确，则"车辆编组"界面的"车辆编组完成标志位"指示灯变亮；同样"主界面"中的"车辆编组标志位"指示灯也会做出正确与否提示，如果变亮系统就可以进行车辆架车作业。

2）联控转向架升：同步举升到距轨面 950mm 高度。

3）联控车体升：车体同步上升至 1700mm 高度，确认所有的车体单元加载完成。

4）单控转向架降：进入触摸屏"主界面"选择"单控模式"按钮。点击"单控选择"按钮，激活单控选择界面。授权现场人员，单控相应的转向架下降至轨面。

5）单控转向架升：进入触摸屏"主界面"选择"单控模式"按钮。点击"单控选择"按钮，激活单控选择界面。授权现场人员，单控相应的转向架举升至相应的位置。

6）联控车体降：主控人员选择"选择/取消前三辆车体"和"选择/取消后三辆车体"按钮，单控授权所有车体，所有车体的背景色变绿，授权有效。系统切换为本地控制模式，现场人员利用本地控制器"下降"按钮控制车体单元点动下降，使承载托头脱开架车点到空载状态停止点动，依次使承载拖头全部为空载状态。最后，同步下降所有车体至轨面。

7）联控转向架降：同步下降所有转向架至轨面。

8）系统回到初始位，"车辆编组完成标志位"指示灯关闭。将主控台上的"系统运行"开关逆时针旋转到 OFF 状态且指示灯熄灭，人机界面上的"系统工作状态"指示灯熄灭。

9）将主控制台上的"控制电源"开关旋转到 OFF 位置，"电源指示"灯熄灭，将开关钥匙拔出。

固定式架车机通风作业：

1）为保证固定式架车机设备内部及基坑的温湿度处于正常状态，保障设备的正常运行，需在每周二、周五打开架车机总电源开关，进行架车机通风作业。

2）通风作业由设备操作班进行，每次作业前需做好作业防护，至少需要一人进行监护，应保证每次通风作业时间不低于 2h。

3）如通风作业当天需进行架车作业或架车机检修作业，则通风作业取消，架车或检修作业结束后可视为已进行通风作业。

架车机作业前安全注意事项：

1）举升柱降到最低位置；

2）作业前禁止无关人员进入设备区域；

3）设备区域已拉好防护带；

4）地坑通风机运行 20min 以上方可下坑检修；

5）主电源开关已断开并挂"禁止合闸，有人工作"牌；控制钥匙开关处挂"禁止合闸、有人工作"牌，主控柜上级电源断开挂禁动牌。

2. 安全检修

（1）架车机电气系统作业安全注意事项

1）设备断电，主电源开关已断开并挂"禁止合闸，有人工作"牌；

2）地坑通风机运行 20min 以上方可下坑检修；

3）地面检修口盖板打开时两人同时进行，打开盖板或进出检修口及时放置防护格栅，进出检修口使用铝合金梯；

4）地坑内检修平台的格栅打开后，在平台作业人员做好安全防护，上下承重平台检修防止跌倒及碰头；

5）在检修过程中，地面必需留有人员监护。

（2）架车机机械系统作业安全注意事项

1）设备断电，主电源开关已断开并挂"禁止合闸，有人工作"牌；

2）地坑通风机运行 20min 以上方可下坑检修；

3）地面检修口盖板打开时两人同时进行，打开盖板或进出检修口及时放置防护格栅，进出检修口使用铝合金梯；

4）地坑内检修平台的格栅打开后，在平台作业人员做好安全防护，上下承重平台检修防止跌倒及碰头；

5）在检修过程中，地面必需留有人员监护。

（3）架车机润滑系统作业安全注意事项

1）设备断电，主电源开关已断开并挂"禁止合闸，有人工作"牌；

2）地坑通风机运行 20min 以上方可下坑检修；

3）地面检修口盖板打开时两人同时进行，打开盖板或进出检修口及时放置防护格栅，进出检修口使用铝合金梯；

4）地坑内检修平台的格栅打开后，在平台作业人员做好安全防护，上下承重平台检修防止跌倒及碰头；

5）在检修过程中，地面必需留有人员监护。

（4）架车机主控台检查安全注意事项

1）控制钥匙专人保管；

2）主电源开关已断开并挂"禁止合闸，有人工作"牌；

3）控制钥匙开关处挂"禁止合闸、有人工作"牌，主控柜上级电源断开挂禁动牌；

4）在检修过程中，有人员监护。

（5）架车机控制台检查安全注意事项

1）控制钥匙专人保管；

2）主电源开关已断开并挂"禁止合闸，有人工作"牌；

3）控制钥匙开关处挂"禁止合闸、有人工作"牌，主控柜上级电源断开挂禁动牌；

4）在检修过程中，有人员监护。

（6）架车机设备功能测试安全注意事项

1）测试期间除测试人员，其他人员禁止进入举升机轨道区域；

2）控制钥匙由操作人员负责保管；

3）检修口放好防物格栅；

4）设置安全限位开关，禁止触摸旋转部件；

5）在设备运行期间，及时观察设备运行状态，仔细听设备运行有无异常声音；

6）操作人员和检查配合人员做好呼唤应答。

5.2.4 工程车辆检修安全管理

地铁车辆段主要配属有各型号工程车机车车为内燃机车、蓄电池牵引车、JC-2型接触网检测车、轨道检测车、接触网维修作业车、轨打磨车、轨道平板车、2有起重机设备平板车等工程车辆。

1. 钢轨打磨车

钢轨打磨列车，是铁路的养护设备（图 5.2-6）。它由一辆动力车和四辆打磨作业车组成，可通过控制系统，针对不同的钢轨缺陷采取各种模式对高速铁路的钢轨波浪型磨耗、钢轨肥边、马鞍型磨耗、焊缝凹陷及鱼鳞裂纹等病害实施快速打磨，以消除钢轨表面不平顺、轨头表面缺陷及将轨头轮廓恢复到设计要求，从而实现减缓钢轨表面缺陷的发展、提高钢轨表面平滑度，进一步达到改善旅客乘车舒适度、降低轮/轨噪声、延长钢轨使用寿命的目的。

RGH20C 系列磨轨车为 20 头钢轨打磨车，是为打磨正线、道岔和交叉道的内、外铁轨的顶部和两侧而设计的。配有轨道廓

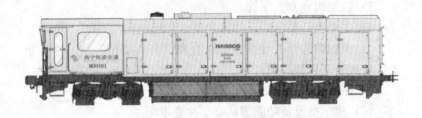

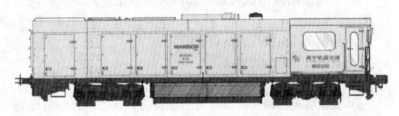

图 5.2-6　钢轨打磨车

形和轨道波浪磨耗测量装置，本车用于打磨停车场、车辆段、正线、道岔和交叉道的内、外铁轨和轨道廓形和轨道波浪磨耗测量。

(1) 钢轨打磨车各项作业的注意事项：

1) 上下车时注意安全，必须踩实抓牢，严禁直接跳下机车车辆。

2) 检查机车时，必须穿戴好劳保用品，逐项检查机车各部件。

3) 闭合蓄电池时，先闭合负极再闭合正极（反之：先断开正极再断开负极）。

4) 启机前：必须确认驱动手柄在中立位，严禁机械间有人员逗留。

5) 动车前：确认制动系统是否良好，确认防溜、防护标志是否撤除，确认四周是否有侵限物、人员，确认打磨小车、磨头是否收起，两边侧门是否锁闭良好。

6) 出库前确认库门是否开启并锁闭良好。

7) 平交道口前一度停车，确认是否有人、有碍物。

8）运行中认真确认信号、道岔是否开通正确，注意控制好行车速度。

9）换端时，内走廊狭小，注意行走安全。

（2）钢轨打磨车安全守则

1）添加燃油时必须关掉发动机。切勿在火焰或火花旁，或抽烟时添加燃油或调校燃油系统。燃油气是易燃，且会发生爆炸的，如果点燃会导致身体严重创伤或死亡。

2）检查电池的电解液位时必须关掉发动机。切勿在火焰或火花旁，或抽烟时检查或添加电池电解液。电池是易燃，且会发生爆炸的，如果点燃会导致身体严重创伤或死亡。

3）所有的内燃机车在运行时都会发出各样气体，切勿在气体可积聚的地方启动或运行发动机，避免吸入这些气体。如果吸入少量气体便会危害极大。

4）当本车在电气化的第三轨区内操作时出轨，在没有把第三轨的电源关掉之前，切勿尝试下车，因为磨轨车可能还与带电的轨道相连。

5）在进行保养、调校、维修或每当机器或其部件做出意想不到的动作时，需要按下计算机锁定开关。

6）在进行磨轨车操作之前，确保一切功能正常。

7）本设备任何时候都不允许携带乘客。

8）在运行或调校磨轨车之前，应该详细了解它的操作并注意车上所有的突出部位。

9）磨轨车上的发动机、排气和液动等部件还热时，请勿触摸或进行维修。热表面会造成严重灼伤。

10）请勿穿着松身衣裳和让身体远离磨轨车上所有活动部件。

11）当拆卸气动系统的管道、接头或部件时，必须跟随下列步骤：

① 施行停泊制动。

② 关闭发动机。

③ 关上总脱离开关。

④ 必须穿戴适当的个人安全装备。

⑤ 施行所有安全锁或阻挡件来禁止移动。

⑥ 为气动系统放气减压。泄漏空气致使管道挥舞或高速喷出接头和元件。

⑦ 慢慢拆卸管道、接头和部件卸去残余气压。

⑧ 0 气压不能大于推荐指标。

⑨ 不要窥视喷嘴或把它指向别人。

12）当拆卸液动系统的管道、接头或部件时，必须跟随下列步骤：

① 施行停泊制动。

② 关闭发动机。

③ 关上总脱离开关。

④ 必须穿戴适当的个人安全装备。

⑤ 施行所有安全锁或阻挡件来禁止移动。

⑥ 为液动系统放液减压。泄漏液油致使管道挥舞或高速喷出接头和元件。

⑦ 不要在液压油还热时拆卸管道、接头或部件。热液压油会使身体严重灼伤。

⑧ 慢慢拆卸管道、节头和部件卸去残余液压。

⑨ 如被漏出来的热液油灼伤，必须立刻去看医生；不及时得到适当医疗护理会导致严重不良反应或感染。

13）磨轨车的所有喉管和接头必须符合 SAE J1273（国外标准）对选择，安装和维修喉管和喉管组件的建议规范。

14）在做任何磨轨车操作之前，必须确认所有人员已远离磨轨车周围。

15）如安全挡板和防护不齐备到位的话，不可运行磨轨车。更换破旧或已损坏的挡板和防护装置。

16）疏忽不注意这些警告会导致身体严重受伤。

17）注意和遵循所有铁路安全规章和守则。

18）使用合适的个人安全装备如安全护目镜、硬头盔、安全鞋、护耳塞等。

19）尝试操作磨轨车之前，必须知道所有控制的位置和其功能。

20）没人值班时，不要让发动机运行。

21）磨轨车的设计，为安全起见，不要解除或尝试强行解除其安全装置。

22）在轨道上运行时，必须亮着顶上的指示灯。

23）不注意这些安全提示会导致发生人身和设备伤害。

2. GCY450 型内燃机车

GCY450 型内燃机车主要用于地铁列车、运输车辆及无动力轨道车辆的牵引、调车，也可用于在区间、隧道内的事故车辆救援牵引作业。

GCY450 型重型轨道车主要由动力及传动系统、走行部、车钩装置、电气系统、制动系统等组成，GCY450 型重型轨道车外形见图 5.2-7。

注：空调、发电机组等外购件总成以产品实物外观为准。

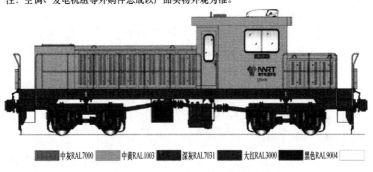

中灰RAL7000　中黄RAL1003　深灰RAL7031　大红RAL3000　黑色RAL9004

图 5.2-7　GCY450　型重型轨道车外形

GCY450 型重型轨道车的动力及传动系统采用美国卡特比勒公司生产的 C18 型电控燃油喷射柴油发动机，传动箱采用美国卡特比勒公司生产的 TR43M44 型液力传动箱，与发动机成熟匹配，传动效率最高能达 90％以上。采用液力传动形式，可实现无级变速、液力换向；制动系统安装具有自保压性能的 JZ-7G 型空气制动机及带闸瓦间隙自动调剂器的独立单元制动器；走行部采用两轴焊接转向架结构，车轴轴承箱采用弹性定位方式，整车具有良好的运行平稳性和稳定性、良好的启动和牵引性能；车体两端设有 13 号缓冲车钩。

GCY450 型重型轨道车整车具有功率大、调车牵引能力强、曲线通过能力强，制动性能可靠，操作轻便灵活、维修方便，适于频繁换向操作，维护方便，使用寿命长，运用稳定性和平稳性好等优点。

GCY450 型重型轨道车主要用于地铁列车、运输车辆及无动力轨道车辆的牵引、调车，也可用于在区间、隧道内的事故车辆救援牵引作业。

GCY450 牵引车各项作业的注意事项：

1）上下车时注意安全，必须踩实抓牢，严禁直接跳下机车车辆。

2）检查机车时，必须穿戴好劳保用品，逐项检查机车各部件。

3）启机前：必须确认驱动手柄在中立位。

4）动车前：确认制动系统是否良好，确认防溜、防护标志是否撤除，确认四周是否有侵限物及人员。

5）出库前确认库门是否开启，并锁闭良好。

6）平交道口前一度停车，确认是否有人、障碍物。

7）运行中认真确认信号、道岔是否开通正确，注意控制好行车速度。

8）长端推进运行时必须有调车员在前方引导，在前方引导必须站稳抓牢。

9）在隧道内运行严禁将头、手伸出窗外。

3. JW-4 型接触网维修作业车总体介绍

如图 5.2-8，JW-4 型接触网（检测）作业车主要用于城轨电气化铁路接触网上部设备的安装、维修及日常检查、保养，并可检测接触网参数，也可兼作牵引、抢修等车辆。用于停车场、车辆段、正线电气化铁路接触网上部设备的安装、维修及日常检查、保养并可检测接触网参数，还肩负着轨道抢修任务。

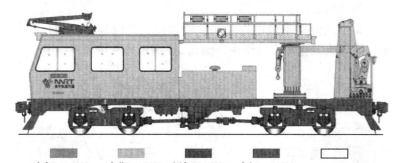

中灰RAL7000　　中黄RAL1003　　深灰RAL7031　　大红RAL3000

图 5.2-8　JW-4 型接触网（检测）作业车

JW-4 型接触网（检测）作业车主要由动力及传动系统、走行部、电气系统、制动系统、液压系统及液压升降回转作业平台、紧线装置（选装）、检测装置（选装）等组成，符合《标准轨距铁路机车车辆限界》GB146、1-1983 和地铁限界的有关规定。

JW-4 型接触网（检测）作业车的动力和传动系统采用美国康明斯公司生产的 QSL9-C325 型电喷柴油发动机配套日本新泻 TDCN-33-1002Q 型液力-机械传动箱（与发动机组成动力单元），可实现无级变速，液力换向；转向架采用两轴焊接转向架结构，车轴轴承箱采用橡胶弹簧弹性定位方式，整车具有良好的运行平稳性和稳定性、良好的启动和牵引性能；车体两端设有 13 号车钩。整车具有功率大、牵引能力强，制动性能可靠，操纵轻便灵活、维护方便，使用寿命长，运行稳定性和平稳性好等优点。

JW-4 型接触网（检测）作业车主要用于城轨电气化铁路接触网上部设备的安装、维修及日常检查、保养，并可检测接触网参数，也可兼作牵引、抢修等车辆。

主要部件的结构及维护、保养：

JW-4 型接触网（检测）作业车主要由动力及传动系统、走行部、主车架、车体、车钩装置、电气系统、制动系统、液压系统及液压升降回转作业平台、紧线装置（选装）、检测装置（选装）等组成。

动力及传动系统由发动机、传动箱、万向节传动轴、固定轴、车轴齿轮箱等部件组成。图 5.2-9 为动力及传动系统图。

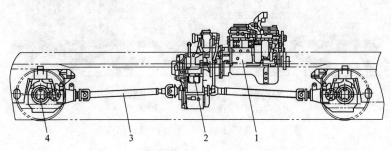

图 5.2-9　动力及传动系统
1—发动机；2—传动箱；3—传动轴；4—车轴齿轮箱

走行部包括轮对、车轴轴承箱、弹簧装置、转向架构架、牵引装置及旁承等。

发动机冷却系统的使用维护保养注意事项：

（1）给膨胀水箱加水时，上水速度不宜过快，以便使管道内空气充分排尽。一般水应加到膨胀水箱高度的 2/3，最低水位不低于 1/3。特别注意判别虚水位，发动机启动 5min 后应再检查膨胀水箱水位。

（2）发动机启动前应检查膨胀水箱水位，不足时加足水，检查散热器及管路密封情况；检查皮带张紧程度，必要时应及时进行调整。

（3）当车辆长期停运时，应打开全部水管路上的放水阀，将整个水系统的水放尽，再用压缩空气将管中水吹干净。在寒冷地区更要特别注意，以防冻坏部件和管路。在寒冷地区，冷却液应使用长效型防冻液（防冻液的选择详见柴油机冷却系统部分要求）。

（4）当散热器上沾染过多尘埃时，将大大降低传热效果。因此，必须定期清除。每运用3～4个月，用压缩空气喷扫积尘。

（5）使用过程中，应注意检查风扇驱动装置的工作情况，定期补充润滑脂。

（6）对各连接螺栓定期紧固，确保无松动。

（7）冷却系统内若积有较多水垢，会严重降低冷却系统的散热效能。换季保养时，必须清洗发动机水套和水散热器内的水垢。

4. 蓄电池牵引车总体介绍

蓄电池轨道牵引车是在借鉴、吸收既有同类蓄电池轨道牵引车先进技术基础上，专为满足地铁的实际运用需求设计的，如图5.2-10。主要应用于地铁车辆段、停车场、隧道及地铁线路等场所，完成调车、动力牵引、线路维护和地铁建设等任务，主要工作范围：进行调车作业、车辆编组牵引及对故障车辆的救援等；作为牵引特殊用途车辆的工程用车，如牵引平板车、检测车、电缆铺设作业车等；完成线路停电维护及隧道作业牵引等任务。

图5.2-10 蓄电池轨道牵引车

5. JC-2型接触网检测车总体介绍

JC-2型接触网检测车主要用于工程中接触网技术参数的检测，为地铁线路上接触网的维护、保养提供依据，如图5.2-11。

6. GJ-2型轨道检测车总体介绍

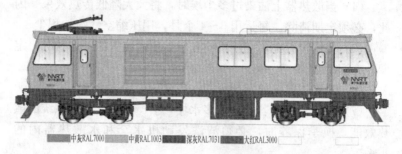

图 5.2-11 JC-2 型接触网检测车

　　GJ-2 型轨道检测车用于轨道线路参数的实时检测，可为轨道的维修提供参考依据。轨道检测车由重型轨道车、蓄电池车等其他轨道工程车辆牵引。主要用于轨道检测、处理和传输，并为其他项目检测设备预留接口（可加装限界检测设备、三轨检测设备等）。具有曲线通过能力强，制动性能可靠，维护方便，运行稳定性和平稳性好等优点，如图 5.2-12。

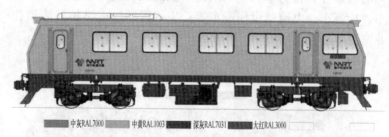

图 5.2-12 GJ-2 型轨道检测车

7. 轨道（含随车吊）平板车总体介绍
如图 5.2-13、图 5.2-14。

图 5.2-13 轨道平板车

图 5.2-14 随车吊平板车

（1）随车吊平板车简介

1）单吊最大起重量：3t。

2）双吊最大起重量：5t。

3）空载时，旋臂可用人力 360°双向回转，并可由锁定装置在 8 个位置锁闭（间隔 45°）。

4）葫芦吊吊钩空载时距轨面高度：3700mm。

5）旋臂外端距回转中心大于 2000mm，吊钩最大半径 2000mm。

6）起重机动力电缆和旋臂吊的控制电缆能连接到轨道车配电箱，动力电源 AC380V，控制电源 220V。

7）旋臂吊控制方式：可单车单吊独立控制，也可单车控制双吊（双车联控），车辆间用多芯插头插座连接。

8）立柱式悬臂起重机由电动葫芦、走行梁、安装座、回转装置、回转锁定装置、调平装置、绳钩等组成；

（2）平板车各项作业的注意事项

1）上下车时注意安全，必须踩实抓牢，严禁直接跳下机车车辆。

2）检查机车时，必须穿戴好劳保用品，逐项检查机车各部件。

3）端板、侧板是否关闭。

4）动车前手闸是否缓解，防溜、防护标志是否撤除。

5）制动试验是否良好。

6）装载货物是否符合规定。

8. 设备工程车检修作业安全注意事项

（1）车体两侧检修作业安全注意事项

1）施加停放制动，做好防溜，确认工程车两端挂好"禁止动车"牌；

2）作业过程中小心地板上的积水、油污、障碍物，防止滑倒、绊倒、踏空；

3）按要求穿戴好劳保用品；

4）作业完成后清理现场，确认所携带的工具齐全，未遗留在作业现场。

（2）车底检修作业安全注意事项：

1）施加停放制动，做好防溜，确认工程车两端挂好"禁止动车"牌；

2）按要求穿戴好劳保用品；

3）作业过程中，不要将手及物品放在钢轨上；

4）车底作业行走过程中注意地沟隔栅；

5）作业完成后清理现场，确认所携带的工具齐全，未遗留在作业现场。

（3）司机室检修作业安全注意事项：

1）施加停放制动，做好防溜，确认工程车两端挂好"禁止动车"牌；

2）开关门时应注意门外是否有物体或有人；

3）作业完成后确认电气柜锁闭到位；

4）作业完成后清理现场，确认各开关、阀件处于正常状态，关闭侧门、司机室门，关闭司机室照明。

（4）机器间检修作业安全注意事项：

1）施加停放制动，做好防溜，确认工程车两端挂好"禁止动车"牌；

2）按要求穿戴好劳保用品；

3）禁止闭合蓄电池开关；

4）关闭发动机；

5）当拆卸气动系统的管道、接头或部件时，要先为气动系统放气减压，慢慢拆卸管道、接头或部件卸去残余气压，不要窥视喷嘴或把它指向别人；

6）当拆卸液动系统的管道、接头或部件时，要先为液动系统放液减压，不要在液压油还热时拆卸管道、接头或部件，慢慢拆卸管道、接头或部件卸去残余液压；

7）作业完成后清理现场，确认各阀件处于正常状态，关闭机器间两侧门窗，关闭机器间照明。

（5）车顶检修作业安全注意事项：

1）施加停放制动，做好防溜，确认工程车两端挂好"禁止动车"牌；

2）作业时必须佩戴安全带，并且高挂低用；

3）注意检查脚蹬、扶手是否牢固；

4）禁止在两车之间跨越；

5）作业完成后清理现场，确认所携带的工具齐全，未遗留在作业现场。

（6）蓄电池检查作业安全注意事项：

1）施加停放制动，做好防溜，确认工程车两端挂好"禁止动车"牌；

2）作业前确认蓄电池开关在断开位；

3）禁止将金属器具放在蓄电池跨接板上；

4）作业完成后清理现场，确认所携带的工具齐全，未遗留在作业现场。

（7）拆接风管安全注意事项：

1）作业前确认折角塞门处于关闭位置；

2）作业时侧向面对风管连接处；

3）打开折角塞门时，尽量远离风管连接处；

4）作业完成后清理现场，确认所携带的工具齐全，未遗留在作业现场。

（8）车钩检查作业安全注意事项：

1）施加停放制动，做好防溜，确认工程车两端挂好"禁止动车"牌；

2）穿戴好劳保用品，戴好安全帽；

3）注意防止夹伤；

4）作业完成后清理现场，确认所携带的工具齐全，未遗留在作业现场。

（9）轮对测量作业安全注意事项：

1）施加停放制动，做好防溜，确认工程车两端挂好"禁止动车"牌；

2）测量工具要轻拿轻放，防止碰撞；

3）作业完成后清理现场，确认所携带的工具齐全，未遗留在作业现场。

（10）制动机、风表、安全阀更换作业安全注意事项：

1）作业前确认发动机处于停机状态；

2）确认司机操纵台已放置"禁止操作"牌；

3）确认压力空气已排净；

4）确认要更换的配件检验合格并且检验期限没有到期；

5）风表要轻拿轻放，防止碰撞；

6）作业完成后清理现场，确认所携带的工具齐全，未遗留在作业现场。

（11）换油作业安全注意事项：

1）施加停放制动，做好防溜，确认工程车两端挂好"禁止动车"牌；

2）作业前准备好盛放废油的容器，不要把废油倒在地上或排水沟里；

3）放油时由于油温较高应避免手直接接触放油口；

4）加油时注意所有注油工具干净清洁，避免污染；

5）加油时注意防止液体飞溅入眼；

6）注意地面油污、液体，防止滑倒；

7）作业完成后清理现场，确认所携带的工具齐全，未遗留在作业现场。

（12）空气滤芯清洁作业安全注意事项：

1）穿戴好劳保用品，戴好安全帽、口罩；

2）用压缩空气清洁滤芯时，禁止逆风操作，防止灰尘或杂质飞入眼睛及口鼻中；

3）禁止使用压力过高的压缩空气，防止滤纸破损；

4）作业完成后清理现场，确认所携带的工具齐全，未遗留在作业现场。

5.2.5 特种设备与特种作业安全管理

按照《国家质量监督检验检疫总局关于修改＜特种设备作业人员监督管理办法＞的决定》（质检总局令第140号），国家质检总局修订了《特种设备作业人员作业种类与项目》目录，现予公布，自2011年7月1日起施行，见表5.2-1。

特种设备作业人员作业种类与项目　　　表 5.2-1

序号	种类	作业项目	项目代号
1	特种设备相关管理	特种设备安全管理负责人	A1
		特种设备质量管理负责人	A2
		锅炉压力容器压力管道安全管理	A3
		电梯安全管理	A4
		起重机械安全管理	A5
		客运索道安全管理	A6
		大型游乐设施安全管理	A7
		场（厂）内专用机动车辆安全管理	A8
2	锅炉作业	一级锅炉司炉	G1
		二级锅炉司炉	G2

续表

序号	种类	作业项目	项目代号
2	锅炉作业	三级锅炉司炉	G3
		一级锅炉水质处理	G4
		二级锅炉水质处理	G5
		锅炉能效作业	G6
3	压力容器作业	固定式压力容器操作	R1
		移动式压力容器充装	R2
		氧舱维护保养	R3
4	气瓶作业	永久气体气瓶充装	P1
		液化气体气瓶充装	P2
		溶解乙炔气瓶充装	P3
		液化石油气瓶充装	P4
		车用气瓶充装	P5
5	压力管道作业	压力管道巡检维护	D1
		带压封堵	D2
		带压密封	D3
6	电梯作业	电梯机械安装维修	T1
		电梯电气安装维修	T2
		电梯司机	T3
7	起重机械作业	起重机械机械安装维修	Q1
		起重机械电气安装维修	Q2
		起重机械指挥	Q3
		桥门式起重机司机	Q4
		塔式起重机司机	Q5
		门座式起重机司机	Q6
		缆索式起重机司机	Q7
		流动式起重机司机	Q8
		升降机司机	Q9
		机械式停车设备司机	Q10

序号	种类	作业项目	项目代号
8	客运索道作业	客运索道安装	S1
		客运索道维修	S2
		客运索道司机	S3
		客运索道编索	S4
9	大型游乐设施作业	大型游乐设施安装	Y1
		大型游乐设施维修	Y2
		大型游乐设施操作	Y3
		水上游乐设施操作与维修	Y4
10	场(厂)内专用机动车辆作业	车辆维修	N1
		叉车司机	N2
		搬运车牵引车推顶车司机	N3
		内燃观光车司机	N4
		蓄电池观光车司机	N5
11	安全附件维修作业	安全阀校验	F1
		安全阀维修	F2
12	特种设备焊接作业	金属焊接操作	(注)
		非金属焊接操作	

注：1. 特种设备焊接作业（金属焊接操作和非金属焊接操作）人员代号按照《特种设备焊接操作人员考核细则》的规定执行。

2. 表中 A1、A2、A6、A7、G6、R3、D2、D3、S1、S2、S3、S4、Y1、F1、F2 项和金属焊接操作项目中的长输管道、非金属焊接操作项目的考试机构由总局指定，其他项目的考试机构由省局指定。

1. 实现特种设备安全的主要途径及措施

事故的直接原因是物的不安全状态和人的不安全行为，因此，消除特种设备和环境的不安全因素是确保特种设备安全运行的物质基础。特种设备法规制度明确规定：从特种设备的生产组织、管理维修和使用保养等方面应采取技术措施，消除生产过程中的不安全因素，加强维护、检查监测和预防性试验，预防特种设备事故的发生。笔者认为实现特种设备安全的途径主要有 4 个方面。

（1）加强设计、制造与安装环节资质单位控制，实现特种设备本质安全。

为使特种设备达到本质安全而进行的研究、设计、安装、改造和采取的各种措施的最佳组合，称为本质的安全化。要达到特种设备的本质安全，需从以下 2 个方面入手。

1）选用特种设备的生产制造单位要有相应资质。在人员素质、加工设备、管理水平及质量控制等方面必须达到相应的条件。国家对特种设备实行生产许可证或安全认可制度，只有取得相应的资格证书，才能从事特种设备的生产制造。对生产制造的特种设备或有型式试验要求的产品部件，必须经国家认可的监督检验机构进行监督检验或型式试验，并出具制造质量证明，对其质量和安全负责。

2）安装要符合安全技术要求。对某些特种设备来说，安装是制造过程的延续，只有安装完毕，调试好并经过试运行后才能竣工验收，交付使用。因此，安装环节很重要，从事安装的单位必须具备相应的条件，具有相应的安装资格证书。安装单位必须对其安装的特种设备的质量与安全负责。

（2）加强特种设备监测与运行管理，及早发现和消除事故隐患。

加强对运行中特种设备的监测，掌握设备运行参数和性能变化，是及早发现事故隐患的重要手段。

1）加强巡视检查和维修保养。对主机设备和重要附件要做到定时检验维护，注意有无异常声响、闪烁放电、泄漏、破损等。特别要重点检查安全附件是否正常，开关的接触及线路连锁的可靠程度，电气接地接零是否良好，系统保护装置是否灵敏和完好等。一旦发现异常情况，及时报告和采取应急防范措施，如发现危及人身和有可能造成重大设备事故的情况，则立即停机。

2）做好特种设备的运行记录。观察主机设备仪表、仪器直接反映的参数，如压力、流量、速度、温度、温升、负荷、载重量、水位、电流、电压、功率因数、频率等的变化是否在规定范围内，有没有达到极限值或最低值。对主机设备的运行参数作完整的记录，将设备状况、有无故障、检修内容全部记录在运行日记中，做好交接工作。

3) 积极采取科学有效的检测手段。目前，大部分厂矿企业对特种设备的检查、监测还基本停留在利用目测、耳听上，因而影响了设备故障检测的效果。应采取科学的检测手段，利用各种仪器，通过状态监测和诊断技术的应用，及早发现特种设备技术参数的变化，准确判断故障发生的范围和时限，为制定抢修方案，防范事故的发生提供可靠依据。

（3）发挥职能部门和技术机构作用，加强特种设备监督管理

加强特种设备安全管理，必须认真贯彻落实"安全第一，预防为主"的方针，进一步提高防范特种设备安全事故工作重要性的认识，采取有力措施，抓好特种设备安全监察工作，防止发生各类安全事故。

1) 加强特种设备监察管理。鉴于特种设备安全的特殊性，国家政府部门应对其加大监察管理力度。我国《安全生产法》已界定了综合监管与专项监督的关系。公司相关部门应依法履行自己的职责，既各司其职，又相互配合，积极配合管理部门搞好特种设备普查登记和申报工作。

2) 依法进行监督检验。根据国家质检总局颁布的监督检验规程要求，特种设备必须由国家授权的监督检验机构进行验收检验和定期检验，检验人员必须经过专门培训、考核，持证上岗。检验机构应以第三方的身份，依法、公平、公正地进行检验，并出具真实的检验报告，及时发现安全隐患，以确保其安全运行。

3) 加强作业人员培训考核。对特种设备的作业人员，包括安装、维修保养、操作等人员，应经过专业的培训和考核，取得《特种设备作业人员资格证书》后，方能从事相应的工作。操作人员的安全意识和专业技能提高了，发现及处理不安全因素的能

力提高了，特种设备安全工作才会有保证。

(4) 加强日常管理和维护保养，使设备始终处于良好技术状态。

1) 制定完善的管理措施。建立健全岗位责任制、交接班等制度。操作人员采取必要的个人防护措施等。同时，制定应急措施，加强操作人员的培训，以便在发生事故时，能果断、准确、迅速地将影响降低到最低程度。

2) 加强特种设备档案管理。结合特种设备使用管理实际，制定相关档案管理规定，明确管理职责，督导使用单位加强特种设备档案管理，使技术管理人员在进行安全检查的同时，注意将每台设备进行编号登记，及时记录反馈设备运行情况。档案管理部门采取动态管理的方式，建立、健全设备验收记录、检修记录、改造记录、每年的检验鉴定记录等，以不断充实特种设备档案内容，实现档案资料与运转设备的真实对应，真正使特种设备档案为设备使用、检修提供准确依据。

3) 加强特种设备的维修保养。特种设备多为频繁动作的机电设备，机械部件、电器元件的性能状况及各部件间的配合如何，直接影响特种设备的安全运行。因此，对使用的特种设备进行经常性的维修保养是非常重要的。第一，要建立有计划的维护保养和预防性维修制度，利用故障诊断技术，及时发现故障并处理。对安全装置进行定期检查，保障安全装置始终处于可靠状态；第二，维修保养单位要具有相应的资质；第三，使用单位与维修保养单位要签订合同，明确维修保养质量和安全责任，要保证设备经常处于良好状况。第四，使用单位应建立技术档案，要有日常运行记录及维修保养记录，以备查证。

2. 起重机安全操作

桥式起重机是桥架在高架轨道上运行的一种桥架型起重机，又称起重机。桥式起重机的桥架沿铺设在两侧高架上的轨道纵向运行，起重小车沿铺设在桥架上的轨道横向运行，构成一矩形的工作范围，就可以充分利用桥架下面的空间吊运物料，不受地面设备的阻碍。

（1）安全操作注意事项

1）起重机在使用之前，司机应当对制动器、安全装置进行检查。发现异常时，应当在操作之前排除，并做好相应记录。严禁起重机设备带故障运行。

2）在操作前，须空载试验大车、小车和吊钩的动作。检查吊具是否符合起吊要求，起吊重物不能超过起重机和吊具的额定起重量，并确认起吊重物捆绑牢固。

3）司机须服从司索指挥工的指挥信号进行操作，严禁起吊物件在人头上越过。地面工作人员必须佩戴安全帽。对紧急停车信号，不论何人发出，都应立即执行。

4）如在停电期间起重机吊钩上有重物时，司机和司索指挥工应设置警戒线，要警戒任何人不准在重物下方通行。

5）起重机起升重物或放下吊具时，司机不得离开。

6）不准在运行过程中进行调整和维修。维护保养时必须切断电源并挂上标志牌或加锁。

7）禁止利用起重机吊运送或起升人员。

8）起重机不带负荷运行时，吊钩必须升起至安全高度（至少超过 2m）。

9）起重机带重物运行时，重物必须升起，至少要高于重物运行路线上的最高障碍物 0.5m。

10）起吊重物时，必须直起升重物，禁止斜拉斜吊。

11）工作停歇时，不得将重物悬在空中停留。

12）在起升液体金属、有害液体或重要物品时，不论重量多少，均必须先起升 200～300mm，验证制动器灵敏可靠后，再正式起升。

13）起重机司机要做到"十不吊"。

① 指挥信号不明不吊。

② 超载不吊。

③ 物件捆绑不牢不吊。

④ 安全装置不灵不吊。

⑤ 吊物埋在地下，情况不明不吊。

⑥ 光线不足，看不清不吊。

⑦ 歪拉斜拽不吊。

⑧ 边缘锋利物件无防护措施不吊。

⑨ 起重臂下或重物下有人时不吊。

⑩ 高压输电线下不吊、氧气瓶、乙炔瓶等爆炸性物品不吊。

14) 起重机开机前的日常检查。

① 检查吊钩的转动是否灵活。

② 检查钢丝绳润滑是否良好。

③ 检查钢丝绳有无腐蚀、折断或明显折痕。

④ 检查钢丝绳是否固定牢固。

⑤ 检查各操作按钮状态，按钮操作是否顺畅，电源开关和指示灯是否正常。

⑥ 检查安全标志是否完好。

⑦ 检查检验合格证是否完好（不属于特种设备范畴的除外）。

（2）带司机室的起重机的操作

1) 在操作前，必须在总开关断开的情况下进行起重机的检视工作，在起重机上不得遗留工具或其他物品，以免跌落发生人身意外或损坏机器。

2) 司机必须在确认走台或轨道上无人时，才可以闭合主电源。当电源断路器上加锁或有告示牌时，应由原有关人员除掉后方可闭合主电源。

3) 首先确认所有的控制手柄置于零位。

4) 开车前必须鸣铃，操作中接近人时应断续鸣铃。吊臂下、吊物下不得有人。

5) 对升降起重机的控制器应逐级开动，在机械完全停止动转前，禁止将控制器从顺转位置直接反到逆转位置来进行制动，但用作防止事故发生的情况下可以直接反到逆转位置，而控制器只能打在反向一挡。

6）在电压显著降低和电力输送中断的情况下，主刀开关必须断开，而所有的控制器处在零位上，司机以信号通知司索指挥工。

7）起重机及小车必须以最慢的速度，在不碰撞挡架的条件下，逐步靠近边缘位置。

8）当接近卷扬机限位器，大小车临近终端或与邻近起重机相遇时，速度要放慢。禁止用倒车代替制动，限位器代替停车，紧急开关代替普通开关。

9）当起重机工作完毕后，应停在规定位置，升起吊钩，小车开到轨道两端，使控制器处在零位，并断开主刀开关，关掉电源总闸。

3. 内燃叉车安全操作

（1）安全注意事项

1）操作者必须经专门培训机构培训合格并取得驾驶叉车操作证，使用前必须阅读本车使用说明书并熟练掌握叉车的操作要领。

2）操作时，要穿工作服和护趾工作鞋、戴安全帽，要遵守叉车安全操作规程和叉车操作及保养手册的要求。

3）操作者应向锁匙保管人（调度）借锁匙并填写《厂内机动车使用申请登记表》，同时出示操作证。不得未经许可私自操作。作业完成后将锁匙归还给锁匙保管人并在《厂内机动车使用申请登记表》填写车辆状态。严禁把叉车交给无证人员驾驶。

4）操作者应爱护叉车，操作前、后对其进行日常的保养与清洁。

5）操作者必须熟悉叉车的性能，严禁超叉车规程使用。

6）叉车驾驶室只允许司机一人乘坐，禁止载人。保持头、手、臂、腿和脚在驾驶室内，无论什么理由都不要伸出。

7）禁止在工作台面放置物件。

8）操作时，如发生故障必须停止作业，并报设备维修部门，在修复并确认后，方可操作。

9）在风沙、下雪、雷电、暴雨、台风等恶劣气候条件下，不宜库外使用叉车。

10）在使用内燃叉车时，操作者检查将要行驶的路面，检查洞口、陡坡、障碍物、突起点以及可能引起失控、颠簸等路况；应确认道路要求符合《厂矿道路设计规范》GBJ 22—87 中的内燃叉车道主要技术指标，见附录 A。

（2）操作前注意事项

1）检查轮胎气压及轮毂螺母。确认轮胎气压足够，检查轮胎无破损、轮辋是否变形，检查轮毂螺母没有松动。

2）燃油、液压油和水渗漏检查。检查发动机、液压管接头、水箱以及驱动系统是否漏油或漏水，用手摸或目测，严禁使用明火、白炽灯照明。

3）制动液量、水箱冷却水量、发动机机油量、液压油箱油位、燃油量油位检查和检查有无渗漏。

4）检查制动液油杯，查看制动液量是否在刻度范围内；检查水箱水位是否正常；拔出发动机机油油标尺，擦净尺头后重新插入并拉出，检查油位是否在两刻度之间；查看液压油箱油位是否在两刻度之间；查看燃油油量是否足够；检查发动机、液压管接头、水箱以及驱动系统是否漏油或漏水，用手摸或目测，严禁使用明火、白炽灯照明。

5）检查蓄电池电解液液位。电瓶盒上有上、下液位刻度线，查看液位，如果电解液液位不在正常范围，应加蒸馏水到两刻度线之间并充电。

6）目视检查门架各种紧固螺丝的紧固状态，提升链条是否有异常。

7）制动踏板及手刹车检查。踩下制动踏板，检查是否有迟钝或卡阻，检查手刹车手柄能否安全可靠。

8）微动踏板和油门踏板检查。踩下微动踏板、油门踏板，检查是否异常迟钝或卡阻。

9）检查换挡手柄、起升手柄、倾斜手柄及门架。检查换挡手柄是否松动，换挡是否平稳；检查起升、倾斜手柄是否松动，回位是否良好；检查门架起升、倾斜是否正常，有无异响。

10）检查仪表、喇叭、照明灯、位置灯、转向灯、刹车灯和倒车灯是否正常。

（3）正常行驶时注意事项

1）行驶时，货叉底端距地面高度应保持 300～400mm、起重门架须后倾。

2）行驶时不得将货叉升得太高。进出作业现场或行驶途中，要注意上空有无障碍物刮碰。

3）行驶时，如货叉升得太高，还会增加叉车总体重心高度，影响叉车的稳定性。

4）卸货后应先降落货叉至正常的行驶位置后再行驶。

（4）转弯时注意事项

1）叉车在转弯时要操作转向灯开关，发出转弯信号。

2）禁止高速急转弯。高速急转弯会导致车辆失去横向稳定而倾翻。

3）在转弯时应提前减速，转弯半径越小，其车速度越慢，急转弯要慢速行驶。

4）顺时针转动方向盘，叉车向右转弯；反时针转动方向盘，叉车向左转弯。注意，叉车使后轮转向，转向时后部平衡重向外旋转，转弯时方向盘要比前轮转向的车辆略提前一点旋转。

5）非特殊情况，禁止载物行驶中急刹车和急转弯，以防货物滑出。

6）载物行驶在坡度超过 7 度和用高于一挡的速度上下坡时，非特殊情况不得使用制动器。

7）叉车在运行时要遵守厂内交通规则，必须与前面的车辆保持一定的安全距离。

8）叉车运行时，载荷必须处在不妨碍行驶的最低位置，门架要适当后倾，除堆垛或装车时，不得升高载荷。在搬运庞大物件时，物体挡住驾驶员的视线，此时应倒开叉车或由向导引导。

9）叉车由后轮控制转向，所以必须时刻注意车后的摆幅，避免初学者驾驶时经常出现的转弯过急现象。

10）禁止在坡道上转弯，也不应横跨坡道行驶，以免倾翻。

11）当载货上坡，叉车向前驾驶，叉车载货下坡时，应倒退行驶；当空载上坡，应倒退行驶，空载上坡时，叉车向前驾驶。不准高速驾驶下坡，应慢速稳控刹车下坡，以防货物颠落。叉车在坡道上停车时，应用手刹制动，叉架着地，以防滑溜。

12）叉车运行尽量远离液化罐、木材、纸和化学物质，消声器排出的废气有引起燃烧或爆炸的危险。

13）启动。启动前确认叉车四周无人，前后换向杆中位（换挡手柄置空挡位置），启动开关旋至"启动 START"位置启动，启动后钥匙放回"ON"位置。注意：若 5s 钟不能启动，应旋回"OFF"位置，间隔 2min 再启动；若连续三次都不能启动，应查明原因；发动机启动后，预热发动机约 5min，检查发动机运转情况。

（5）起步时注意事项

1）起步前，观察四周，确认无妨碍行车安全的障碍后，先鸣笛，后起步。

2）气压制动的车辆，制动气压表读数须达到规定值才可起步。

3）叉车在载物起步时，驾驶员应先确认所载货物平稳可靠。

4）起步时须缓慢平稳起步。

5）提升货叉离地面 300～400mm，门架后倾到位，环视叉车周围，检查有无行人按喇叭，踩下离合器踏板，操作前、后换向杆，松开手制动，缓慢松开离合器踏板，均匀踏下油门踏板，车辆运行。

（6）减速、换挡时注意事项

1）减速：松开油门踏板，踩下制动踏板，需要时踩下离合器踏板；换挡：先松开油门踏板，踩下离合器踏板，然后拨动换挡开关。

2）停车：减速，踩下制动踏板让车停下来，拉上手刹车，换挡手柄置于空挡位，货叉落地，门架最大前倾，关掉发动机，拉出发动机熄火拉杆，钥匙开关置"OFF"位置，取下钥匙，分开总电闸开关。

（7）装卸时注意事项

1）叉载物品时，应按需调整两货叉间距，使两叉负荷均衡，不得偏斜，物品的一面应贴靠挡货架，叉载的重量应符合载荷中心曲线标志牌的规定，将货叉提升离地50～100mm，确认货物牢固，然后门架后倾到位，提升货物离地300～400mm，再开始行驶。

2）载物高度不得遮挡驾驶员的视线。

3）在进行物品的装卸过程中，必须用制动器制动叉车。

4）货叉接近或撤离物品时，车速应缓慢平稳，注意车轮不要碾压物品、木垫等，以免碾压物品飞起伤人。

5）用货叉叉取货物时，货叉应尽可能深地叉入载荷下面，还要注意货叉尖不能碰到其他货物或物件。

6）应采用最小的门架后倾来稳定载荷，以免载荷向后滑动，发现货叉长度不够货物重心时严禁叉起货物。放下载荷时，可使门架小量前倾，以便于安放载荷和抽出货叉。

7）禁止高速叉取货物和用叉头与坚硬物体碰撞。

8）叉车作业时，禁止人员站在货叉上或货叉之下。

9）禁止将货物吊于空中而驾驶员离开驾驶位置。

10）叉车叉物作业，禁止人员站在货叉周围，以免货物倒塌伤人。

11）禁止用货叉举升人员从事高处作业，以免发生高处坠落事故。

12）不准用制动惯性溜放物品。

13）禁止使用单叉作业。

14）禁止超载作业。

15）提起、放下货物时应，慢提慢放。

16）不准用货叉挑翻货盘的方法卸货。

17）在叉运危险品、易燃品等货物时，必须作好安全防护，才能叉运，防止危险品、易燃品等货物倾倒、洒漏等安全事故。

（8）操作后注意事项

1）工作完毕，必须将叉车停放在指定位置。

2）手柄置空挡，将叉臂降到最低位。

3）关闭电源并取出钥匙。

4）上紧手闸，防止叉车溜动。

5）操作多路阀数次，释放油缸和管路中的剩余压力；清洁并检查车辆的全面状况，检查是否有油液泄漏；加注润滑脂。

4. 蓄电池搬运车安全操作

（1）驾驶蓄电池搬运车的基本要求

1）驾驶蓄电池搬运车必须经专门培训机构培训合格并取得厂内机动车辆驾驶证，持证上岗。

2）司机所持厂内机动车辆驾驶证必须在有效期内，驾驶证过期未年审，不得驾驶蓄电池搬运车。

3）驾驶者必须阅读蓄电池搬运车使用说明书并熟练掌握操作要领。

4）驾驶者必须遵守《工业企业厂内运输安全规程》和公司的规章制度。

5）操作者应向锁匙保管人（调度）借锁匙并填写《厂内机动车使用申请登记表》，同时出示操作证。不得未经许可私自操作。作业完成后将锁匙归还给锁匙保管人并在《厂内机动车使用申请登记表》填写车辆状态。严禁把蓄电池搬运车交给无证人员驾驶。

6）驾驶者必须确认所借用的蓄电池搬运车的安全检验合格证在有效期内，如该车已过下次检验日期，不得使用。

7）在风沙、下雨、雷电、台风等恶劣气候下，严禁使用蓄电池搬运车。

8）驾驶前，驾驶者必须检查蓄电池搬运车处于良好的运行状态，如发现该车有故障则必须停止作业，并报设备维修部门，在修复并确认后，方可操作。

9）蓄电池搬运车载人一定要在司机室前排，额定载人2人（含司机）。后排载货严禁载人。

10）驾驶者应爱护蓄电池搬运车，每天操作前对其进行日常的保养与清洁。

（2）蓄电池搬运车驾驶安全操作规程

操作前车辆检查：

在进行工作前，请按下列步骤检查，确认蓄电池搬运车无故障后才能进行驾驶。

1）检查轮胎气压及轮毂螺母。确认轮胎气压足够，检查轮胎无破损、轮辋是否变形，检查轮毂螺母没有松动。检查车厢挡板有无松动。

2）接入总电源插头，检查紧急断路动作是否可靠，并检查喇叭、照明灯、位置灯、转向灯、刹车灯和倒车灯是否正常。

3）检查电源是否充足。蓄电池不足时及时充电，严禁亏电操作蓄电池搬运车。

4）检查驱动机构，各连接件是否完好，连接是否可靠。

5）检查转向是否灵活正常。

6）检查后桥是否有润滑油渗漏现象，如严重渗漏则应检查是否正常。

7）将进退操纵杆置"前进"或"后退"位置，检查接触器工作是否正常。

8）左、右转动方向盘，检查转向电动机工作是否正常。

9）在接触器动作后，轻轻踩下加速踏板，检查行走电动机工作是否正常。

10）检查制动器功能是否正常。

起步：起步前，观察四周，确认无妨碍行车安全的障碍后。打开电门，松开手刹车操纵杆，先鸣笛，后起步。向前推或向后扳换向手柄。轻轻踩下加速踏板便可投入正常工作。在踩调速踏板前应环视前后左右，确认无障碍时，再踩调速踏板，这时能明显听到主接触器吸合声，表明无级调速器电路接通。再缓慢地踏下踏板，使车平稳启动，逐渐加速。绝不允许快速踏下调速踏板。

（3）行驶时的注意事项

1）不得在雨中行驶。

2）正常行驶时，不允许关闭电源。如发生"飞车"故障，应保持镇静，立即搬动紧急断电操纵杆，切断总电源。

3）在一般平顺行车情况下，减速时可以放松调速踏板直至完全松开，无须使用制动踏板。在须使用制动踏板时，应先松开调速踏板，再对制动踏板逐渐增加压力，使车辆减速制动。急剧制动不仅会加速制动摩擦片、制动鼓及轮胎的磨损，而且使减速箱、后桥箱的齿轮、轴等机件和电动机等受冲击而容易损伤。急剧制动不利于转向操作。

4）在行驶中要观察有无特殊声响和气味，制动、转向时有无异常现象。

5）行驶时，司机须确认道路要符合道路设计规范中电瓶车道主要技术指标要求。

6）蓄电池搬运车出库或过弯位时应鸣笛示警。

7）蓄电池搬运车在转弯时要操作转向灯开关，发出转弯信号。在转弯时应提前减速，转弯半径越小，其车速度越慢，急转弯要慢速行。不允许全速转弯，以免发生事故。

8）禁止高速急转弯。高速急转弯会导致车辆失去横向稳定而倾翻。

9）非特殊情况，禁止载物行驶中急刹车和急转弯，以防货物滑出伤人。

10）蓄电池搬运车在运行时要遵守厂内交通规则，必须与前面的车辆保持一定的安全距离。

11）行驶中不可忽快忽慢，应尽量保持匀速直线行驶。起步、停车要慢。

12）禁止在坡道上转弯，也不应横跨坡道行驶。

13）蓄电池搬运车运行时严禁顶其他车辆。

（4）装载

1）蓄电池搬运车运载重量一定要在许可的载重范围内，严禁超载运行，严禁偏载。

2）蓄电池搬运车载货时，装载高度从地面算起不得超过2m，装载宽度左右各不得超出车厢200mm，装载长度不得超过车身500mm。

3）蓄电池搬运车坡道运载时，当载货上坡，电瓶车向前驾驶，当载货下坡时，电瓶车可做倒退驾驶。

4）蓄电池搬运车禁止在驾驶室内放置物件。

5）蓄电池搬运车装货时，要注意平稳，货物要绑牢或卡紧。

6）蓄电池搬运车装货时，重量要分布均匀，重心越低越好。

（5）操作后

1）工作完毕必须将蓄电池搬运车停放在指定位置。

2）关闭电源并取出钥匙。

3）拉上手制动器，防止电瓶车溜动。

4）断开蓄电池的电源。

5）做好当日行车记录，交分部调度检查签字。

6）将锁匙归还给锁匙保管人（调度）并在申请单上注明归还钥匙时间。

5.2.6 机械钳工加工安全管理

1. 钳工

钳工是使用钳工工具或设备，按技术要求对工件进行加工、修整、装配的工种。其特点是手工操作多，灵活性强，工作范围广，技术要求高，且操作者本身的技能水平直接影响加工质量。

钳工的工作范围很广。如各种机械设备的制造，首先是从毛坯经过切削加工和热处理等步骤成为零件，然后通过钳工把这些零件按机械的各项技术精度要求进行组件、部件装配和总装配，才能成为一台完整的机械；有些零件在加工前，还要通过钳工来进行划线；有些零件的技术要求，采用机械方法不太适宜或不能解决，也要通过钳工工作来完成。（装配钳工）许多机械设备在使用过程中，出现损坏，产生故障或长期使用后失去使用精度，影响使用，也要通过钳工进行维护和修理。（修理钳工）

在工业生产中，各种工夹量具以及各种专用设备制造，要通过钳工才能完成。（工具制造钳工）不断进行技术革新，改进工具和工艺，以提高劳动生产率和产品质量，也是钳工的重要任务。

随着机械工作的发展，钳工的工作范围日益扩大，并且专业分工更细，如分成装配钳工、修理钳工、工具制造钳工等等。不论哪种钳工，首先都应掌握好钳工的各项基本操作技能，包括划线、凿削、锯削、钻孔、扩孔、锪孔、绞孔、攻螺纹和套螺纹、矫正和弯形、铆接、刮削、研磨以及基本测量技能和简单的热处理等，然后再根据分工不同进一步学习掌握好零件的钳工加工及产品和设备的装配、修理等技能。基本操作技能是进行产品生产的基础，也是钳工专业技能的基础，因此必须熟练掌握，才能在今后工作中逐步做到得心应手，运用自如。

（1）钳工常用设备

1）台虎钳

台虎钳是用来夹持工件的通用夹具，其规格用钳口宽度来表示，常用规格有 100mm、125mm 和 150mm 等。台虎钳有固定式和回转式两种，两者的主要结构和工作原理基本相同，其不同点是回转式台虎钳比固定式台虎钳多了一个底座，工作时钳身可在底座上回转，因此使用方便、应用范围广，可满足不同方位的加工需要。台虎钳的使用方法，用实物操作具体介绍。

使用台虎钳的注意事项：

① 夹紧工具时要松紧适当，只能用手扳紧手柄，不得借助其他工具加力。

② 强力作业时，应尽量使力朝向固定钳身。

③ 不许在活动钳身和光滑平面上敲击作业。

④ 对丝杠、螺母等活动表面应经常清洗、润滑，以防生锈。

2）钳工工作台

钳工工作台也称钳工台或钳桌、钳台，其主要作用是安装台虎钳和存放钳工常用工、夹、量具。钳桌高度约 800～900mm，装上台虎钳后，钳口高度以恰好齐人的手肘为宜。

3）砂轮机

砂轮机是用来刃磨各种刀具、工具的常用设备，由电动机、砂轮机座、托架和防护罩等部分组成。

砂轮较脆、转速又很高，使用时应严格遵守以下安全操作规程：

① 砂轮机的旋转方向要正确，只能使磨屑向下飞离砂轮。

② 砂轮机启动后，应在砂轮旋转平稳后再进行磨削，若砂轮 跳动明显，应及时停机修整。

③ 砂轮机托架和砂轮之间的距离应保持在 3mm 以内，以防工件扎人，造成事故。

④ 磨削时应站在砂轮机的侧面，且用力不宜过大。

4）钻床　用来对工件进行各类圆孔的加工，有台式钻床、立式钻床和摇臂钻床等。

（2）钳工的工作场地

钳工的工作场地是指钳工的固定工作地点。主要有以下几点要求：

1）合理布置主要设备

① 钳工工作台应安放在光线适宜、工作方便的地方，钳工工作台之间的距离应适当，面对面放置的钳工工作台还应在中间装安全网。

② 砂轮机、钻床应安装在场地的边缘，尤其是砂轮机一定要安装在安全、可靠的地方。

2）毛坯和工件要分放

毛坯和工件要分别摆放整齐，工件尽量放在搁架上，以免磕碰。

3）合理摆放工、夹、量具

合理摆放工、夹、量具，常用工、夹、量具应放在工作位置附近，便于随时取用，工具、量具用后应及时保养并放回原处存放。

4）工作场地应保持整洁

每个工作日下班后应按要求对设备进行清理、润滑，并把工作场地打扫干净。

（3）安全文明生产常识

遵守劳动纪律，执行安全操作规程，严格按工艺要求操作是保证产品质量的重要前提，安全为了生产，生产必须安全，安全、文明生产的一般常识有：

1）工作前按要求穿戴好防护用品。

2）不准擅自使用不熟悉的机床、工具、量具。

3）毛坯、半成品应按规定摆放整齐，并随时清除油污、异物等。

4）不得用手直接拉、擦切屑。

5）工具、夹具、量具应放在指定地点，严禁乱堆乱放。

6）工作中一定要严格遵守钳工安全操作规程。

2. 机械加工工艺规程

（1）工艺过程

用机械加工方法，按一定顺序逐步地改变毛坯或原材料的形状、尺寸和材料性能，使之成为合格零件所进行的全部过程，称为机械加工工艺过程。机械加工工艺过程由一系列工序组成，每一个工序又可分为若干个安装、工位、工步或走刀，毛坯依次通过这些工序变为成品。

（2）机械加工的经济精度

加工经济精度是指在正常加工条件下，采用符合质量标准的设备、工装和标准技术等级的工人，不延长加工时间所能保证的加工精度。各种加工方法的经济精度，是确定机械加工工艺过程时，选择经济上合理的工艺方案，满足工艺过程优质、高产、低消耗原则的主要依据。在机械加工过程中，影响加工精度的因素很多。同一种加工方法，随着加工条件的改变，精度也会有不同。

3. 台式钻床

（1）安全操作

1）使用台钻前，必须详细参阅使用说明书，熟悉台钻的结构，各手柄功能，传动和润滑系统。

2）操作人员使用台钻时不准穿背心、穿拖鞋、穿西装短裤，留长发者须盘入工作帽里面，不准穿裙子、高跟鞋，应戴好防目镜

3）不要在酒后或疲劳状态下操作台钻。

4）为避免机床损坏，最好使用符合该机床安装尺寸要求内的刀具、钻头，不要进行超过最大切削能力的工作，避免机床超负荷工作。

5）操作前检查工作台上有无杂物，以防止损伤钻台或造成损害事故。

6）开机前检查主轴箱是否夹紧在立柱上，以及主轴套筒的升降和电气设备情况是否正常。

7）开机前应检查安全防护装置是否齐全牢固，低速运行3～5min，确认系统正常后方可工作

8）钻床的平台要紧固住，工件要夹紧。钻小件时，应用专用工具夹持，防止被加工件带起旋转，严禁用手拿着或按着钻孔。

9）清除铁屑严禁用嘴吹，要用刷子及其他专用工具，必须在机器完全停机的状态下进行。

10）钻头上严禁缠绕有长铁屑，应经常停车清除，以免伤人。

11）不准在旋转道具的情况下翻转、卡压或测量工件，手不准触摸旋转的刀具。

12）应注意钻削时不要切入工作台面，钻头应对准工作台的空槽或架高以避开工作台面。

13）机床在加工过程中如有不正常声响时，应立即停机，并检查原因，严禁猛拉电源插头。

14）在调整转速时必须切断电源。

15）如遇故障需作检查，检查前应关机，并切断电源，不能解决时即报设备调度，工作完毕后及时切断电源，清理现场。

16）不要让机床在无人情况下运转，一定要在设备关机停止运转后方能离开。

（2）钻头更换及工作台调整

1）更换刀具及调整皮带一定要切断电源。

2）夹紧钻头应用钻夹头钥匙，不得用锤敲打。

3）更换钻头时，旋转钻夹头外壳使颚片有足够的张开度，把钻头塞入钻夹头，并使钻头处于中心位置。然后用钻夹头钥匙顺时针方向旋紧，使钻头被夹紧在钻夹头内。同理，用钻夹头钥匙逆时针方向旋松钻夹头，可以卸下钻头。

4）松开支架夹紧手柄，用升降手柄摇动使工作台移至所需的位置，即可实现工作台的升降。升降完成后必须夹紧支架夹紧手柄。

5）松开工作台方头螺钉和螺母，即可旋转工作台至所需位置。旋转完成后，必须扭紧方头螺钉和螺母。

（3）安全检修

台式钻床的修程

台式钻床的修程分为日常保养、季检、年检

日常保养：

① 作业完毕清扫台式钻床各部位研磨屑。

② 清扫台式钻床外壳灰尘和污物。

③ 对工作台面和立柱进行润滑保养。

4. 除尘式砂轮机

安全操作：

（1）操作者必须熟悉本机的结构和性能，严格遵守有关安全注意事项。

（2）工作前要认真检查砂轮安装是否正确牢固，有无裂纹或缺损，安全防护罩是否符合规定。

（3）开机时应先打开电源总开关，再打开砂轮机开关。

（4）开机后待砂轮转速正常后才能使用，磨工件时应缓慢接近砂轮，不准用力过猛或撞击砂轮。

（5）磨工件时，操作者身体不应正对砂轮，应侧对砂轮，密切注意砂轮机的声响、运转、振动等情况，如有异常现象，应立即停车处理，不准两人同时在同一块砂轮上磨工件。

（6）禁止磨削紫铜、铅、木头等东西，以防砂轮嵌塞。

（7）工作时必须戴防护眼镜，防止伤害眼睛。

（8）砂轮机使用完毕后，应关闭砂轮机开关，再关闭总电源开关。

（9）遇到突然停电情况，应注意关闭砂轮机开关和总电源开关后才能离开。

（10）砂轮不圆、过薄或因磨损过多时，应更换新砂轮。

（11）要换砂轮时，应注意轮孔与轴径必须相符，避免强行安装，换装好的砂轮必须空试后，再试磨，才能正式使用。

（12）砂轮机要保持清洁，不得沾有油污，不准磨软金属或非金属。

（13）吸尘机必须完好有效，如发现故障，应及时修复，停止磨刀。

（14）砂轮机应定期检查清扫，做好保养工作，达到整齐、清洁、安全。

5.3　现场作业的安全标准化

安全生产标准化的定义是指通过建立安全生产责任制，制定安全管理制度和操作规程，排查治理隐患和监控重大危险源，建立预防机制，规范生产行为，使各生产环节符合有关安全生产法律法规和标准规范的要求，人、机、物、环处于良好的生产状态，并持续改进，不断加强企业安全生产规范化建设。

通过创建安全生产标准化，对危险有害因素进行系统的识别、评估，制订相应的防范措施，使隐患排查工作制度化、规范化和常态化，切实改变运动式的工作方法，对危险源做到可防可控，提高了企业的安全管理水平。

1. 主要工作内容

组织工班对分中心的设备操作规程、检修规程和作业指导书等文本进行培训学习。结合前期对规章文本的学习，再次组织人员对文本梳理，核对各设备操作规程和检修规程及作业指导书相关内容，同时对设备各修程的检修记录台账相应内容进行核实完善。根据设备到货情况，组织生产厂家对工班人员进行技术培训，组织工班对设备进行查线核图，熟悉设备技术性能和构造。

制定分中心生产上主要工作事项和重点设备作业工作流程。通过制作完善流程图，明确各项工作任务名称、具体步骤、责任主体、工作内容、办理时限和协调配合等，并对重点环节中的有关规定或要求进行提示，任务责任明确到人，防范工作随意性和人为失误，做到有始有终、衔接紧密、过程清晰。

编制重点设备的操作和保养检修一次作业标准化的图视化作业指导书。

组织摄制重点设备的操作和保养检修一次作业标准化视频。

组织技术人员加强作业标准现场工艺写实、加强检查指导。

修订完善分中心专业管理规章文本。

2. 工程车队现场作业安全标准

（1）工程车司机报修故障时，应明确以下内容：

1）故障/异常部位、现象、出现时间；

2）报修人、机车车辆停放位置。

（2）整备作业：

1）原则上司机、调车员（车长）同时整备一台机车

（30min）：司机负责检查车体上部，车长／调车员检查车体下部。

2）机车整备作业前，调车员/车长向乘务值班员报告整备作业，司机上车前，对铁鞋、手闸、禁动标志等情况进行环绕巡视一遍，按《机车整备及动车条件确认表》——确认；如机车有防溜时，司机上车确认停车制动施加或手闸拉紧后，通知调车员/车长撤除防溜，司机再下车确认防溜撤除。

3）整备作业完毕，司机及调车员/车长按《工程车司机整备作业确认表》进行确认并签名，调车员/车长与信号楼联系出库。

（3）连挂车辆前，调车员必须对所挂车辆全面检查，确认车辆无技术作业，无禁动牌，作好防溜后方可指挥连挂、试拉。连挂车辆后进行制动性能试验，发现车辆制动机故障时，及时报告车厂调度，按其指示办理（司机可根据急缓情况向车厂调度建议换车或报修）。

（4）动车前：

1）认真执行"五确认"（凭证、信号、道岔、制动、防溜），严格执行调度命令（调车作业计划）的内容，遇调度命令（调车作业计划）不理解、不明白，必须在动车前询问清楚。

2）司机必须环视确认机车、车辆周边无人员，并在动车后空挡惰行（不少于10m），确认全部车辆启动后方可缓慢加速。

3）在装卸货物后动车前，调车员/车长必须认真检查是否有侵限物，机车、车辆连挂状态，确认符合动车条件后再行动车。

（5）运行中：

1）机车动车时，靠司机位置的第一个车窗必须打开，监听有无异响等异常情况，发现异常及时停车。车厂内作业，高温天气时，动车监听无异常后，可关窗（但要留至少5cm的缝隙监听）；非高温天气，必须保持该窗常开状态。正线作业时，动车行走100m以上，监听无异常后，可关窗。

2）司机在驾驶时应集中精力，不间断瞭望前方线路，确认各种行车信号，严格按规定速度、行车标志运行，谨慎驾驶，严禁超速、臆测运行、盲目操纵。

3）没有信号不准动车，信号不清立即停车。遇危及行车安全时，应立即果断采取停车措施。

4）司机与调车员/车长、乘务员与乘务值班员等行车岗位，必须严格执行呼唤应答标准用语及程序。呼唤应答时必须采用普通话，涉及阿拉伯数字联系时规范如下：洞（0）、腰（1）、俩（2）、叁（3）、肆（4）、伍（5）、陆（6）、拐（7）、捌（8）、玖（9）。呼唤时须声音洪亮、吐字清晰、有呼必答。

5）行中不得停止发动机运转，正确使用制动机，严禁使用"大劈叉"制动（是指机车缓解、车辆制动）。驾驶轨道车在下坡超速应适时使用制动机，防止超速。

6）推进运行时，车长在前方引导，密切注视前方线路，准确判断速度，发现超速，必须显示减速信号。发现危及行车安全，立即显示停车信号。司机必须按车长的信号显示操纵列车。

7）遇下列情况之一时，调车员/车长必须在列车/机车前端引导，确认前方线路出清和指挥行车：

① 连挂平板车推进运行时；

② JY600机车车厂运行（含正线回厂）长端在前时；

③ 接触网作业车长端在前从正线回厂、在转换轨停车后，进入车厂运行时

（6）调车作业时，必须以地面信号和调车专用电台信号显示为主，手信号为辅。调车员显示信号时，司机电台回示。推进运行距停车地点三、二、一车距离时，必须显示三、二、一车距离信号；连挂时，必须显示连挂信号。未显示连挂信号或未报距离时禁止连挂。

（7）摘车时，须按"一关前（关机车端折角塞门），二关后（关车辆端折角塞门），三摘风管，四提钩"的程序进行。

（8）出厂：

1）车长到派班室领取行调命令，核对命令内容与当晚作业

计划是否一致，检查命令内容、命令号码、行调代码、发令日期、行车专用章、派班员签章/签名正确合理，有疑问立即向派班员报告。

2）车长接收命令后，向本机班内人员一一传达，并确认掌握命令内容。

出厂时，统一在发车地点上车，运行途中禁止上车（进入作业地点前）；发车前车长向施工负责人确认可以动车后指挥动车。

3）在出厂信号机 Szc、Szr 信号机前一度停车，确认出厂信号开放后方可出厂。特殊情况按《车厂运作手册》相关规定执行。

（9）入厂：

1）在入厂信号机 Sc、Sr 信号机前一度停车，确认信号开放后方可入厂。特殊情况按《车厂运作手册》相关规定执行。

2）挂有电客车、3 个或 3 个以上平板车、雨天等特殊情况回厂，车长可提前联系车厂信号楼建议提前 10min 开放入厂信号；得到信号楼同意和相应的入厂信号已开放的通知后，并现场确认开放正确后，可不再一度停车，防止爬不上坡。

6 运营应急救援管理

6.1 运营应急管理体系

6.1.1 应急救援体系建设

1. 应急救援体系的主要应急机制

应急救援活动一般划分为应急准备、初级反应、扩大反应和应急恢复四个阶段。应急机制与这些应急活动密切相关。应急机制主要由统一指挥、分级响应、属地为主和公众动员四个基本机制组成。

（1）统一指挥是应急活动最基本的原则。应急指挥一般可分为集中指挥与现场指挥或场内指挥和场外指挥几种形式，但无论采用哪种指挥系统都必须实行统一指挥模式，无论应急救援活动涉及单位级别高低或隶属关系如何，都必须在救援指挥中心的统一组织协调下开展相关工作，使各参与单位既能充分发挥自己的作用，又能相互配合，提高整体效能。

（2）分级响应是指在初级响应到扩大应急的过程中实行分级响应的机制。扩大或提高应急响应级别的主要依据是：事故灾难的危险程度，事故灾难的影响范围，事故灾难的控制事态能力。而事故灾难的控制事态能力是"升级"的最基本条件，扩大应急救援主要是提高指挥级别，扩大应急范围等。

（3）属地为主是强调"第一反应"的思想和以现场应急为现场指挥的原则，即强化属地部门在应急救援体制管理工作中的主导作用，以提高应急救援工作的时效。

（4）公众动员机制是应急机制的基础，也是最薄弱、最难以控制的环节，即现场应急机构组织调动所能动用的资源进行应急救援工作，当事故超出本单位的处理能力时，向本单位外寻求其他社会力量支援的一种方式。

2. 应急救援体系建设的主要内容

应急救援体系建设与发展属于安全生产系统工程的一个组成部分。应急救援体系的建设应着重从以下几个方面进行：

（1）事故预防。许多事故的发生都是因生产条件发生偏差而引起的，如果能事先确认出来某些特定条件是其潜在后果，就可利用相应手段减少事故的发生，或减少事故对外界的影响，预防事故要比发生事故后再纠正容易得多。因此，城市轨道交通新线设计及旧线改造中，必须设置必要的安全装置和设施，以提高城市轨道交通运营系统安全程度。另外，事故预防工作也不可忽视操作流程、应急规程和管理策略的建立及其定期的培训和维护。

（2）应急预案的准备。主要包括：预测任何可能出现的紧急事故类型及其影响程度；制定紧急状态下的反应行动，以提高准备程度；确保系统在紧急情况下，做到准备充分和通信畅通，从而保证决策和反应过程有条不紊；保证人员进行培训和演练，定期更新应急预案和重新评价其有效性。

（3）应急救援系统的组成。应急救援从功能上讲，可由应急指挥中心、事故现场指挥中心、后勤保障中心、媒体中心和信息管理中心五个运作中心组成。要做到快速、有序、高效的处理应急事故，需要应急救援系统中相互之间的协调努力。

（4）应急培训及演练。目的主要有以下几个方面：测试应急救援预案的充分程度；测试应急培训的有效性和队员的熟练性；测试现有应急装置和设备供应的充分性；确定训练的类型和频率；提高与现场外应急部门的协调能力；通过训练来识别和改正应急救援预案缺陷。

（5）应急救援行动。一个完善的应急救援体系应能在事故和灾害发生时及时调动并合理利用应急资源（包括人力资源和物质设备资源）投入救援行动事故现场，针对事故灾害的具体情况，选择适当的应急对策和行动方案，从而能及时有效的进行应急救援行动，使伤害和损失降低到最低程度和最小范围，并在最短时间内控制事故。

（6）事故的恢复与善后。当应急阶段结束后，从紧急情况恢复到正常状态需要的时间、人员、资金和正确的指挥，对恢复能力和预先估计将变得十分重要。通常情况下，重要的恢复活动包括事故现场清理、恢复期间的管理、事故调查、现场的警戒与安全、安全和应急系统的恢复、人员的救助、法律问题的解决、损失状况的评估、保险与索赔、相关数据收集、公共关系等。

6.1.2 应急救援机构

城市轨道交通企业应急救援机构应按照属地为主、分工协作、应急处置与日常建设相结合的原则建立，在应急处置过程中实现统一指挥、分级负责，科学决策，保证事故灾难信息的及时准确传递、事故快速有效处置，同时还要做到既保证常备不懈，又降低运行成本。

目前应急管理体系、机构设置，主要有以下几类：

1. 层级型

有地铁运营企业主要负责人为总负责，组建公司、部门两级应急系统。公司级主要包括企业主要负责人、分管安全生产的负责人及安全、保卫、调度、设备、信息管理、对外联络、卫生、物资保障、环保等各部负责人员；建立二级部门应急机构，并延伸至基层班组。

2. 联动型

由地铁运营企业主要负责人为总负责，将运营中发生的所有行车、设备、消防、治安等安全信息报地铁控制中心，统一指挥相关部门处置各类安全减灾及应急工作。

3. 专职型

地铁运营企业建立应急救援管理指挥专门机构和专业应急救援队伍，内设信息管理、应急管理、重大危险源管理、预案编制管理，应急培训，预案演练，救援物资管理，抢险指挥，重大危险源建档、管理，专家库管理，查处谎报、瞒报案例等工作，使应急救援工作贯穿于安全生产事故的事前预防、事中应急、事后管理中，形成安全生产应急救援工作的一条较完整的工作链和工作体制、机制。

6.1.3　应急预案

1. 应急预案的作用

应急救援预案是应急救援准备工作的核心内容。应急预案又称应急计划，是针对可能的重大事故或灾难，为保证迅速、有序、有效地开展应急救援行动而预先制定的有关计划或方案。它是在辨识和评估潜在的重大危险、事故类型、发生的可能性及发生过程、事故后果及影响程度的基础上，为应急机构、人员、技术、装备、设施、行动方案以及救援行动的指挥与协调方面预先做出的具体安排，它明确了在突发事件发生之前、发生过程中以及刚结束之后，谁负责做什么、何时做以及相应的策略和资源准备等。

应急预案在应急管理中的重要作用和地位主要体现在以下几个方面：

（1）明确了应急救援的范围和体系，使应急准备和应急管理，尤其是培训和演习工作的开展有据可依、有章可循。

（2）有利于及时做出应急响应，降低事故危险程度。

（3）成为各类突发事故的应急基础。通过编写基本应急预案，可保证应急预案具有足够的灵活性，对那些事先无法预料到的突发事故或事件，也可以起到基本的应急指导作用；针对特定危害编制专项应急预案，有针对性的制定应急措施，进行专项应急准备和演习。

（4）当发生超过应急能力的重大事故时，便于与上级部门协调。

（5）有利于提高各级人员的风险防范意识。

2. 应急预案的层次和文件体系

（1）应急预案的层次

城市轨道交通系统中可能发生的事故是多种多样的,对应急预案合理的划分层次,是将各种类型应急预案有机结合在一起的有效方法。

城市轨道交通事故灾害大致分为安全事故、自然灾害、人为突发事件 3 类。针对每一类灾害的具体措施千差万别,但其导致的后果和产生的影响却是大同小异。这就意味着可以通过制定一个基本的应急模式,由一个综合的标准化应急体系有效的应对不同类型危险所造成的共性影响。

城市轨道交通系统应急救援体系的总目标是控制事态发展、保障生命财产安全、恢复正常运营。可以针对不同事故的特点,如爆发速度、持续时间、范围和强度等,制定具有较强针对性的专项应急预案。为了保证各种类型预案之间的整体协调和层次清晰,实现共性与个性、通用性与专业性的结合,宜采用分层次的综合应急预案。从保证预案文件体系的层次清晰及开放性角度考虑,可划分为三个层次,即综合预案、专项预案和现场预案。

(2)应急预案的文件体系

从广义上来说,应急预案是一个由各级预案构成的文件体系,它不仅是应急预案本身,也包括针对某个特定的应急任务或功能所制定的工作程序等。一个完整应急预案的文件体系应包括预案、程序、指导书和记录,是一个四级文件体系。

6.2 应急救援目的与响应处理

应急救援管理目的是为了预防和减少突发事件的发生,控制、减轻和消除突发事件可能引起的严重危害,保证及时、有序、高效、妥善地处置地铁车辆专业有关的突发事件,规定车辆突发事件应对活动,保护人员、设备设施安全和财产安全,维护地铁运作安全,尽快恢复运营,坚持"先通后复"的原则完成抢险,规定了处理突发事件的组织原则和基本程序。

1. 应急救援响应条件如下：

（1）发生地震、台风、特大汛情等自然灾害事件，造成部分线路中断行车的；

（2）车辆发生颠覆、侧翻、冲出高架线路或列车相撞事件；

（3）地铁范围内发生毒气、爆炸、恐怖袭击等社会安全事件；

（4）正线发生车辆脱轨事件；

（5）车辆中心管辖列车发生火灾；

（6）一条晚点或中断（上、下行正线之一）正线行车 30min 以上事件；

（7）车辆中心管辖库房、办公区域发生火灾；

（8）电动机与车轴抱死不能动车，或车辆段发生车辆脱轨、挤岔事件；

（9）外部环境突发事件，造成部分线路中断行车或车站关闭的；

（10）正线、车辆段发生弓网事件；

（11）车辆设备、设施、部件脱落或掉入轨行区，影响行车的。

2. 设备故障且未达到应急预案响应标准时，处理原则

（1）设备故障造成行车 2～3min 以上晚点时，由设备责任部门技术主办组长担任技术支持负责人，组织分部技术主办为故障处理提供技术支持。

（2）设备故障造成中、低峰期行车 3～5min 晚点时，由设备责任部门经理担任技术支持负责人，组织分部技术力量，协调部门内各分中心技术主办为故障处理提供技术支持。

3. 应急救援处置方法

（1）事故、事件的调查按运营公司生产安全事故调查处理相关规定执行，设备故障的调查按车辆故障调查处理相关管理办法执行。

（2）发生车辆脱轨、颠覆、侧翻、冲出高架线路、列车相撞

事件时；按突发事件总体应急预案处理。

（3）发生弓网事件时按接触网事件应急处理程序处理。

（4）发生地震、台风、特大汛情等自然灾害事件，造成部分线路中断行车或车站关闭的。或气象台发布橙色和红色天气预警，具体分台风和雷雨大风、暴雨、高温、大雾和灰霾、冰雹和结冰、寒冷气象预警信号；按特殊气象、防洪及地震应急处理程序处理。

（5）出现传染病疫情，群体性不明原因疾病，以及其他严重影响公众健康和生命安全的卫生事件。按突发公共卫生事件专项应急预案处理。

（6）部门管辖范围内出现人员伤亡按职工伤亡事故处理规定处理。

（7）库房、办公区域发生火灾；按火灾应急处理程序处理。

（8）三大设备故障引发的事件按造成人员伤亡或财产损失的级别启动响应并按车辆三大设备应急处理程序处理。

（9）车辆救援抢险队始终按照"先通后复"的原则完成抢险，所有人员和抢险设备撤离到安全区域后，由车辆专业抢险小组组长向现场总指挥报告，现场总指挥按《运营分公司突发事件总体应急预案》要求执行应急终止指令的发布。

（10）应急处置行动结束后，应积极配合控制中心尽快组织恢复运营。

（11）按照运营时的标准检查车辆设备及各项服务设施情况，做好恢复运营准备，并及时报告相应控制中心调度。

（12）积极调查突发事件发生的经过和原因，总结应急处置工作的经验教训，制定改进措施，并落实执行。

4. 应急救援信息报告

（1）各部门 DCC 调度是平时监测和收集信息的主要归口，24h 有人值守，发生应急事件/事故时，发现者立即向事发线路调度报告。

（2）报告原则：迅速、准确、真实的原则；

（3）逐级报告的原则；部门内部、中心分管领导及协作单位并举的原则；

（4）报告事项：发生时间（月、日、时、分）；

（5）发生地点（区间、百米标和上、下行正线）；

（6）列车车次、车组号、关系人员姓名、职务；

（7）事故概况及原因；人员伤亡及设备损坏情况；人员出动情况；其他必须说明的内容及要求。

5. 突发事件信息汇报流程

突发事件信息汇报流程，如图6.2-1。

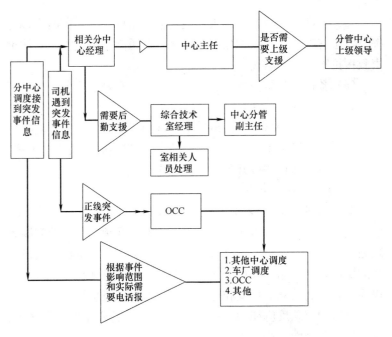

图6.2-1　突发事件信息汇报流程

6. 救援队响应应急要求

（1）突发事件发生需要出动应急救援队时，当班生产调度按公司汽车使用管理流程紧急提出汽车使用需求，后勤服务中心按要求派遣运载救援人员汽车和应急设备汽车司机，10min 内到达集结地点。各部门生产调度 10min 内完成应急救援队员集结并出发。

（2）各部门救援抢险队接到应急抢险指令后，原则上 30min 内到达事故现场，抢险队员到达事故现场后向各部门专业现场抢险小组组长报到，如遇各部门专业现场抢险小组组长未到现场时，直接向事故处理主任或现场总指挥报到。

（3）各部门专业现场抢险小组组长到达事故现场后需第一时间向现场总指挥（或事故处理主任）报告抢险队名称、人数及设备到达情况。

（4）各部门专业抢险小组在现场应急指挥部总指挥的直接指挥下，由各部门负责人担任现场车辆专业抢险小组组长，具体负责救援抢险物资、救援抢险队伍的调动和落实。

（5）救援抢险队由维修、通号、客运、车辆、票务、调度等部门救援队组成。

（6）车辆救援抢险队由事发责任部门、车间经理担任救援抢险队队长，工班员工组成队员，事故/事件发生时，按相应事故/事件的应急处理程序展开救援抢险工作。

7. 应急预案的演练

应急预案演练是检验、评价和保持应急能力的一个重要手段。其作用体现在：可在事故真正发生前发现预案存在的问题和缺陷，发现应急资源的不足，从而改善应急部门、机构和人员之间的协调，增强相关人员应对突发事故救援的信心和应急意识，提高应急人员的熟练程度和应急能力，增强各级预案之间的协调性和整体的应急反应能力。应急预案演练一般可分为桌面演练、功能演练和全面演练。

演练结束后应对演练的效果给出评价，并提交演练报告，详细说明演练中存在的问题，按照对应急救援工作的影响程度，可以将演练中发现的问题分为改进项、不足项、整改项。其目的是通过演练及时发现问题，并进行改进完善，避免因预案不完善而导致事故的扩大化，从而确保预案的高效性。

分管部门定期组织本部门人员，按照运营专项预案，制订演练计划及演练方案，每月组织开展一次专项演练，通过演练不断完善预案的内容，提高员工的应急知识和技能。

开展各类应急演练时，参演部门经理必须到场，并在演练结束后对演练存在的问题进行点评、总结。

7 典型案例分析

7.1 行车典型事故案例分析及介绍

引发地铁事故的因素可以分为 3 种：人为因素、设备因素和天气因素。

人为因素又可以分为以下几种情况：

（1）违章作业；

（2）业务不精；

（3）判断失误；

（4）身体因素；

（5）地外人员对地铁设备不了解；

（6）人群密集、客流量大；

（7）故意破坏、恐怖袭击。

设备因素可以分为以下几种情况：

（1）设备故障；

（2）新设备状态不稳定；

（3）设备潜在的安全隐患。

天气因素又可以分为以下几种情况：

（1）风、雨、雷、电、雾的影响；

（2）气温和湿度的影响。

1. 某站下行压道通勤列车越站事件分析。

（1）事件经过

2017/年 1 月/8 日早上 05：19，驾驶司机林某，盯控司机曾某值乘 11403 次 01151 车在 A 终点站折返线 1 道停稳换端完毕后，确认信号开放道岔位置正确后，以 ATPM-CBTC 模式动车进行压道作业。

05：20 司机以 ATPM-CBTC 模式通过 A 站下行站台，未进行开关门作业。

05：21 行调呼叫司机：A 站没有停站担任通勤作业。此时司机在区间拉停列车并与行调进行联系。

司机回复行调：未确认时刻表。

行调指示司机运行至 B 站下行后续各站按时刻表担任通勤任务。

05：23 司机驾驶列车到达 B 站下行后按时刻表开出。

（2）事件调查

1）新版试运营 108 号时刻表（20161221）已进行过车队全员学习，但当值司机还未值乘过此趟特殊交路。

2）当值司机班前未做好行车预想，在动车前未认真核对时刻表及交路，误认为该次列车只为压道车。

3）该次列车比照时刻表早发 4min。

4）林某取得上岗证的时间为 2016 年 1 月 31 日；曾某取得上岗证的时间为 2016 年 4 月 30 日。

（3）事件分析

1）司机早班交路预想不到位，临时变换交路未引起重视；

2）司机对 108 运营时刻表学习不到位；

3）当班派班员未能对交路变化的机班进行提醒；

4）司机接车前、动车前未认真核对时刻表发点，未按要求在司机日志上记录该车次发车时间、始发站、终点站；

5）当值机班为双司机值乘，盯控司机未能够及时发现并制止，未做到互控到位；

（4）整改措施

1）各车队长严格限制换交路的次数；

2）出勤前、后派班员及两端轮值对特殊作业提高警惕和重视，提醒当值司机注意事项做好行车预想；

3）派班员出勤时加强监控和提醒；

4）值乘特殊交路时交班司机应及时提醒接车司机关键点及注意事项，做好互控工作；

5）双人机班在值乘工作中应严格执行标准化作业，一人驾驶、一人盯控，发现异常时应及时提醒并制止，做好互控工作。

6）司机在接车前、动车前必须认真核对时刻表，并在司机日志上记录该车次发车时间及始发站、终到站。

2. 关于"2、17"0110车未与洗车房联控误进洗车线事件。

（1）事件概况

2017年2月17日下午15：06，司机褚某值乘0110车在14A凭信号楼指令以RM模式动车。

15：10司机运行至牵37停稳并换端完毕报信号楼。

15：12司机凭信号楼指令运行至牵39停稳换端完毕并报信号楼。

15：13司机800M听到洗车房与信号楼联控"0110车洗车进路好可以进行洗车"。

15：15司机凭信号楼指令确认D16信号机白灯、道岔开通正确，以RM模式运行至洗38预备位停车标前一度停车。

15：17司机将慢行开关打至"合"位，未与洗车房联控就鸣笛动车。

15：20司机运行至P2信号机前3m处发现洗车机没有动作，直接拉停列车。

15：21洗车房工作人员呼叫司机"为什么没有联控就进入洗车线路"，司机回复"刚刚800M听到洗车房与信号楼联控0110车洗车进路准备好可以进行洗车"。

15：27信号楼指示司机运行至牵37重新排列进路进行洗车，后续添乘人员（任光涛）在牵39上车重新进行洗车，完成洗车作业。

（2）事件调查

1）当事司机褚某当时精神状态正常，前期已进行过洗车机培训，但司机反馈已经很久没有洗车实操，对洗车作业流程不熟悉，进入洗车线洗车前没有与洗车房联控。

2）当事司机洗车作业期间没有严格执行标准化作业，没有确认洗车信号机 P1 开放。

3）司机对命令主体不明确，听到洗车房与信号楼的联控，臆测行车。

4）洗车作业没有一人驾驶、一人添乘盯控。

（3）事件分析

1）司机洗车作业不熟练，未严格执行标准化作业；

2）对洗车作业行车凭证概念模糊，未确认调车信号跟洗车信号同时开放，未执行联控制度，动车进入洗车线。

3）厂内作业班表排列两个调车班，当班车队东站轮值伍剑锋临时抽调中调 2 正线协助，安排混乱，未严格按排班表执行，造成无人添乘洗车作业。

4）洗车作业要求一人驾驶一人添乘，当事司机无人添乘作业未主动汇报当值队长，当值厂派作业人数不满足也未通报当值队长。

（4）整改措施

1）乘务一分中心将该事件进行全面分析并组织全员学习。

2）司机须加强《电客车司机手册》学习，熟悉各种作业流程，乘务分中心对司机全员进行洗车作业培训及实操评估。

3）司机须加强对各种行车凭证的学习，动车前确认"五要素"满足。

4）加强标准化作业检查力度，对未按规定执行人员从严考核。

5）班表人员不得随意变动，必须满足生产人数要求。

3．某地铁火灾事故。

（1）事故经过

2003 年某日上午 9 时 50 分，在某地铁 1 号线上，1079 号列车正朝着市中心的中央路站飞驰，当地铁列车徐徐开进中央路站的时候，2号车厢里有位身穿深蓝色运动装的汉子突然从自己的背包里拿出一个像是牛奶罐的东西，可是，他不是在喝奶而是拿打火机在罐口上点火。坐在身边的朴某等人以为他在玩打火机，于是劝他不要在车厢内玩火。可是，"咔嚓"、"咔嚓"，这位玩火者的动作还在继续。朴某等觉得这个人有点儿不对头，赶紧冲上去和他展开搏斗。在搏斗过程中，满罐的汽油洒在了这位"神秘"人身上和车厢座位上，打火机点燃了汽油，瞬间车厢变成了火海。

（2）事故分析

该地铁的火灾虽然是有人故意纵火而造成的，但是出现如此大的伤亡却是人们所没有预料到的，因为从事故现场站台到地铁地面出步行只需两分钟。之所以出现如此大的伤亡，分析有以下主要原因：

1）该地铁的车站内虽然安装了火灾自动报警装置、自动淋水灭火装置、除烟设备和紧急照明灯，但是这些安全装置在对付严重火灾时仍明显不足，尤其是自动淋水灭火装置，由于车厢上方是高压线，为了防止触电，车厢内均没有安装这种装置，因此，地铁发生大火时，不可能尽早扑救，车站断电后，车站一片漆黑，紧急照明灯和出口引导灯均没有闪亮。

2）车厢内的座椅、地板和墙壁虽然都是耐燃材料，但经受不住过于猛烈的火焰，玻璃纤维和硬化塑料在遇到火焰和高温后起褶，而这些材料一旦燃烧起来，大多会释放出有毒烟雾，这些烟雾在火灾之后几分钟内，导致现场人员窒息和救援人员难以迅速接近现场。

3）加重此次火灾伤亡的另外一点是：地下设施根本没有发生火灾时强行抽出烟尘的空调设施，以致事故发生后3～4h后，救援人员还只能束手无策，由于地铁没有排烟设备，现场弥漫着大量烟雾和有毒气体，因此，最初的救援行动严重受阻。

4）在此次火灾事故中，由于地铁公司消极应对，在不知火灾事实的情况下，站的中央控制室没有及时阻止另一辆列车进入车站，造成无辜的连累，致伤亡人员增加。

4. 2004 年 10 月 8 日某市地铁某车厂电客车 101 进入无电区事件。

（1）事件经过

2004 年 10 月 8 日下午 15：20，车厂调度员根据车辆部 SME 提交的电客车 101 从 16 道转到洗车线的转轨申请，编制调车作业计划，安排 101 车从 16 道→牵 23 道→4A→22 道等。

15：30 车厂调度将计划布置给信号楼值班员和司机。

16：35，电客车司机驾驶 101 车进入 4 道 A 段，在 B 节车刚进入运用库 4A 时，突然发现接触网断电，列车受电弓落下，司机立即停车，并报告车厂调度员。车厂调度员接到司机的报告后，立即前往现场进行检查，未发现异状，便立即与电调联系，并将事情向车厂组长及乘务室主任汇报。

17：40，经供电人员检查，发现 4 道隔离开关处在断开位，电客车从有电区进入无电区，导致接触网跳闸。

19：30，车厂调度员安排工程机车牵引 101 车回到运用库 15 道。

（2）原因分析

1）内部原因

① 车厂调度员工作经验不足，工作责任心不强，安全意识不牢，未能充分认识到目前工程阶段车厂运作的复杂性、艰巨性。

② 车厂调度员在未能清楚了解 4A 股道没有送电的情况下，编制计划，利用该股道将 101 车转轨进入洗车线，将列车放进无电区。

2）外部原因

① 临时供电调度所一直没有给车厂调度书面的车辆段内送电情况，而且没有严格执行在 9 月 6 日达成的《车厂停送电施工作业流程协调会会议纪要》（地铁运营纪 ［2004］ 第 55 号文件）的要求，将接触网的停、送电情况及时通知车厂调度员，因此，

车厂调度员未能及时掌握车辆段内接触网停送电的实时状态。而根据《某市地铁一期工程接触网送电通告》（第二号）文件规定："自接触网绝缘测试起（自 2004 年 4 月 25 日 08 时 00 分起），接触网视为带电。"所以，车厂调度将该股道认为有电，这也是此次事件发生的间接原因。

② 车厂线路股道接触网有电和无电的标识不明，司机不能清楚瞭望到该线路接触网是否有电，隔离开关断开无明显标识。

③ 由于各种原因，部分车厂调度、信号楼值班员、外勤值班员到位较晚，迫使目前车厂三个岗位都实行三班倒，而作业又较多，人员再培训时间较少。

（3）整改措施

1）要求电调严格按照有关规定及时将停送电情况通知车厂调度员，另一方面要求车厂调度要及时主动与电调沟通确保能掌握车辆段内接触网停送电情况。

2）积极与物资部联系，加快"车厂线路运用情况示意板"的制作进度，在该示意板未投入使用前，在车厂调度员及信号楼值班员处设置股道运用情况及接触网状态揭示表，及时记录股道运用情况及接触网停送电情况，并加强车厂调度员与信号楼值班员的作业联控和安全互控，规定信号楼值班员接到车厂调度员的电客车调车或转线计划后，必须核对电客车所经线路的接触网是否有电，并及时提醒车厂调度员。

3）根据公司设备部等部门的建议，拟在车厂调度室里申请设置车厂线路电子模板示意图，加强现场情况标识功能，增强工作环境设施的提醒作用。

4）进一步理顺内部作业联控关系，车务部各室要以此事为契机，举一反三，比照本室、本岗位的工作，排查安全隐患，针对关键环节、关键部位，制定防控措施，以保三权移交后我部生产的安全、稳定。

5）进一步理顺与外部门的接口问题，特别是车厂调度与SME、与电调、与施工单位等部门接口的一些工作流程需进一步协调和磋商，加强信息沟通，互通互报，相互提醒，加强联控，防止再次事件的发生。

6) 立即将此事在部内各室进行广泛宣传，进一步加强员工的安全意识教育，引导大家对行车作业的各种可能性进行充分预想和估计，倡导"多问一句、多走一步、多看一眼"的"三多"经验做法，提高每一位员工的安全意识。

5. 2004 年 12 月 11 日某地铁 K105 车车厂挤岔。

(1) 事件经过

2004 年 12 月 11 日 22：10 分，车厂调度员根据转轨需求，编制 K105 电客车由"10A 一牵 23—15"的调车作业计划。当值司机和学习司机 3 个人接到计划后，即时上车检查整备。22：36 分，司机整备完毕，学习司机随即启动列车出库，正好当时列车左侧车门关门灯不亮，车门旁路关闭，3 人就一边讨论车门故障问题，一边开车，都没有确认库门 D39 信号机，就盲目动车，运行中也没有确认道岔位置是否正确，致使列车闯过 26 号、25 号、23 号道岔，信号楼值班员发现列车闯过 26 号道岔后，马上呼叫司机停车。当时为 22：40 分。厂调听到信号楼电台呼叫的，立即赶到现场，发现 K105 车停在 22～26 道岔区段，于是立即通知信号楼对相关进路进行封锁。车厂调度对现场实地察看后，发现 23 号、26 号道岔被挤，于是立即把事件经过及现场情况向组、室相关领导做了简单汇报后，和外勤值班员一起在列车前后设置防护信号。事件发生后，23：25 分通知维修工程部工建、通号部门等相关部门来处理。23：30 分，维修工程部工建、通号人员到达现场，厂调与工建、通号人员协商救援方案。具体方案：首先由通号部门把道岔动作杆拆下，然后，由工建部门将道岔扳至所需位置，用钩锁器固定。经工建部门确认后，1：15 分，列车动车缓慢向前移出，1：45 分线路出清。现场出清后，车厂调度安排好当晚的作业，保证正常的生产秩序，同时，亦把存放在 7 道、8 道、12 道的 3 部列车转线至其他线路，直至凌晨 3：30，整个事件处理完毕。

（2）原因分析

1）机班 3 人没有认真执行标准化作业程序，没有确认 D39 信号机的显示状态，在该信号机显示关闭信号（蓝灯）的情况下盲目动车，违反了《电客车司机手册》的第 9.11.3 条关于"电客车调车作业必须得到信号楼的允许，确认信号开放后才能动车"的规定。

2）动车前，司机没有认真执行与信号楼值班员的联控制度，在没有取得信号楼值班员允许的情况下，擅自动车，违反了《车厂运作手册》第 9、7、15 条关于"司机与信号楼值班员必须执行呼唤应答联控制度"的规定。

3）当值运用值班队长没有按规定安排带教师傅跟车现场监控，致使 3 人在作业中，疏于监管，严重违反师徒带教规定。

4）车厂调度疏忽了事故信息通报程序，事件发生后，忙于现场处理，没有及时报告行调。

5）电客车司机行车安全意识薄弱，工作责任心不强，工作经验不足，工作未能充分认识行车工作的重要性和复杂性，动车时，仍在讨论车门故障问题。

（3）整改措施

1）乘务室立即组织排查乘务员对应知应会的掌握情况，对掌握行车规章薄弱者，立即脱产培训，务必全员通过。

2）进一步加强安全检查制度落实情况，对关键人、关键岗以及薄弱环节，加强添乘、巡查力度，对违反"两纪一化"者，严肃处理，立即进行考核或通报。

3）加强对运用值班队长管理教育，发挥其工作能动性，科学合理安排人员配班问题，做到机班强弱搭配、新老搭配，提高安全保障。

4）加强行车人员有关信息汇报培训，对于突发安全事件，应充分认识到信息通报的及时性和重要性，并切实落实到今后的工作当中。

5）补充安全提醒警示标志，在各关键环节、岗位张贴，提高员工安全意识。

6）部内各室立即以此事为鉴，深入开展以"居安思危、惜今思进"为主题的"两思"教育，充分认识到行车工作的重要性和复杂性，进一步提高行车人员安全意识，强化工作责任心，全力以赴确保行车安全。

6. 2016 年 6 月 25 日 1902 次司机切车门失误事件。

（1）事件经过

6 月 25 日 7：42 司机何某/李某值乘 1902 次（115），列车运行至某站上行停妥后，TMS-MMI 显示 1154 车有车门显示红色，司机立即将故障车门记在手上，播放广播后前往切除车门，由于故障车门为 1154 车 6/8 门，司机误判为 13/15 门，到达故障点，司机未能找到故障车门。此时行调通过 800M 询问情况，司机报未找到故障车门。行调告知司机返回司机室，司机返回后通过 TMS-MMI 再次确认故障车门，报行调准备再次去切门，此时行调指令司机清客后旁路车门动车。司机清客完毕，确认站台安全后，按压 04S04 旁路车门，以 ATO 运行至会展中心存车线，后列车回厂。事件造成上行 0804 次、1504 次终到站分别延误 6′34″、3′44″。8：13 分 SME 报检查 1154 车 13/15 门正常，另发现 1154 车 6/8 门故障。

（2）事件分析

时间分析：

1）司机关门后发现车门故障并记录共用时 1′13″。

2）司机前往故障车门至返回司机室用时 2′47″。

3）汇报行调及清客用时 2′01″，其中清客用时 3′16″。

人为失误：

1）司机判断错误，将故障车门 1154 的 6/8 门记录为 13/15 门，是导致司机到达现场后未切除车门的主要原因。

2）清客过程中司机与学习司机除广播清客未积极采取其他措施。

3）司机返回司机室后没有将车门未切除的情况汇报行调

（车载录音中无相关信息）。

（3）整改措施

1）司机应掌握实用准确适合自身的记录车门的方法，要求司机直接按列车运行方向"某某"两位记录即第某节车第某个门，然后前往对应切除，另外，尝试使用卡片方法，用易看易拿的方式，解决三种车型门编号判断不一致的问题。

2）司机处理故障情况应完整准确的汇报行调，以便行调及时正确做出列车调整。

3）司机在处理故障及清客时可根据现场情况灵活应对，如广播清客不畅时，可尝试暂时关闭客室照明，示意乘客该列车退出服务或有条件的情况下派学习司机协助车站人员清客。

4）乘务室对所有新司机进行一次安全关键点的重温培训。

5）争取车辆部培训用车的兑现，使新司机熟练掌握切门技巧。

7. 2016 年 6 月 21 日 952 次列车压道作业时越过某站信号机事件。

（1）事件概况

2016 年 6 月 20 日，作业代码：1A1-20-02，作业部门：维修中心工建一分中心，作业内容：钢轨打磨车预打磨，作业区域：某某站～某某站下行。23：01 分为配合该项作业，开行钢轨打磨车一列，车次为 952/951 次，行调批准该项作业。23：02 分行调发布封锁某某站～某某站下行区间。次日 03：06 分行调批准该项作业结束，次日 03：10 分行调发布线路开通命令。次日 04：14 分行调组织打磨车时，952 车在某某站～某某站下行区间进行压道消除粉红光带作业（防护区域：某某站～某某站下行），发生司机未经行调授权越过 X2302 信号机红灯事件。

（2）事件分析

1）司机在施工结束后，线路已经开通的情况下，由于机班行车业务不熟练，遇到非正常行车时，没有按相关行车组织管理办法听从行调指令动车，在执行命令过程中遇红灯时，未向行调申请动车；司机车长在接到行调命令时未起到监督把控作用。综合上述司机业务不熟、没有执行标准化作业、司机车长监控不到位是本次事件发生的主要原因。

2）根据《运营分公司 OCC 行车调度手册》第 5、8 条调度命令发布标准的相关规定，行调在下达命令时不够明确；司机在复诵命令时，行调未审核司机复诵命令是否正确。综合上述行调没有执行标准化作业是本次事件发生的次要原因。

（3）整改措施

1）车辆中心、调度中心举一反三，重新组织全员培训《运营分公司工程车司机手册》、《运营分公司 OCC 行车调度手册》，并定期开展标准化作业检查。

2）车辆中心、调度中心按照相关考核办法对个人进行考核。

3）由调度中心牵头在相应文本增加线路开通命令需传达到司机的规定。

8. 关于 2017 年 2 月 10 号某地铁纵火案的事件分析。

（1）事件经过

2017 年 2 月 10 号晚上约 7 点 15 分，一辆由某地铁某某站开往某某站的列车，由某某站开出不久，车厢非常拥挤，一名男子忽然大叫，随后有液体泼出，突然起火，车厢内火势猛烈，冒出大量浓烟。事发后，地铁内广播提示乘客尽快撤离，怀疑纵火的男子下半身着火倒站台，附近的乘客试图协助将火拍熄。

2017 年 2 月 11 日凌晨 3 点 37 分，该地政府有关部门通过政府新闻网发布某某站纵火案最新调查进展，称警方积极调查 2 月 10 号晚上某某站发生一宗纵火案，案中共 18 人受伤。

（2）事件调查

事件初步调查由于乘客燃点危险品引起，警方在现场检获可疑液体，怀疑是助燃剂。出事时正值下班繁忙时间，车站内的乘客慌忙逃生。车站需要封闭检查。警方随后即拘捕涉嫌纵火的 60 岁张姓男子，称疑犯在送往医院途中透露自己因个人原因纵火，但由于他严重受伤，加上语无伦次，警方须等他接受治疗后落实口供，不排除他有精神问题。

初步调查显示，该男子曾有案底，受家庭问题困扰而犯案，相信事件与恐怖袭击无关，亦无证据显示事件是针对公共交通工具而发动袭击。消防调查后则初步相信，疑犯在车厢内燃点助燃剂导致至少 18 人受伤，多人严重烧伤的事故。

（3）事件分析

这起纵火事件虽然事发突然，却考验了当地的应急管理能力。

1）警方接到火警报告后 2min 内随即抵达现场，冲锋队、反恐特勤队及机动部队先后抵达。警方除了迅速拘捕涉嫌纵火的疑犯，还设立了专线呼吁目击者提供线索，并将案件交由当地重案组接手调查。

2）消防接获起火报告后 5min 内抵达，当时火已熄灭。据了解，事发后立即有乘客用紧急对讲装置报告车长，地铁职员和乘客则第一时间用灭火器将火熄灭。医疗救援队等也在数分钟内抵达站台，随即展开救援。

3）多名目击者纷纷表示，尽管事发后现场一度混乱，但秩序很快恢复。有乘客自发协助有需要的伤者，地铁职员立即作出应急措施，除了派驻大量职员在站内外戒备，还迅速安排了免费接驳巴士接送受影响的乘客，在短时间内有效疏导乘客。此外，涉事的地铁线路除了出事站不停站，其余列车服务很快恢复正常，维持每 5min 一班。

4）事发后当地区政府高度关注，地方长官凌晨前往医院探望伤者及责成各医院全力治疗。当地政府设立了跨部门援助站协助市民查询，红十字会也在短时间内设立了心理支持热线提供心理辅导。

7.2 车辆检修典型安全案例分析

7.2.1 安全事故预防

1. 事故预防的原则

事故预防应当明确事故可以预防，能把事故消除在发生之前的基本原则：

（1）"事故可以预防"的原则；

（2）"防患于未然"原则；

（3）"对于事故的可能原因必须予以根除"原则；

（4）"全面治理"原则。

2. 事故预防模式

事故预防的模式分为事后型模式和预期型模式两种。

（1）事后型形式。这是一种被动的对策，即在事故或灾难发生后进行整改，以避免同类事故再发生的一种对策。这种对策模式遵循如下步骤：事故或灾难发生→调查原因→分析主要原因→提出整改对策→实施对策→进行评价→新的对策。

（2）预期型模式。这是一种主动、积极地预防事故或灾难发生的对策。显然是现代安全管理和减灾对策的重要方法和模式。其基本的技术步骤是：提出安全或减灾目标→分析存在的问题→找出主要问题→制定实施方案→落实方案→评价→新的目标。

3. 事故的一般规律分析

事故的发生是完全具有客观规律性的。通过人们长期的研究和分析，安全专业人员已总结出了很多事故理论，如事故致因理论事故、事故模型、事故统计学规律等。事故的最基本特性就是因果性、随机性、潜伏性和可预防性。

（1）因果性。事故的因果性是指事故由相互联系的多种因素共同作用的结果，引起事故的原因是多方面的，在伤亡事故调查分析过程中，应弄清楚事故发生的因果关系，找到事故发生的主要原因，才能对症下药。

（2）随机性。事故的随机性是指事故发生的时间、地点、事故后果的严重性是偶然的。这说明事故的预防具有一定的难度。但是，事故这种随机性在一定范畴内也遵循统计规律。从事故的统计资料中可以找到事故发生的规律性。因而，事故统计分析对制定正确的预防措施有重大的意义。

（3）潜伏性。表面上事故是一种突发事件。但是事故发生之前有一段潜伏期。在事故发生前，人、机、环境系统所处的这种状态是不稳定的，也就是说系统存在着事故隐患，具有危险性。如果这时有一触发因素出现，就会导致事故的发生。在工业生产活动中，企业较长时间内未发生事故，如麻痹大意，就是忽视了事故的潜伏性，这是工业生产中的思想隐患，是应该克服的。

（4）可预防性。现代工业生产系统是人造系统，这种客观实际给预防事故提供了基本的前提。所以说，任何事故从理论和客观上讲，都是可预防的。认识这一特性，对坚定信念，防止事故发生有促进作用。因此，人类应该通过各种合理的对策和努力，从根本上消除事故发生的隐患，把工业事故的发生降低到最小限度。

4. 安全事故防范的主要措施

（1）落实安全责任、实施责任管理

建立、完善以分中心经理为第一责任人的安全生产领导组织，承担组织、领导安全生产的责任；建立各级人员的安全生产责任制度，明确各级人员的安全责任，抓责任落实、制度落实。

（2）安全教育与训练

管理与操作人员应具备安全生产的基本条件与素质；经过安全教育培训，考试合格后方可上岗作业；特种作业（电工作业，起重机械作业，电、气焊作业，登高架设作业等）人员，必须经专门培训、考试合格并取得特种作业上岗证，方可独立进行特种作业。

（3）安全检查

安全检查是发现危险源的重要途径，是消除事故隐患，防止事故伤害，改善劳动条件的重要方法。

（4）作业标准化

按科学的作业标准，规范各岗位、各工种作业人员的行为，是控制人的不安全行为，防范安全事故有效措施。

（5）生产技术与安全技术的统一

生产技术与安全技术在保证生产顺利进行、实现效益这一共同基点上是统一的，体现出"管生产必须同时管安全"的管理原则和安全生产责任制的落实。

（6）施工现场文明施工管理

施工现场文明施工管理是消除危险源，防范安全事故必不可少的内容，现场文明施工管理包括现场管理（包括现场保卫工作管理）、料具管理、环保管理、卫生管理等四项内容。

（7）正确对待事故的调查与处理

安全事故是违背人们意愿且又不希望发生的事件，一旦发生安全事故，应采取严肃、认真、科学、积极的态度，不隐瞒、不虚报，保护现场、抢救伤员，进而分析原因、制定避免发生同类事故的措施。

5. 处理事故的"四不放过原则"

（1）事故原因分析不清不放过。

（2）事故责任者和群众没有受到教育不放过。

（3）没有制订出防范措施不放过。

（4）事故责任者没有受到处理不放过。

7.2.2 典型事故案例介绍

案例一：关于 2016 年 4 月 19 日，L21 道隔离开关接地放电事件报告。

为了配合某某车受电弓检查作业，2016 年 4 月 19 日凌晨 03：17 分，操作人员、监护人员、监护工班长，未按规定进行隔离开关送电作业流程作业，在接地线为撤除情况下，合 G21 隔开开关闸刀，引起接地放电事件。事件暴露出现场 作业安全管理的漏洞，为吸取教训，举一反三，加强内部管理，防范类似事件再次发生，现将事件调查分析通报如下：

（1）事件经过

2016 年 4 月 18 日夜班，检修调度李某安排轮修四班进行 L21 道某某车受电弓检查作业，事件经过为：

01：52 检修调度开具 L21 道 G21 隔离开关断电操作票；

01：53 轮修四班王某接令；

02：10 完成 L21 道 G21 隔离开关断电；

03：04 检修人员完成某车受电弓检修作业，检修调度开具 L21 道 G21 隔离开关送电操作票；

03：05 轮修四班王某接令；对作业过程操作，监护人对作业监护只确认了送电流程表前面 4 条流程，未确认接地线、红闪灯是否撤除，直接跳过 5、6、7、8 项操作合闸作业；

03：17 检修调度李某在联合检修库 DCC 值班室听到门外发出"碰"的一声异响，立即出门查看后，经询问现场人员确认异响声音为检修人员操作 L21 道 G21 隔离开关合闸送电时，未先拆除接地线，导致 G21 隔离开关接地放电；

03：20 检修调度逐级上报，电话通知领导；

（2）事件调查

事件发生后，调查发现操作人员（王某）、监护人员（周某）、监护工班长（卢某），未按规定进行隔离开关断送电作业，根据《第 13 周周例会会议纪要》第 2.18 规定："各班人员要明确隔离开关操作流程，每完成一个步骤就必须做好对应记录。各班长负责亲自监护本班人员操作，分中心安全主办黄某负责抽查各班的操作流程"。但是现场实际操作时，现场人员在未按步骤确认 L21 道接地棒、接地线、红闪灯的情况下，跨步骤操作了 G21 隔离开关合闸，导致 G21 隔离开关接地放电事件。

（3）原因分析

1）操作人员未严格按照隔离开关操作程序违章操作，监护人员未按隔离开关送电票程序做好监控，是本次事件发生主要原因；

2）工班长作业监护不到位，作业过程中做与工作无关事情，现场作业时安全意识淡薄，责任心不强，是本次事件发生直接原因；

3）目前工班作业人员都是新员工，缺乏地铁车辆检修相关工作经验是本次发生次要原因；

4）目前，某车辆段单股道隔离开关五防锁系统尚未投入使用，靠人员把控，对作业流程把控存在较大风险；

5）目前隔离开关操作钥匙及劳保用品未移交车辆中心，每次断送电作业工班员工直接到维修中心借用隔离开关钥匙和劳保用品，未经过检修调度把控，严重影响作业过程把控和作业效率，是本次事件发生间接原因；

6）在劳保用品不足、钥匙未移交情况下，重点监控作业作业安排在深夜，人员状态疲劳的时间段存在不合理。

（4）整改措施

1）对检修全员进行强化专项培训，全员重新考试，每个月重点学习一次，班组加强业务抽问，分中心安全主办到场监控，加强重点作业检查。

2）断送电重点监控作业，高风险作业尽量安排在白天，班组作业前要做好班前提醒，对班组全员传达提醒。

3）工班长在作业过程中严格做好把控，监督作业人员严格按照隔离开关断送电操作票进行作业，现场监护人员与操作人员做好互控监督，做一步、口述一步、记录一步；

4）检修调度加强隔离开关钥匙、接地线的管理把控，五防系统没有投入使用前，隔离开关断送电作业分两个步骤执行（送电作业时：先拆接地线拿到检修调度确认，再到检修调度申请借隔离开关钥匙，断电作业时：先到检修调度申请借隔离开关钥匙分隔离开关闸刀由检修调度确认后，再到检修调度室借接地线；

5）要求检修本周内完成发布新的隔离开关操作规程，进行全员覆盖培训签名学习，检修分中心对班组全员重新进行隔离开关进行技能鉴定评估；

6）夜班人员白天做好充足休息，保证夜间工作精神状态良好，思想注意力集中，分中心安全主办在开通之前，每周落实对分中心轮值班进行一次夜班检查，做好检查记录。

7）本月内督促五防系统厂家尽快完成五防锁系统的安装并投入使用（要求厂家明确安装投入使用时间），减少人为失误造成的安全事件；

8) 发工联单到相关部门催促隔离开关钥匙、红闪灯、劳保用品的配备投入使用；

案例二：关于给予检修调度旷某 2016 年 10 月 21 日 L20 道开错 DC1500V 隔离开关操作票事件处理的通报。

(1) 事件描述

2016 年 10 月 21 日下午 15：08，定修二班向检修调度旷某申请 L20 道 DC1500V 隔离开关进行合闸作业，检修调度旷某反而开了 L20 道 DC1500V 隔离开关分闸作业操作票给定修二班进行隔离开关合闸作业，与定修二班申请 L20 道 DC1500V 隔离开关进行合闸作业存在严重错误。

(2) 事件调查

15：02 定修二班班长卢某安排覃某和廖某到 DCC 检修调度处申请 L20 道 DC1500V 隔离开关进行合闸作业。

15：04 廖某取得当值检修调度旷某填写好的隔离开关操作票。

15：05 廖某拿着检修调度发放的作业票前往车厂调度处请点，并向检修调度借取劳保柜钥匙，报备完毕后离开 DCC。

15：12 工班长卢某打电话通知分中心安全主办黄某到 L20 道监护 DC1500V 隔离开关合闸作业。

15：20 在停车列检棚的 L20 道作业前覃某检查隔离开关操作票发现操作票为 L20 道 DC1500V 隔离开关分闸作业票，与实际申请的隔离开关合闸作业不符，覃某立即告知工班长和分中心安全主办，分中心安全主办要求覃某立即返回 DCC，告知当值检修调度旷某隔离开关合闸作业票开错成分闸操作票，并更换成 L20 道 DC1500V 隔离开关合闸操作票。

15：32 更换完毕操作票后，操作人员和监护人员按照唱票制度，最终完成 L20 道 DC1500V 隔离开关合闸操作作业。

16：45 回到 DCC 后分中心安全主办黄某对检修调度旷某开错 L20 道 DC1500V 隔离开关操作票一事进行调查，分中心安全主办由于当时手机内存不足，无法对开错的隔离开关分闸操作票进行拍照取证，需检修调度旷某提供当时开错的 L20 道 DC1500V 隔离开关分闸操作票时，旷某以早已丢到垃圾桶为由，拒绝提供开错的 L20 道 DC1500V 隔离开关分闸操作票，分中心安全主办再次要求其积极配合调查时，旷某坚决不给予配合调查，且态度蛮横，影响极其恶劣。

17：10 分中心安全主办在晚班会上通报了此事。

（3）根据事后调查如下：

1）第 43 周周计划安排表上 10 月 21 日注明 0122 车洗车作业 L20B 断电挂地线，早上定修二班已对 L20 进行隔离开关作业分闸完毕，下午进行的是合闸作业。

2）前一个班的检修调度提前将白班要进行 L20 道 DC1500V 隔离开关分、合闸作业的股道提前给白班检修调度打印好，而白班检修调度旷某自己打印 L20 道 DC1500V 隔离开关分、合闸操作票，未用前一个班检修调度打印好的 L20 道 DC1500V 隔离开关分、合闸操作票导致旷某拿错操作票是此事发生的直接原因。

3）检修调度旷某对当日的生产进度把控不严，责任心不强，L20 道 DC1500V 隔离开关分合闸作业未严格按照审批流程进行审批而出现开错操作票是此事发生的根本原因。

4）根据三级安全教育个人信息登记表调查，检修调度旷某均通过公司的三级安全教育培训和考试。

（4）整改措施

1）当值调度人员应把控清楚当天生产任务完成的进度，对涉及高压的作业，严格审批操作人员的操作资质和核实作业票是否与实际操作一致。

2）检修调度应统筹生产安排，提高责任心，提高安全意识，涉及高压作业的应严格执行二次审核制度，确保按照文本规章制度执行。

案例三：关于检修调度农某 4 月 28 日对某车施工批点错误事件处理的通报。

2016 年 4 月 28 日下午 19：15，检修调度农某批点某车给电客车空调厂家人员用车与正线用车冲突事件。事件暴露出检修调度对检修生产作业不了解，安全意识淡薄，业务能力较差，责任心不强，给分中心造成了不良影响，为吸取教训，举一反三，加强内部管理，防范类似事件再次发生，现将事件调查分析通报如下：

（1）事件经过

19：15 分，农某接班后看了行车通告和交接班日志，已知晓施工计划中关于某车 28 日 23：30 至次日 04：30 上正线进行车辆制动性能测试的事项，并把当晚的工作内容记录在日志上。

21：31 分，技术主办李某跟空调厂家人员询问农某 21 道的这列车能否去看空调软件，农某在未审核计划时就批点某车给电客车空调厂家人员查看空调软件。

22：15 分，司机准备进行某车检车作业时发现车上仍挂有禁动牌，车上仍有人在作业。

22：16 分，司机立即回到 DCC 跟厂调说明情况，厂调在咨询检调后，检调当值人员农某才意识到某车已经批点给空调厂家人员做软件刷新。

22：17 分，当值检调立即通知空调作业人员，马上下车销点。

22：25 分，空调作业负责人销完点，司机正常进行检车作业。

（2）事件调查

4 月 28 日下午 19：15，农某接班后看了行车通告和交接班日志，已知晓施工计划中关于某车 28 日 23：30 至次日 04：30 上正线进行车辆制动性能测试的事项，并把当晚的工作内容记录在日志上。但在 21：31 分技术主办李某跟空调厂家人员询问农某 21 道的这列车能否去看空调软件，农某在未审核计划时就批点某车给电客车空调厂家人员查看空调软件。司机于 22：15 分准备进行某车检车作业时发现车上挂有禁动牌和车上有人在作业，就立即回到 DCC 跟厂调说明情况，厂调在咨询检调后，检调当值人员农某才意识到某车已经批点给空调厂家人员做软件刷新，立即通知空调作业人员马上下车销点。在 22：25 分，空调作业负责人销完点，司机正常进行检车作业。根据事后调查如下：

1）2016 年 4 月 28 日 23：30～次日 04：30 检修调度交接班记录本上写着某车上正线进行车辆制动性能测试，但检修调度农某仍然批点给空调厂家人员做软件刷新。

2）4 月 28 日行车通告也注明某车是上正线进行车辆制动性能测试但检修调度农某仍然批点给空调厂家人员做软件刷新。

3）调试、试验任务书上检修调度农某批点时间是 4 月 28 日 22：15，但作业申请单上销点的时间为 22：36，批点时间存在冲突。

4）根据三级安全教育个人信息登记表调查，检修调度农某均通过公司的三级安全教育培训和考试，均符合上岗条件要求。

（3）原因分析

1）当值检修调度农某批点时没有再次认真审核作业计划，生产组织不当。

2）当值检修调度农某提交列车状态卡时未审核请点作业单，造成列车未销点却被当做状态良好车，并提交给厂调。对此类情况检修调度未制定有效措施，未对列车提交状态卡的条件进行卡控。

3）当值检修调度人员对工作的敏感性不够，责任心不强，已连续出现多次此类事件，检修调度应反思整改。

（4）整改措施

1）当值调度人员接班前应了解清楚交接班内容、当天的生产任务及当日的施工通告，严格审批请销点作业。

2）生产作业严格按照周计划安排和施工通告执行，对请点迟到应给予提醒，对请点超时的应拒绝批点，确保生产计划的权威性、有效性。

3）检修调度岗应掌握《车厂运作手册（试行）》和《车厂控制中心车辆检修运作程序（试行）》，并严格按照文本规章制度执行。

4）由各调度负责编制各类请点、批点、关键作业等生产相关作业流程，邱某负责汇总交由主管经理审核，并于 5 月 10 日前完成。

分中心全员认真吸取这次事件的教训，以此为戒，认真执行分中心相关管理规定，加强广大员工的工作责任心，端正工作态度，遵守两纪一化。

案例四：某车受电弓脱落。

（1）事件经过

2013 年 12 月 20 日 6：18，140 车从某某车辆段 27 道经 39 号岔出厂时，后弓某车的受电弓上框架断裂、移位与接触网发生碰撞，脱落轨旁，致轨旁道岔接线盒、信号机等地铁设备损坏。具体经过如下：

6：18 1 号线电调工作站报警显示：某车辆段混合所 213 断路器跳闸，自动重合闸成功。电调立即通知前海厂调、维修调度派人检查。

6：20 某车厂调度报，前海车厂 16、17 号道岔灰显故障，导致前海车厂列车无法正常出厂，车厂进行手摇道岔组织行车，并通知自控调度派人处理。

6：23 某次（140）司机在前海湾折返线报，车辆屏显示某、1403 车牵引逆变器闪红，行调指令其运行至前海湾上行线不载客。

6：29 某站报，上行某次（140）第 21、22 挡屏蔽门对应的列车车窗玻璃破碎，OCC 立即组织该车空车运行至深大存车线退出服务。

6：46 1 号线电调工作站再次报警显示：某车辆段混合所 213 断路器跳闸，导致前海车厂 C 区接触网短时失压，随即自动重合闸成功。

6：46 司机驾驶 152 车从 24 道 A 段动车，运行至 D24 信号机时，司机发现两个逆变器显红，列车上方有闪光，列车失压，随即拉快制停车后报厂调，降弓收车。

6：48 OCC 通知 DCC 轮值技术员故障情况，DCC 派人现场检查处理，过程中发现轨道两旁有受电弓部件。

6：55 OCC 开始对全线列车进行调整，组织全线执行单一大交路维持运营。

9：06 OCC 与车辆人员确认某车受电弓丢失。

（2）事件调查

1）事故现场检查，在前段 27 道出段线路上，距 D59 信号机约 119.9m 处 25 道道床中间发现受电弓弓角、D59 信号机约 215m 处发现受电弓上框架、距 D59 信号机约 415m 处发现受电弓底座，沿途分别有阀箱盖板、风管部件、绝缘子碎片及碳滑板碎片部件。其中，受电弓左侧钢丝绳一端无压接头、另一端脱离凹槽；上框架阶梯管左侧部位断裂且断口有旧痕迹；四个绝缘子断裂，所有断面全部为新断面。

2）故障车检查，发现某车受电弓安装区域仅有主导流线（下垂于车体外，并打破某车 7 号座上明窗玻璃）、浪涌吸收器、最低位置指示器断裂电缆及 4 个绝缘子安装座和一个升弓钢丝绳压接头。经确认松脱的钢丝绳压接头为受电弓左侧的升弓钢丝绳压接头。

3）140 车检修作业及运行记录

140 车在 12 月 7 日由检修车间进行特别修作业，作业人为某基地轮值二班王某，互控人为某基地轮值二班唐某，记录表显示检查结果正常；8 日进行列车解编转轨、9～11 日进行牵引电动机批量更换，作业未涉及车顶部件。从 7～11 日期间列车均未上线运行，12 月 12 日为检修作业后的首次上线运行。

4）在线监测系统检查，情况如下：

① 6 日 22：38 当天最后一次过车记录到某车受电弓钢丝绳均在凹槽内，受电弓无明显异常。

② 12 日 8：59 当天第一次过车记录到某某车受电弓与接触网接触未见明显异常，但右侧升弓钢丝绳已脱出。

③ 18 日 22：10 监测系统记录某车受电弓与 12 日相同。

④ 19 日 7：02 监测系统记录某车受电弓两根升弓钢丝绳已全部脱出。

查看结果：右侧升弓钢丝绳已于 12 日脱出，单根钢丝绳运行 7 天后，19 日左侧钢丝绳压接头松脱。

5）受电弓工艺要求

特别修 9 受电弓检修工艺卡规定：检查升弓钢丝绳紧固螺栓无松动，作业完成后检查升弓钢丝绳在导槽内。作业内容为互控项目。

（3）原因分析

1）某受电弓设计存在缺陷，未设置钢丝绳防脱装置，导致钢丝绳极易在手动抬升情况下脱槽是造成本次事故的主要原因。

2）某受电弓钢丝绳质量缺陷，钢丝绳压接头最大抗拉力测试不合格，导致某车左侧钢丝绳压接头松脱是本次事故的主要原因。

3）检查车间某基地轮值二班王某未按照检修工艺卡要求，在受电弓作业完成后对钢丝绳状态进行确认，唐某作为互控人，未按照工艺要求进行互控是导致受电弓钢丝绳脱槽的直接原因，对本次事故负直接责任。

4）车辆部相应各级技术管理人员疏于承包商管理，对受电弓在钢丝绳松脱、接触网高度变化等极端工况下的危险源识别不彻底是本次事故次要原因。

5）检修车间对受电弓关键部件作业质量卡控不严，检修作业质量不高，是本次事故次要原因。

案例五：车辆检修工擅自进入轨行区。

（1）事件经过

2011 年 10 月 13 日 6 时 38 分，某车辆段检修筹备组轮值二班驻某站车辆检修人员张某接到 DCC 轮值技术人员邱某电话通知：某某站下行折返线的某某车 HMI 黑屏，立即去 508 车处理该故障。

张某接到电话通知后立即到站厅向站务人员申请进入某某站下行折返线处理 508 车故障，在未得到站务人员回复的情况下，自行跑到站台，发现有一列车停在某某站上行站台，立即到该列车端门处示意司机打开端门，进入端门后告诉司机需进入折返线处理 508 车故障，待该列车开走、上行线信号灯变蓝色后，通知保安帮忙瞭望，跑步到折返线登上某车司机室处理故障。

（2）事件调查

1）根据《运营施工管理办法（F 版）》第 8.4.11 条规定：运营期间临时抢修计划的请点：抢修施工负责人接到需要抢修的命令后直接赶赴车站/车厂，正线的由车站人员在屏蔽门端门处等候抢修人员，当接到行车调度员准许进入抢修区域的电话（具备录音条件的电话）命令后，通知抢修负责人进入抢修地点抢修。

2）经调查：2011 年 7 月 9 日某车辆段安全主办刘某对张某进行了《运营施工管理办法（F 版）》的培训，有培训记录。

3）根据《某车辆段车厂控制中心运作程序（A 版）》第 12、2、1 条规定：若行车未中断，故障车辆已停至折返线或终点站，抢修负责人须到车站车控室按规定办理登记手续，方可登车进行抢修，如需要进入轨行区抢修，由车站人员引领方可进入。

4）经调查：2011 年 3 月 21 日某某车辆段检修筹备组兼职安全主办王某对张某进行了《某某车辆段车厂控制中心运作程序（A 版）》的培训，有培训记录。

（3）原因分析

1）直接原因

某车辆段检修筹备组车辆检修工张某违反《运营施工管理办法（F 版）》、《某车辆段车厂控制中心运作程序（A 版）》中关于正线故障抢修请销点的管理规定，未经允许擅自进入轨行区，是造成本次事件的直接原因。

2）间接原因

① 某车辆段检修筹备组对员工安全管理不到位，员工安全意识淡薄。

② 某车发生 HMI 黑屏故障。

案例六：某车轴箱端盖破碎。

（1）事件经过

2013 年 4 月 1 日 00：58 检修车间某基地轮值二班唐某在某车日检作业时，发现该车 4 轴轴箱端盖前部有部分破碎，DCC 调度立即向行调报告该事件，并要求行调通知维修工程部加强轨行区检查。

2：45 分维修工程部作业人员报，在某站～某站上行区间公里标 SK6＋600 处右股钢轨外侧发现脱落端盖，已拾取并出清轨行区。

（2）事件调查

1）现场检查，发现某车 4 轴轴箱端盖破损，掉落部分的直径约为 16cm，内侧表面有清晰的圆周状刮痕。轴端测速齿轮通过四个螺栓（M12×40，强度等级为 10、9 级）与轴端连接板固定，其中上部两颗紧固螺栓已丢失，测速齿轮、轴箱端盖及测速齿轮安装螺栓均有刮痕。检查该轴端另外两颗螺栓安装状态良好，校核力矩正常，防松线无错位。重新核查某车其余轴箱全部固定螺丝，防松线无错位，用 100N·m 力矩进行重新校核，未见异常。经现场测量，螺栓安装端面与盖板内侧的距离约为 65mm。

2）核查 127～152 号车检修工艺文件，确认日检、月检、三月检规程中无需对轴箱端盖进行拆装作业，年检规程中需对转向架部分轴箱端盖进行拆装作业，其质量控制手段为自控；同时年检工艺卡明确要求安装轴箱端盖时按 100N·m 力矩进行紧固并画防松线。但年检作业记录表中"复检人"，在各相关文本中均未对其有明确的如职责、工作内容及作业标准等相关定义。

3）经查，某车于 2013 年 3 月 25 日至 28 日由大修车间进行年检修程作业，3 月 25 日进行轴箱端盖拆解探伤作业，拆解及安装作业人员为莫某；复检人员为梁某。作业记录表签字栏对应的检查项目包括：轴箱端盖拆装作业、轴端接地装置检查、轴端速度传感器检查。

4）某车于 2012 年 3 月 12 日首次上线载客，本次年检修程为首次年检作业，共运营 103117km。

5）经对当事作业人员莫某和复检人梁某调查确认，2013 年 3 月 25 日下午 3：50 分左右，某车 2 转 3 轮探伤作业完成后，进行测速齿轮及轴箱端盖的安装，由莫某负责固定螺栓的安装、力矩紧固及画放松线，梁某作为复检人负责检查确认轴箱端盖的安装状态及防松线正常。

（3）原因分析

1）端盖破碎掉落原因分析

根据现场调查的故障现象，破损掉落的轴箱端盖脱离部分，有明显的圆周型刮痕，在圆周刮痕中有两处区域呈现明显的不规则扩散，且齿轮内圈外侧局部有较深的刮痕，其他区域均没有刮伤，可判断在列车运行过程中连接板的固定螺栓因车轮运行振动而完全脱出，螺栓头卡在测速齿轮内圈外侧局部有较深的刮痕处，并随车轴高速旋转，螺栓头与端盖板严重干涉产生圆弧形刮痕，同时产生轴向的挤压力导致盖板开裂破损。

2）螺栓松脱的原因分析

根据安装工艺要求对该列车其他安装良好的螺栓进行复查，紧固力矩符合要求的螺栓状态良好，部件工作状态良好。该车辆投入运营以来已运行 10 万余公里，此次年检作业前未发生过该类螺栓松脱故障，年检作业中确认该螺栓的安装状态良好，没有相关故障记录，同时该型车辆最长已运行 4 年多，最多已经历过三次年检作业，均没有发生过螺栓自行脱出故障，可有效排除出厂安装质量、产品设计及检修工艺方面的问题。另该故障刚好发生在此次年检作业交车后的首日正线运行，则可判定该故障为此次年检作业时螺栓安装后没有按工艺文本中力矩 100N·m 的要求进行紧固作业，导致投入运行后螺栓因震动而脱出，为检修作业质量问题。

作业人员作业质量不到位导致4轴轴箱端盖上部紧固螺栓松脱是本次事件的直接原因，螺栓脱出卡在测速齿轮外侧与端盖之间，运行中挤压端盖导致端盖破碎脱落。

3）技术管理问题分析

① 文本编制技术人员对年检轴箱端盖拆装作业认识不到位，在文本编制时，将年检轴箱拆装作业纳入"自控"作业，间接导致了因作业人员个人原因疏忽留下严重的安全隐患。另转向架系统专业小组危险源梳理时，又未及时发现轴箱端盖作业为"自控"作业，负有管理责任。

② 年检作业记录表格制定不规范，记录表中"复检人"定义不清，未与规程中的"互控"、"他控"要求有相对应的体现，在工艺文本中也未对"复检人"有明确的如职责、工作内容及作业标准等相关定义。

③ 大修车间转向架系统专业技术人员，在年检专项作业时，未到现场提供技术支持，进行技术监督，属技术管理失职。

案例七：某车一系簧端盖脱落事件。

（1）事件概况

2015年6月11日，车辆检修人员双日检作业时发现某车3～14一系簧下端盖安装螺栓断裂、丢失各一颗，下端盖脱落（图7.2-1），经查该一系簧下端盖脱落在正线某站～某站区间（图7.2-2）。

（2）事件影响

1）对运营的影响：影响车辆运营安全。

2）对设备的影响：无。

3）定性定责：构成严重事故隐患。

（3）事件原因

1）承包商（长客厂）整改新装的某车K标螺栓材质不良，不满足列车运行中承力条件要求。

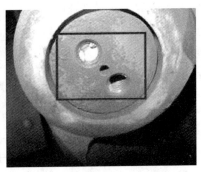

图 7.2-1 某车 3～14 一系簧端盖固定螺栓断裂脱落情形

图 7.2-2 正线寻回的某车 3～14 一系簧端盖及螺栓

2) 检修部门对承包商（长客厂）整改过程中的监督 与验收工作不够细致、现场作业卡控监管不到位。

（4）事件教训

1) 管理层对整改安排不重视 在类似位置螺栓断裂现象发生多次后，管理层对展开的整改不够重视，对整改采用的替换螺栓质量控制不到位，部分螺栓不满足运行条件，整改不彻底。

2) 责任部门对承包商现场作业卡控流于形式未制定承包商工艺标准执行检查记录，整改过程中的监督与验收工作不够细致，现场作业卡控疏于监管。

3) 技术审核把关不严谨 在确定替换螺栓时，仅从字面（尺寸、强度等级）对螺栓的安全系数的满足度进行考量，并未要求提供螺栓的力学分析和强度校核计算报告，螺栓断裂有设计选型错误可能性。技术人员对整改方案审核力度不够，技术把关不严谨。

案例八：某车车钩遗留扳手事件

（1）事件概况

2015 年 1 月 26 日 17：04 分，某车司机在某站～某站下行区间发现 5196 车车钩上有一个扳手，17：06 分行调指示做好安全防护措施后进入轨行区将扳手取出。

（2）事件影响

1）对运营的影响：危及车辆运营安全。

2）对设备的影响：有损坏正线设备风险。

3）定性定责：构成严重事故隐患。

（3）事件原因

1）计划班某员工违反规定将扳手放置在车钩上，且作业完毕后未按规定出清作业现场。

2）轮值班检修人员未按照日检车钩检查要求作业，检查不到位，弄虚作假；班长对班组员工作业指导不足，致 该扳手随某车运行 3 趟次、滞留车钩上 3 天。（如图 7.2-3）

3）班组对公用和个人工器具的管理规定不合理，使用后未及时清点。

（4）事件教训

1）作业现场未出清

作业完毕后未进行现场出清，导致作业使用的扳手遗留车钩上，随车出库运营长达 3 天。

2）检修作业走过场

日检作业车钩检查弄虚作假，未能发现车钩上的遗留工具，但车钩检查作业记录单显示正常。

3）班组工器具检查周期不合理

班组公用及个人工器具检查周期制定不合理，要求每月清点

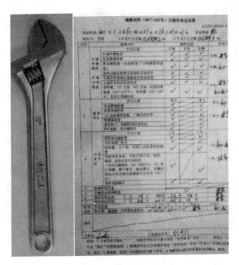

图 7.2-3　作业记录单和遗留扳手

工具一次，周期偏长，未能及时发现工器具遗失。

案例九：12.24 某车辆段平交道口遗留灭弧罩事件

（1）事件概况

2015 年 12 月 24 日，车厂某司机在某车辆段停车列检库 37 道、39 道、41 道平交道口时，发现道口道心有 3 个不明物件，立即报当值车厂调度，经确认，该 3 个不明物件为地铁车辆充电机开关模块的灭弧罩。

经调查，检修人员韦某在处理某车充电机故障时，将更换下来的充电机模块送往大修一车间模块维修间。在通过 37 道、39 道、41 道平交道口（图 7.2-4）时，路面颠簸导致开关模块灭弧罩脱落。

（2）事件影响

1）对运营的影响：未影响正线运营。

2）对设备的影响：无。

3）定性定责：构成严重事故隐患一起。

（3）事件原因

图 7.2-4　平交道口

1）检修人员韦某（单人作业）对运输过程中待修备件的状态检查与确认工作不到位。

2）员工本人的业务技能学习和培训不到位，未能发现充电机开关模块灭弧罩缺失的异常现象（图 7.2-5）。

3）工班生产作业组织不严谨，工班管理粗放，风险辨识与互控方面意识欠缺。

图 7.2-5　灭弧罩遗失前后对比图

（4）事件教训

1）制度缺失留漏洞

备件运输的管理制度缺失，员工凭经验和个人认知单人运输备件，无相关运输要求和卡控措施。

2）业务技能待提升业务技能欠缺，未能发现充电机模块运输前、后的状态差异。

案例十：检修违章导致正线退出服务。

（1）事件经过

2013 年 11 月 29 日 07：30 分，某车显示车载 CC 已连续运作 30H 需重启，导致在赤湾下行线退出服务回某车厂。

（2）事件调查

1）记录查看

① 查看某车检修记录：11 月 29 日 01：10 分至 01：55 分某车日检作业，作业人员为检修车间某基地轮值四班唐某和范某。

② 检修记录显示该车所有检修项目已经完成检修作业，并签字确认，车底中间部分检查及重启作业项目为范某签名确认。

2）列车数据分析

根据列车事件记录分析，该车从 11 月 29 日 01：10 分至出库无重启操作记录。

3）培训记录

① 唐某和范某分别在 2013 年 6 月 20 日和 7 月 3 日参加《地铁列车（201～235 号）检修工艺卡汇编（B 版）》的内部培训。

② 轮值四班在 11 月 12 日组织学习《检修车间晚班生产组织流程》，唐某和范某已在内部培训签名表签名。

4）当事人调查

① 根据 DCC 工作命令单，11 月 28 日 20：15 分 DCC 调度张某安排当晚的生产任务，其中，某车需要进行日检及客室地板打磨作业，轮值四班班长邱某在 20：20 分签字确认。

② 29 日 00：30 分轮值四班员工赵某上车要求某车司机不降弓，同时开启客室空调柜门给保洁人员对客室地板打磨作业供电。

01：10 分唐某和范某开始某车日检作业，由于列车处于升弓状态，范某未进行某车车底中间部分检查。

01：50 分完成某车日检作业，日检期间未进行列车重启操作。

（3）原因分析

1）轮值四班员工唐某和范某在某车进行夜班日检作业时，未严格执行《检修车间晚班生产组织流程》第四点第一条"班组作业结束后的卡控措施（一）00：10～4：00 对所有日检、功能作业的列车进行一遍重启，确保因作业人员疏忽大意造成出库影响及正线故障，同时确认司机室各微动开关、模式开关都处于正常位（日检或功能作业记录单备注栏里签字注明）。"的规定，未对该车进行重启操作是造成本次事件的直接原因和主要原因。

2）轮值四班员工范某弄虚作假，在未对该车进行重启及车底检查情况下填写日检作业记录，使调度、轮值技术员、班长产生误判是造成本次事件的间接原因和次要原因。

3）轮值四班班长邱某在班前会上未明确指定某车列车重启操作责任人，对班组员工作业工艺执行情况卡控不严、现场监控不力是造成本次事件的次要原因。

4）检修车间某基地轮值技术人员陈某未对列车上线状态卡进行有效确认是造成本次事件的次要原因。

5）检修车间某基地 DCC 调度张某作为晚班作业第一负责人未对现场关键作业进行有效控制是造成本次事件的次要原因。

7.3 工艺设备典型案例分析

1. 关于运用库 6 号静调电源柜作业后将钥匙遗忘在现场事件。

（1）事件经过

2010 年 10 月 31 日，12：30 轮值四班赖某在进行 6 号静调电源柜送电作业时，发现 6 号静调电源柜上方摆放 1 把静调电源柜钥匙，随后将钥匙交回 DCC。

（2）原因分析

1）经查 2010 年 10 月 29 号，调试组陈某在 19：03～20：03 进行 6 号静调电源柜送电作业，作业完毕忘记将钥匙拿走；同时当值 EA 李某在作业完毕后收票时，没有进行询问及收回钥匙，是导致此次事件发生的主要原因。

2）作业监护人吴某，在作业时没有监护到位，导致此次事件发生的次要原因。

（3）处理决定及整改措施

本起事件虽然没有造成重大损失，但存在较大安全隐患，为严肃作业纪律，明确层级管理，按照《车辆部检修车间员工绩效考核管理细则》附件二中的第 90、97、141 条款、附件三中的第 25、40、41 条款做出以下处理决定：

1）作业人员陈某水作业时注意力不集中，将钥匙遗忘在现场，导致此次事件的发生，负主要责任，给予车间级通报，当月绩效扣 3 分。

2）监护人吴某在作业时监护不到位，负次要责任，给予车间级通报，当月绩效扣 2 分。

3）调试组长敖某对组员作业监督不力，负管理责任，给予车间级通报，当月绩效扣 1.5 分。

4）当值 EA 李某在作业收票时，没有做到提醒确认，直接收票没有回收钥匙，导致此次事件的发生，负主要责任，给予车间级通报，当月绩效扣 3 分。

5）DCC 组长许某对组员作业监督不力，负管理责任，给予车间级通报，当月绩效扣 1.5 分。

6）轮值四班赖某作业认真及时发现问题，避免事件进一步扩大，给予当月绩效奖励 1 分。

鉴于本次事件暴露出的问题，车间重申如下控制措施，要求各作业人员严格遵照执行

1）静调电源柜作业人员在作业时，要注意力集中，做到一人操作，一人监护。

2）当值 EA 在开票时做好提醒，收票时做好确认。

3）DCC 组长许某组织调试组全员及 DCC 全员进行一次静调电源柜断、送电流程理论及实操培训，并将签到表交车间安全员存档，要求 2010 年 11 月 12 日前完成。

4）各班长或质量安全员要到作业现场做好安全监控工作。

2. 公路、铁路两用车逆行事件

（1）事件经过

2010 年 1 月 1 日上午镟轮操作人员按生产计划进行镟轮作业，当公路、铁路两用车牵引地铁车辆经过磁性开关时，发现公路、铁路两用车发生逆行，镟轮操作人员立即通知生产调度安排抢修，上午维修人员迅速赶到现场解决了故障。

（2）原因分析：

直接原因：公路、铁路两用车在准备镟轮前，通过遥控器控制公路、铁路两用车进入镟轮区域，当经过磁性开关时，公路、铁路两用车自动转换进入牵引模式时出现逆向行驶，其根本原因：在未确保电动机接线正确的情况下，将设备投入使用，是本次故障的直接原因。

主要原因：2009 年 12 月 21 日至 25 日，公路、铁路两用车按生产计划进行年检，其包修人员为 A 员工（包修负责人）、B 员工。至 12 月 23 日 A 员工、B 员工二人完成牵引电动机的更换，并按规定进行了无负载状态下动车测试部分内容，但并未进行镟轮牵引模式测试，12 月 25 日工程师在整机验收时也未进行无负载状态下动车测试。

（3）整改措施

1）结合本次事件，举一反三，组织车间员工认真反思，增强质量意识，加强工作责任心，加强对作业过程质量控制。

2）技术组组织召开事件分析会，反思车间在质量管理、技术管理等方面存在问题与漏洞，同时针对问题制定并落实措施。

3）设备维修工班针对此次事件召开分析讨论会，反思班组在质量控制上、班组管理上存在问题与漏洞，同时针对问题制定并落实措施。

4）更换设备关键部件后，专业工程师要组织对设备技术状态进行专项测试检查，加强设备质量验收卡控。

5）检修作业人员自身要不断进行专业知识的学习，提高专业技能及动手能力。

6）技术组对公路、铁路两用车、不落轮镟床、架车机、洗车机动态测试（带载或不带载）做出明确要求，以生产通知单的形式下发班组执行，在以后规程修改中再将此项内容纳入规程。

7）设备维修工班组织根据技术组下发的技术通知单，组织专业学习讨论，做好记录。

3. 某地铁公司关于 107 车送静调柜电源前没有确认 15 道接触网断电事件

（1）事件经过

2010 年 1 月 7 日，14：05 当值 EA A 员工在未确认 15 道接触网断电情况下，批准 3 号静调电源柜送电操作；14：15 计划一班 B 员工、C 员工在未确认 15 道接触网断电情况下，将 107 车送上静调柜电源；14：22B 员工安排 D 员工进行空调机组运转情况检查，D 员工发现 15 道接触网还没有断电，不能上平台进行作业并通知 B 员工，B 员工确认 15 道接触网未断电，立即与 EA A 员工联系，要求开票断 15 道接触网隔离开关；14：30EA A 员工安排 D 员工、E 员工进行 15 道接触网断电；14：40D 员工进行空调机组运转情况检查作业。

（2）原因分析

1）送静调电源柜前，当值 EA A 员工不熟悉静调电源柜送电工艺流程，没有确认 15 道接触网是否已断开，直接开票给 B 员工、C 员工进行静调电源柜送电作业，没有尽到作业前的确认和安全注意事项提醒的责任。

2）当值 SME H 员工对 EA A 员工关键作业监控不到位，负有管理责任。

3）作业人员 B 员工、C 员工在进行静调电源柜送电作业时，没有按年检标准工艺卡执行：年检标准工艺卡"送静调电源柜检查"项目中的条件 2、安全要点 1 都标明在送静调电源柜前要确认相应股道接触网已办理断电手续且无电,并挂好接地线。

4)作业负责人 B 员工在没有确认接触网断电情况下,安排 D 员工进行空调机组运转情况检查。

5)由于 D 员工发现及时,没有造成事件进一步扩大。

(3)整改措施

1)各班组组织员工在本月安全会议中对本事件进行反思、分析、讨论,提高全体员工安全意识,要求严格按工艺卡进行作业,杜绝类似问题的再次发生。

2)在送静调电源柜时,SME 或 EA 要严格卡控关键重点作业,作业班组班长或班组质量安全员要求 1 人到现场进行安全监护和确认,防止此类问题再次发生。

3)DCC 对年检车转轨要求、静调电源柜断送电前的条件和安全要点等下发技术通知单进行明确说明,随后对《车厂控制中心运作程序》相关部分进行修订。

4)技术组严格按工艺流程加强对现场作业人员的工艺纪律检查,发现有违章作业行为进行严格考核。

5)车间安全员负责在静调电源柜操作按钮前,张贴"送静调电源柜前,先确认接触网断电后再进行操作"的提示牌。

6)再次重申,开关平台门时,在五防锁系统正常情况下,一律使用电子钥匙作业,禁止使用万能钥匙,防止作业者错开带电股道平台门;在系统故障或五防锁本身故障需要使用万能钥匙时,执行登记制度,同时禁止借万能钥匙给他人单独作业,使用过程中 SME 或 EA 必须 1 人到场监控。

7)年检车转轨后,当班 EA 安排班组当天进行接触网断电,不得留到下个班;特殊情况,要交班清楚,接班人员必须安排人员在年检作业前第一时间进行接触网断电。

4."2、22"1051 电客车发生倾斜事件

(1)事件经过

2010 年 2 月 22 日,设备车间维修人员在处理架车机故障

时，由于注意力不集中，在维修模式将同步保护开关已关闭的情况下，未能及时发现 6 号坑举升柱没有与其他的坑举升柱同步下降的故障，导致 1051 车前后倾斜，造成一次重大安全隐患。

（2）原因分析

主要原因：设备维修人员在维修模式同步保护开关已关闭的情况下，对固定式架车机进行操作时，没有集中注意力对整个架车机各举升柱的同步运行情况进行仔细观察，而是一边操作下降按钮，一边回答旁边人员问题，注意力不集中，思想麻痹，安全意识淡薄，是造成本次事件的主要原因。

次要原因：配合作业人员主要职责是观察架车机的运行情况，但在架车机下降运行过程中，注意力不集中，未能及时发现 6 号坑举升柱没有与其他的坑举升柱同步下降的故障，是造成本次事件的次要原因。

（3）整改措施

1）立即组织人员修订完善包括不落轮镟床、起重机、洗车机、架车机等几大重点设备的生产操作手册、维修操作手册。

2）立即组织人员编写、完善包括不落轮镟床、架车机等在内的几大设备的故障处理应急预案。

3）吸取本次事件的经验教训，教育全体员工提高安全防范意识，认真作业，确保各项生产作业安全。各级管理人员要深入实际，落实岗位责任，充分发挥管理、监督的职能作用，层层落实安全责任。

5. 某地铁 "3、5" 架车机厂家负责人摔伤事件

（1）事件经过

某 5 日 17：30，架车机厂家负责人王某在例行检查完该设备的备品备件后，独自一人前往联合检修库 L24 道，查架车机土建问题的整改情况。

17：40 王某来到架车机的 5 号地坑，准备打开架车机的维修入口盖板查看坑内情况。由于盖板过重，王某在提升时一只脚滑入坑中，导致身体失去平衡摔倒，腰部受伤。事故发生后，现

场无其他人员，王某自行爬起，恢复盖板离开现场。

（2）事件分析

1）根据《车辆部外来人员管理规定》的说明，架车机厂家负责人属于第一类外来人员（车辆及辅助设备供应商、售后服务外来人员），车辆段内作业需按规定执行。

2）架车机已安装完毕，车间对该设备具有属地管理权，经车间人员核实，此次作业在DCC没有请销点记录，违反《车辆部外来人员管理规定》的"7.2.5外来厂方人员在施工作业前必须到车辆部DCC处报到，DCC根据外来厂方作业情况合理安排作业负责人配合请点"的条款。

3）架车机厂家人员作业前没有提前告知车间相关施工负责人，擅自动用设备，违反《车辆部外来人员管理规定》的"7.2.7外来厂方人员应将作业的请点内容主动告知作业负责人"条款。

（3）整改措施

1）车间以此事件为反面教材，组织全部厂家、施工方进行一次安全培训学习考试，签订安全告知书，警告如出现这类事故，将通报其原公司。

2）强调发生安全事故第一时间上报，明确车间各责任人。

3）组织车间召开此次事件的安全分析会，认真分析总结，对车间所管辖的设备进行安全隐患排查统计，梳理各项作业的安全注意事项。

4）车间对施工负责人加强文本学习，做好作业现场监护，举一反三，避免类似事故再次发生。

6. 某地铁"5、31"车辆部员工轻伤事故

（1）事件经过

2007年5月31日9：30左右，车辆部设备车间综合班按作业计划进行116车璇轮作业，由于该车间设备维修班5月30日进行不落轮镟床月检时，对镟床滚轮进行了调整，设备维修班班长吴某安排镟床包保责任人刘某、孔某进行现场跟踪。刘某和

孔某到达现场后站在 116 车北侧不落轮镟床旁。

9：40 左右，镟床操作人员刘某在做床地坑西北楼梯处操作公路、铁路两用车牵引 116 车由东向西行进，方某在公路、铁路两用车前方观察。在牵引过程中，方某对刘某说："镟床昨天月检时，侧压轮调整过"，刘某马上停车进行观察，以防公路、铁路两用车与镟床擦碰。此时 刘某全力注意 1166 车 1 位转向架 2 轴位置，以便进行车辆定位。当第二次牵引前进约 1m 时，忽然听到有人大喊："老刘、老刘（指刘某）"，刘某听到喊声后立即停车。此时，方某从前方跑回镟床处，发现刘某头部挤在 1166 车转向架齿轮箱 C 型支架安装座和不落轮镟床观察窗之间，方某立即指挥刘某倒车。当方某和刘某返回镟床操作位置时，发现刘某坐在地坑内椅子上，面部左脸颊处出血。

事发后，车辆部立即将刘某送往医院治疗，并立即报告分公司领导和安全技术部。接报后，分公司立即报告了公司领导和安全质量部，胡经理、王副经理和安全技术部相关人员立即赶到现场，王副经理亲自带领安全技术部、人力资源部、车辆部相关人员到医院了解情况。

经南山人民医院 CT 检查，刘某颅骨、颅内未见异常：枕部头皮局限性轻度肿胀（CT 检查报告单），对脸部 40mm 表皮伤口及脑枕部 8mm 表皮伤口进行了缝合处理。经住院观察后，刘某已于 6 月 1 日出院。

（2）原因分析

直接原因：未经许可进入作业区域进行观察，属于违章作业。

间接原因：操作人员缺乏安全意识，未认真检查作业区域是否有不安全因素，现场管理不善。

主要原因：对镟轮作业的安全没有充分认识，未严格执行作业现场安全规定。

1）车辆部设备车间设备维修班刘某缺乏安全意识，违反《运营分公司员工通用安全守则》4.1 款："严禁擅自进入行车重地和主要设备场所"、违反车辆部设备车间《不落轮镟床作业现场安全规定》第5条："当设备加工作业时，除不落轮镟床主管工程师和操作人员外，其他人员不得进入作业场所。如确需进入，须征得操作人员同意后方可进入，所有进入作业现场的人员必须穿戴好劳保用品和《车辆部安全管理实施细则》14.2.1款："未经允许或车未停稳，不准对列车进行检修和解钩作业"的规定，在未告知镟轮作业操作者的情况下进入车辆与镟床间的危险区域，对镟床进行观察，将头部伸进危险区域，造成自身伤害。为此刘某对本次事故负主要责任。

2）镟床操作人员刘某和方某缺乏安全意识，未执行《车辆部安全管理实施细则》14.1.10款"员工在作业开始之前，必须注意检查所使用的工具设备和工作场所及周围环境是否有不安全因素，如有不安全因素，必须消除或者采取安全措施后，方能开始作业"的规定，没有对作业场所是否有人进行确认而进行动车作业；设备维修班班长吴某在进行工作安排后，没有与综合班相关人员进行有效沟通，告知此次作业有人下镟床地坑进行现场跟踪，造成作业信息沟通联系不畅。为此刘某、方某和吴某对本次事故负次要责任。

3）车辆部、车辆部设备车间负责人，对员工安全思想教育不够，相关规章制度执行监督工作存在疏漏，对不落轮镟床作业安全认识不充分，为此对本次事故负管理责任。

（3）整改措施

1）进步加强安全思想教育，组织员工重新学习各项设备安全操作维修规定，并严格执行检查监督制度；

2）严格执行在开动不落轮镟床和动车前，操作人员要对现场情况进行观察确认的规定；

3）在开动不落轮镟床和牵引动车时，维修人员不得进行任何维修作业，对设备进行观察时，必须征得作业者同意，并做好自身安全防护；

4）镟轮作业的车辆牵引过程中，镟床地坑内除操作人员外，其他任何人不得入内；

5）对进入镟床地坑的各楼梯口加装安全门并安装挂锁，防止其他人员未经许可擅自进入；

6）举一反三对其他生产作业现场安全规定、设备操作及维修规程进行梳理、细化、完善，并加强执行落实工作；

7）加强作业现场的安全抽查、检查工作，杜绝违章、违纪现象发生。

7. 某研究院起重机械吊钩脱落事故

（1）事件经过

2001 年 10 月 29 日 11 时 40 分左右，某研究院材料表面中心车间工作人员同从湖北武汉请来的两位师傅共 6 人在进行粉扎机空负荷、负荷试车，拆卸粉扎机地脚螺栓、螺母及联轴器螺栓等工作后，在搬开车间的配电柜时，杨某上机检查后，当他顺时针搬动吊钩的手柄后，吊钩向上升，由于当时吊钩停留在距主梁较近的位置，在场还来不及反应时，吊钩就已到顶并碰撞到小车横梁底部，致使钢丝绳过卷而拉断。吊钩脱落斜砸在下面的黄某后背右侧位置，使其受伤，经送医院抢救无效死亡。

（2）原因分析

1）事故的直接原因是该起重机的上升极限位置限制器没有调整好，当吊钩起升到极限位置时，无法自动切断起升的动力源，致使吊钩过卷，拉断钢丝绳，使吊钩坠落。

2）吊车操作人员杨某无证操作，自认为是安装钳工即可操作吊车，在未弄清该台吊车操作方向的情况下，按自己习惯操作，造成原欲下放吊钩的操作变成上升吊钩，来不及手动制动就已冲顶拉断钢丝绳。

3）早在 2001 年 8 月 16 日约 16 时左右，某特种设备检测中心检验员杨某和地铁分站的检验员杨某，由研究院管设备的梁某引导和陪同，对该台双梁 5t 桥式起重机进行检验。检验中发现起重机司机室无门连锁装置启动按钮失效，并出具了"检测中心特种设备检验整改意见"。根据检测中心的整改意见，研究院指定专人负责整改工作。于9月17日已将整改情况资料报告单位主管梁某，但10月29日吊车事故发生，说明"整改无效"也是主要原因之一。

（3）整改措施

1）应强化安全管理，制定设备操作安全规程，并应加强监督检查，将安全工作落到实处。

2）加强操作人员培训、定岗定责，坚持持证上岗，无证不能上岗操作。操作人员每班应有记录、有签名。定期有检验，发现问题要公布、处理。

3）监测中心与这起事故的发生虽无直接关联，但检验员对其整改项目未到现场复检核对，只是根据用户反馈意见便出具复检合格报告书，是违反有关规定制度，对检验工作不认真责任的行为。应当加强对检验机构工作的检查、指导和帮助、教育、督促检验人员严格按章办事，发现问题严肃处理。

8. 机械伤害事故案例

（1）事件经过

2009年10月5日14时10分，某钢铁第二钢轧总厂型材二分厂精整作业区乙3班职工兰某、戴某，在冷锯口南边吊切头坑盖板，准备挖氧化薄钢板。兰某挂盖板南边挂耳，戴某挂盖板北边挂耳。行车工汪某点动卷扬机，吊盖板的钢丝绳绷紧后，两人下了盖板，兰某下到盖板和南边的个装氧化薄钢板的大桶之间。行车工再次点动卷扬，盖板升起10cm左右，盖板自身发生摆动，兰某避让不及，盖板角将其左小腿挤在大桶上，造成伤害。经市中医院拍片检查，左小腿骨折。

（2）原因分析

直接原因：兰某站位不当，站在盖板和大桶之间，没有退路，是造成这起事故的直接原因，负主要责任。

间接原因：

1）行车工汪某观察不细。考虑不周全，忽视了兰某站位不安全，对盖板可能出现转动缺乏预见，是造成这起事故的间接原因，负次要责任。

2）精整作业区乙班班长裴某，运行作业区乙班班长汤某监护不力，是事故发生的间接原因，对事故负有一定责任。

3）分厂对吊切头坑盖板作业存在的危险因素，未做到有效控制，是事故发生的间接原因，负有管理责任。

（3）整改措施

1）利用班组安全例会讨论此次伤害事故，进一步提高职工自我防护意识，同时在分中心加强安全教育。

2）地面和行车工配合，必须专人指挥。无专人指挥或多人指挥，行车工不得起吊。

3）在现场安全检查中，如发现危险源，应做好记录，并及时跟进、整改。

9. 叉车伤害事故案例

（1）事件经过

某公司叉车司机，驾驶着前叉上叉有一个装满废蓄电池壳的铁箱（也称铁盘，长×宽×高分别为 1.65m×1.65m×1.3m）的叉车（在厂房内北侧从拆解车间行驶至竖炉熔炼车间（拆解车间与竖炉熔炼车间在同一厂房内，呈东、西布局），然后左转弯由北向南纵向行驶，在刚躲过横向一辆正在作业的装载机后，叉车上的铁箱将在车间内刚用水冲洗完车间地面正蹲在地上整理消防水带的清洁工撞倒并造成挤压。身受重伤，紧急送至医院抢救，后因伤势过重抢救无效死亡。

（2）原因分析

直接原因：叉车司机驾驶着载有铁箱的叉车，在视线严重受遮挡的情况下，未按规定倒行运送，行进中将正蹲在地上收盘消防水管的清洁工撞倒并造成挤压，导致受伤致死是本起事故的直接原因。

间接原因：1）作业现场的安全管理不到位。一是对叉车司机习惯性违章作业未发现、未制止，安全管理不到位。该公司运输车辆安全规定："叉车叉运大型货物时，驾驶员若前视线遮蔽时，应倒行运送"。调查发现，平时在用叉车装运事发类似铁箱时一直是正向行驶的，始终未遵守该规定。公司各级管理人员对该习惯性违章行为未发现，也未制止。二是对交叉作业缺乏安全管理。调查发现，事故发生时，在驾驶叉车行进的通道上，横向还有一辆装载机正在作业，叉车在行进中需避让装载机；而同时清洁工冲洗完车间地面后蹲在叉车行进通道的中部收盘消防水带。即在叉车行进通道的作业面上，既有叉车，又有装载机，还有清洁工的作业。同时车间内噪声较大，光线较暗，作业环境较差。公司对处于上述作业环境的交叉作业未安排专人负责指挥和协调，缺乏相应的安全管理。

2) 对员工的安全教育培训不到位。调查发现，该公司在对叉车司机进行安全教育培训时，只是将叉车操作规程等安全规章制度口头告知，对规章制度的学习掌握不够；对清洁工的安全培训大多停留在"注意安全"等笼统的要求上，安全培训内容不明确、不具体，安全培训不到位。

3) 安全管理制度不完善。该公司未建立生产作业区人、车分行安全管理制度，未在生产作业区设置专门的人行通道和车行通道，也未设置相应的安全警示标识。从而出现人、车混行的情况，导致发生事故。

综上，叉车司机违章作业，公司对作业现场的安全管理不到位、对员工的安全教育培训不到位、安全管理制度不完善是导致此次叉车撞人致死事故的主要原因。

另外调查发现，公司擅自动用消防设施用于清洗地面；特种设备管理人员未按规定取得《特种设备作业人员证》

(3) 整改措施

1) 要求公司立即停产整顿，并成立事故调查组按照"四不放过"的原则对本起事故进行调查处理。事故调查处理和停产整顿情况报区安监局。同时要认真做好以下整改工作：

① 要加强对叉车司机等特种作业人员的安全培训，要求全体人员掌握规程。

② 要加强安全检查，及时纠正操作人员的违章作业行为。

③ 要完善安全管理制度，做到作业现场人车分流。

④ 应加强交叉作业的现场安全管理，对同一作业面上进行两种以上作业时，要安排专人进行统一指挥协调。

⑤ 特种设备管理人员要按照国家规定取得特种设备作业人员证书。

⑥ 要对本公司全面进行安全隐患排查，及时消除各类安全隐患。

2）为深刻吸取事故教训，警示其他企业，建议将本次事故向全区通报，并要求相关企业以此事故为教训，加强对特种设备作业人员的安全培训，严防事故发生。

10. 电焊工触电死亡事故案例

（1）事件经过

某热冲压车间 400t 水压机停工后，经机修工检查发现，在地沟部位，通往操纵阀门的一段分支管路上有裂纹。此管的外径为 80mm，壁厚 10mm，正常工作压力为 19.6MPa。经机修工与焊工甲商量，采用手工电弧焊的方法进行补焊。设备卸水后，焊工甲从地沟口进入地沟。沟内铺了一块草垫。甲卧在草垫上用直径 3.2mm 的焊条进行补焊。焊到约 15 时 35 分时，焊工甲从地沟内钻出，又取了一根长约 120mm，直径为 5mm 的焊条，夹在电焊钳上，准备进入地沟继续焊接。此时电焊机一直处于通电运行状态。当焊工甲第一次进入地沟时，焊钳曾在地沟口的铁框上接触短路，产生火花，但未引起焊工甲的重视。

第二次进入地沟时，焊工甲的双腿跪在地沟内，其臀部紧靠在地沟口的铁框上，左手在前扶着地面，右手持焊钳举在右侧肩后，低着头正往前爬时，带电焊钳上的焊条端部，不慎触及焊工甲的右侧后颈部，当即呼叫一声，便失去知觉。此时，站在地沟口上的焊工乙闻声，立即跑到 8m 远的电焊机旁，拉下电闸。在附近工作的工人跑向地沟口，急忙将焊工甲从地沟内拉出。经过人工呼吸等多方抢救无效死亡。

（2）原因分析

焊工甲使用的电焊机为日本制造的老式电焊机，其一次电压为220V，二次空载电压较高为100V，是危险电压。二次电缆一端与地沟口的铁框及水压机旁路连通，作为地线，另一端接至焊钳。焊工甲第一次补焊后，身体已出汗，人体电阻下降，地沟内狭窄潮湿，又未采取可靠的绝缘防护措施。当焊工甲第二次进入地沟时，其臀部紧靠在铁框上，焊条端部触及脖颈时，使二次电流通过焊工甲的身体，发生触电，使心脏骤停而死亡。

（3）整改措施

1）损坏的管子可拆卸下来，拿出地沟外补焊。

2）如管子不便于拆卸，需在地沟口及沟内焊补时，应采取可靠的绝缘防护措施才能进行焊补。

3）在狭窄、潮湿的地沟内进行焊接作业，必须由两名焊工轮换作业，并互相监护。

4）电焊机应有专人负责，待焊工到达工作地点后，再启动焊机进行焊接。焊工停焊后，应及时关闭焊机。特别在作业环境比较狭窄的场地，这一点尤其重要。